广东省防灾减灾年鉴

2021年卷

《广东省防灾减灾年鉴》编纂委员会　编

华南理工大学出版社
SOUTH CHINA UNIVERSITY OF TECHNOLOGY PRESS
·广州·

图书在版编目（CIP）数据

广东省防灾减灾年鉴．2021年卷／《广东省防灾减灾年鉴》编纂委员会编．—广州：华南理工大学出版社，2022.3

ISBN 978－7－5623－7000－0

Ⅰ．①广…　Ⅱ．①广…　Ⅲ．①自然灾害－灾害防治－广东－2021－年鉴　Ⅳ．①X432.65－54

中国版本图书馆CIP数据核字（2022）第040584号

GUANGDONG SHENG FANGZAI JIANZAI NIANJIAN · 2021 NIAN JUAN

广东省防灾减灾年鉴 · 2021年卷

《广东省防灾减灾年鉴》编纂委员会　编

出 版 人： 柯　宁

出版发行： 华南理工大学出版社

（广州五山华南理工大学17号楼，邮编510640）

http://hg.cb.scut.edu.cn　E-mail：scutc13@scut.edu.cn

营销部电话：020－87113487　87111048（传真）

责任编辑： 李秋云

责任校对： 盛美珍

印 刷 者： 广州佳达彩印有限公司

开　　本： 889mm×1194mm　1/16　**印张：** 13.5　**字数：** 343千

版　　次： 2022年3月第1版　2022年3月第1次印刷

定　　价： 280.00元

暴雨洪涝

●3月23日夜间至24日，广东省韶关市出现强降水过程，韶关市曲江区农田受淹。

◀韶关市曲江区农田受淹。（来源：中国天气网）

●5月20—22日，广东省出现强降水过程，全省有5个地级以上市共30.43万人受灾，转移人口3832人，死亡7人，受伤2人，造成直接经济损失9.31亿元。

▲江门台山市上川岛三洲码头附近出现水浸街，给市民出行带来不便。（来源：中国天气网）

▲受持续强降水影响，河源市龙川县发生山体滑坡。（来源：中国天气网）

▲暴雨导致河源市龙川县细坳镇河水暴涨（左图）；麻布岗镇赤贝村广场遭水淹（右图）。（来源：中国天气网）

▲广州市黄埔区荔香路附近街道积水严重，居民蹚水出行（左图）；一车库积水严重，不少车辆被淹（右图）。（来源：中国天气网）

◀梅州兴宁市城区积水严重，一辆汽车浸泡在洪水中。（来源："梅州电视民生820"微信公众号）

▲广州市黄埔区荔香路附近水浸严重，群众借助充气船出行。（来源：中国天气网）

▲广州市一街道积水几乎没过车顶。（来源：《新京报》）

▲东莞市莞城街道多地遭水浸，西城楼一带内涝严重（左图）；东莞人民公园正门遭水浸，多辆小车泡在洪水中（右图）。（来源：《看点快报》）

◀5月22日晚上，受特大暴雨影响，广州市黄埔区开源大道隧道及附近发生严重水浸。隧道里有车辆被困，4人逃生、2人溺亡。（来源："黄埔观察"微信公众号）

▲广州市增城区广汽本田第二工厂的新车库存场地涌进大量积水，导致众多全新商品车被水浸泡。（来源：“中新汽车”微信公众号）

▲广州市增城区官湖地铁站外地面积水严重。（来源：金羊网）

▲广州市增城区新塘镇雅瑶大道内涝严重，导致交通中断（左图）；白石农贸市场附近（铁路涵洞）积水严重，市民靠橡皮艇出行（右图）。（来源：广东省气象局）

◀兴宁市罗浮镇河水暴涨倒灌，导致大片农田受淹。（来源：梅州时空网）

● 6月5—9日，广东省出现大范围持续性强降水过程，广州、珠海、韶关、佛山、梅州、惠州、肇庆、清远、河源、云浮10个地级以上市共57.74万人受灾，死亡6人，受伤5人，造成直接经济损失39.72亿元。

▲阳江市阳东区内涝严重，多辆小车泡浸在积水中。（来源：中国天气网）

▲惠州市龙门县龙城街道水口村道路被淹。（来源：中国天气网）

▲河源市和平县居民房屋受浸（左图），该县还发生山体滑坡，树木倒伏（右图）。（来源：中国天气网）

▲强降雨导致河源市连平县一村庄被淹，房屋、农田受浸。（来源：中国天气网）

▲肇庆市德庆县城区内涝严重，市民出行受影响。（来源：中国天气网）

▲清远市佛冈县龙山镇一村庄被洪水包围。(来源：《南方都市报》)

▲梅州市平远县部分村庄被淹。(来源：新华网)

▲东莞市河水漫堤。(来源：东莞阳光网)

▲佛山市禅城区张槎街道湿地公园被淹。(来源：佛山电视台百家号)

▲佛山市三水区海丰村进村道路内涝严重。(来源：三水区应急管理局)

▲韶关市翁源县G106线狮子山段路基下塌，导致交通中断。(来源：《南方都市报》)

◀韶关市新丰县马头镇多栋房屋遭水浸。（来源：中国天气网）

▶广州市增城区内涝严重。（来源：搜狐网）

◀6月10日，洪峰经过，佛山东平水道登州段多处被淹。（来源：《佛山日报》）

热带气旋

●8月18—20日，受台风“海高斯”影响，珠海、江门、云浮、韶关、肇庆、茂名6个市共6.28万人受灾，造成直接经济损失4.25亿元。

▲珠海市香洲区大树砸倒小区院墙。(来源：《南方都市报》)

▲珠海市斗门区白蕉镇一小区门口，一辆货车被大风吹倒。(来源：《南方都市报》)

▲江门市区建设三路附近的广告牌被吹倒。(来源：中国天气网)

▲江门市区宏兴路路边的树木被连根拔起。(来源：中国天气网)

◀中山市坦洲镇一棵大树被大风刮倒，砸中一辆小轿车。(来源：环球网)

防灾抗灾救灾

▲1月14日，珠海长炼石油化工厂发生爆炸 。图为消防救援人员冒着爆炸危险进行处置作业。(来源：广东省消防救援总队)

▲3月27日，肇庆市民警与市政工作人员在街道积水路段开展抢修作业。(来源：中国天气网)

▲5月18日，中山市石岐区富康路一棵巨型绿化树在雨中倒下，砸中一辆摩托车和电动车（车主未受伤）。图为公安民警与消防救援人员在清理路障。(来源：“看点快报”App)

▲5月22日，广州市白云区水务局组织抢险队伍驰援黄埔区汇星路隧道排涝抢险。(来源：“白云融媒”平台)

◀5月22日，广州市黄埔区下沙村居民用一辆共享单车挂上一个警示牌，提醒此处有下水道井盖口。(来源：《南方都市报》)

▲5月22日，受暴雨影响，广州市黄埔区开源大道严重水浸需紧急关闭。图为黄埔区调集大型抽水车8台，开展应急抢险工作，强排积水。（来源：“黄埔观察”微信公众号）

▲5月22日，东莞市城区供电抢修人员为高埗镇冼沙村委会所在线路的水浸配电房开展抢修复电工作。（来源：腾讯网）

▲5月22日，广州市海珠区南石头东约大街有多户居民被洪涝围困。图为消防救援人员转移行动不便的老人。（来源：广东消防网）

▲5月23日，暴雨过后，东莞市环卫工人及时清理街面垃圾。（来源：新浪网）

▲6月上旬，消防救援人员在清远市佛冈县汤塘镇新塘村争分夺秒转移受灾群众。（来源：“文明清远”微信公众号）

▲6月上旬，消防救援人员在韶关市新丰县帮助灾民恢复交通要道。（来源：搜狐网）

▲6月8日，清远市阳山县公路事务中心工作人员清理G358线水口至杜步段水浸公路淤泥及排水系统。（来源：搜狐网）

▲“龙舟水”期间，消防救援人员正在转移受灾群众。（来源：广东省消防救援总队）

▲6月上旬，在梅州市平远县大柘镇坝头村，水退后工程人员正在清理泥泞的道路。（来源：新华网）

▲6月上旬，受西江、北江上游来水共同影响，三角洲河道水位连日持续上涨。图为佛山东平水道逆水船舶停航，等待洪峰过境。（来源：《佛山日报》）

▲6月9日，民警在河源市连平县居民家中解救被洪水围困的群众（左图）；广东三防工作人员在该县转移被洪水围困的群众（右图）。（来源：中国天气网）

▲6月中旬，台风“鹦鹉”来临前，观测人员及时检查风向风速设备。（来源：自然资源部南海局）

▲6月中旬，揭阳市惠来县渔船在台风“鹦鹉”来临前及时回港避风。（来源：广东省气象局）

▲7月10日，南海救助局派出直升机紧急救助货船“凯胜2”轮船上12名遇险船员。图为调运作业救援现场。（来源：广东省海上搜救中心）

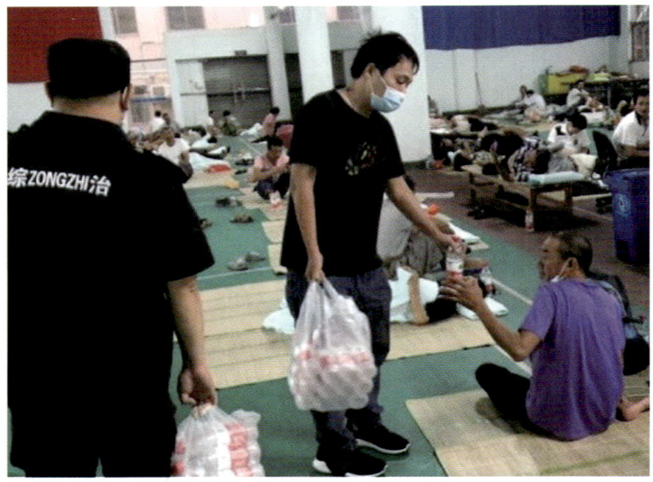

▲8月19日，工作人员正在给庇护所的农民工送水。（来源：《南方都市报》）

▲8月19日，为防御台风“海高斯”，珠海市斗门区应急民兵连扛上沙包，在小濠冲冲口村执行防风减灾任务，保证堤坝无溃口。（来源：《南方都市报》）

▲11月6日，海巡执法船在扑救西江佛山辖区的货船大火。（来源：广东省海上搜救中心）

《广东省防灾减灾年鉴》编写组

广东省应急管理厅	郭劲兵　高　山　王　旭　陈石强
广东省水利厅	张立新　周兆黎　武海峰　张炬恩　白　堃
广东省气象局	黄珍珠　刘　蔚　刘东玲　刘爱君　刘运策　舒锋敏　范伟建　杨小佳
广东省地震局	贾庆华　袁秀芳
自然资源部南海局	汤超莲　聂宇华　赵明利　罗　军　田丰歌
广东省自然资源厅	高　军　傅培刚
广东省农业农村厅	蒋文泓　熊奎州　邓国东　黄德超　张小强　贺书岚　关　歆　姚国成
广东省生态环境厅	胡德庆　孙士琪
广东省林业局	林绪平　叶燕华　冯　皓　毛亦扬　刘春燕　李亭潞
广东省卫生健康委员会	王剑莉　王金龙　陈　智
广东省海上搜救中心	蔡壮标　周练明　刘安仁
广东省军区政治工作局	李岳青　闵晨阳
广东省消防救援总队	彭　科　沙洲洲

序

广东地处典型气候脆弱区，是各种自然灾害多发省。其主要灾害有台风、暴雨洪涝、干旱、寒冷、地震、泥石流、滑坡、赤潮和病虫害等，灾种多，灾期长，发生频率高，灾害重。据统计，1991—2020 年，全省因自然灾害造成的直接经济损失平均每年约为 150 亿元，重灾年损失超过 500 亿元。随着广东省经济社会的发展和社会财富的增加，自然灾害造成的经济损失有增大的趋势。

中华人民共和国成立后，全省兴建了一大批水利工程，具备了防御中等洪水和暴潮的能力，使 85% 的易涝面积得到整治；建成十大联围，可抵御 50 年一遇以上的洪水。灾害监测、预测、预报、预警工作得到重视，在 20 世纪末基本建成覆盖全省各种自然灾害的监测网络和自然灾害预测、预警系统。同时，加强了防灾减灾法治建设，全省防灾减灾工作逐步走向法治化、规范化、社会化。从 20 世纪 80 年代后期起，以行政首长负责制为主要内容的防灾减灾措施不断得到加强和完善，防灾预案不断健全优化。上述种种防灾减灾措施，使全省自然灾害损失和人员伤亡减少至最低限度。据专家研究，及时采取适当的防灾减灾措施可以减少 30% 以上的经济损失。

广东既是各种自然灾害多发省，也是经济大省，居住人口多，对外联系广泛，防灾减灾是一项长期、艰巨和责任重大的繁重任务。各级政府要认真贯彻中共十九大精神，以习近平新时代中国特色社会主义思想为指导，大力推进生态文明建设，把防灾减灾工作与经济建设、环境保护、城市规划、“三农”（农业、农村、农民）工作、新农村建设、振兴乡村发展战略等有机结合起来，与实现全面发展、协调发展、持续发展结合起来，真正为人民群众做好事、办实事、解难事。要进一步强化责任，建立和健全各种切实可行的防灾预案，加强自然灾害防御管理体系建设，提高对自然灾害的监测、预测、预报、预警能力，做好公众宣传，增强全社会忧患意识和防灾减灾意识。

1994 年 12 月，省政府批准组织编写《广东省防灾减灾年鉴》（以下简称《年鉴》），至今已出版 1995 年卷至 2020 年卷，共 26 卷，约 780 万字。此次组织出版的即为 2021 年卷。《年鉴》整理、保存了丰富而宝贵的广东自然灾害资料，总结了防灾减灾工作成果、经验和教训，对全省和粤港澳大湾区防灾减灾工作起到了宣传、指导和推动作用，产生了明显的社会效益。

《年鉴》的出版具有重要现实意义和历史意义。省政府和有关单位对《年鉴》的编写和出版工作给予极大的关心和支持。希望各有关单位和工作人员继续总结经验，不断提高《年鉴》编纂质量，增加信息量，扩大发行量和宣传面，让《年鉴》在全省防灾减灾工作和经济社会发展中发挥越来越大的作用，在实现“四个走在全国前列”的创新发展中作出新的贡献。

谨向参加《年鉴》编写、出版和发行的各有关单位和同志表示衷心的感谢。

《广东省防灾减灾年鉴》编纂委员会

2021 年 10 月

凡　　例

一、《广东省防灾减灾年鉴》是反映广东省自然灾害和防灾减灾状况的资料性工具书，1995年创刊，每年出版一卷。本年鉴的编纂工作系由广东省人民政府地方志办公室和广东省气象局负责组织，省直和中央驻穗各有关单位及广东省军区、广东省消防救援总队等合作完成。

二、本年鉴采取分类编辑法，设立基本栏目，栏目下为条目。本卷分别设立“概述”“大事记”“重大自然灾害事件”“自然灾害分述”“省直部分单位防灾减灾工作”“各地级以上市灾情与防灾减灾工作”“附录”七个栏目。

三、本卷所载有关内容和资料，均经供稿单位审核通过，由本年鉴首次公开发表。

四、本卷各项灾害数据，一般采用各主管部门或主办单位正式提供的数字。雨量资料主要采用气象站记录，部分来源于水文站。

五、本卷中的数字书写，按国务院1984年2月27日颁布的《中华人民共和国法定计量单位》和国家技术监督局1996年6月1日起实施的《出版物上数字用法的规定》执行。

六、全卷记述的地名除经国务院和地方政府正式命名或更名的外，一律沿用历史或习惯称谓，必要时加注乡名。科技术语、专业名词一律采用中文名称。机构名以印鉴为准，或使用规范简称。

七、本年鉴除必要时使用繁体字外，一律采用国务院1956年公布的《汉字简化方案》和1964年批准的《简化字总表》中的简化字。

八、本年鉴中，凡称“党的”均指中国共产党；凡称省委、市委、县委、镇（区）委，均指中国共产党相应地方组织；相关部门和单位一概以“省××厅”“省××局”出现，省略“广东”二字。

九、全卷除引用原文外，均以第三人称记述。文体采用现代汉语的记叙文或说明文。

十、本年鉴注释采用括注或在表格下编码脚注的方式，不编通码。

《广东省防灾减灾年鉴》编辑部

2021年10月

目　录

概　述

大　事　记

重大自然灾害事件

自然灾害分述

省直部分单位防灾减灾工作

各地级以上市灾情与防灾减灾工作

附　录

编　后　记

概　　述

自然灾害概况

2020年，广东省总体气候特征是：气温高，高温天气多；降水总体偏少，阶段性特征明显；暴雨极端性强，局部洪涝重；初台早、台风少、总体影响小；气象干旱阶段性严重；年末寒潮致大幅降温。主要气象与水文灾害特点是：旱涝并存，极端天气频发，遭遇近15年间最强“龙舟水”；4月上旬开汛，全省先后出现23次强降水过程，平均雨量为1505.2毫米，较常年偏少16%；5月下旬及6月上旬2场强降水过程，共16站次雨量突破当地历史极值，导致局地洪涝灾害重，出现严重地质灾害并造成较大人员伤亡；7月局部地区出现中到重旱，部分居民生活供水受影响；8月登陆珠海的台风“海高斯”也给广东局部地区造成一定的风雨灾害。

据省应急管理厅统计，受暴雨洪涝、热带气旋、风雹、干旱等自然灾害影响，全年全省累计120.08万人受灾，转移人员12.45万人，因灾死亡17人，受伤12人；倒塌房屋1889间，严重损坏房屋811间，一般损坏房屋3017间；农作物受灾面积8.41万公顷，其中绝收面积8207公顷；造成直接经济损失54.64亿元。

受雷雨大风、飑线、龙卷风、冰雹、短时强降水等强对流天气影响，全省共死亡1人、伤4人，造成直接经济损失1737万元。

全省共出现雷击灾害230起，发生雷击致人受伤事件1宗，受伤3人，零死亡，雷电灾害造成直接经济损失997万元。

省地震台网全年共记录3.0级以上地震4次，最大为1月20日发生在丰顺的3.7级地震。

全年共发生突发性地质灾害231起，造成9人死亡，直接经济损失2056.03万元。全省共有地质灾害隐患点4744处，受威胁人口达24.95万人。

省海上搜救中心全年共接报遇险船舶573艘，其中获救493艘，沉没80艘；遇险人数3669人，其中救起遇险生还者3556人，死亡、失踪113人。

全年共发生森林火灾114起，火场总面积1002.49公顷，其中受害森林面积591.26公顷。

全省共发生城乡火灾5.46万起，死亡117人（含放火案件死亡27人），受伤109人，造成直接经济损失5.6亿元。

全年林业有害生物发生危害面积51.52万公顷，成灾面积2.19万公顷；农作物病虫草鼠螺害发生面积1864.6万公顷次，损失粮食20.85万吨、经济作物53.55万吨；渔业因病害造成直接经济损失2.25亿元。

表1　2020年广东省主要自然灾害灾情统计表

<table>
<tr><th colspan="2" rowspan="2">灾种</th><th rowspan="2">发生时间</th><th rowspan="2">受灾人口（万人次）</th><th rowspan="2">农业受灾面积（万公顷次）</th><th rowspan="2">倒塌房屋（间）</th><th colspan="2">伤亡（人）</th><th rowspan="2">直接经济损失（亿元）</th></tr>
<tr><th>受伤</th><th>死亡、失踪</th></tr>
<tr><td colspan="2" rowspan="2">暴雨洪涝</td><td>5月20—22日</td><td>30.43</td><td>0.91</td><td>38</td><td>2</td><td>7</td><td>9.31</td></tr>
<tr><td>6月5—9日</td><td>57.74</td><td>4.8</td><td>1674</td><td>5</td><td>6</td><td>39.72</td></tr>
<tr><td colspan="2">热带气旋</td><td>8月18—20日[①]</td><td>6.28</td><td>1.24</td><td>26</td><td>—</td><td>—</td><td>4.25</td></tr>
<tr><td colspan="2">强对流</td><td>3月23日</td><td>0.01</td><td>0.01</td><td>3</td><td>4</td><td>1</td><td>0.2</td></tr>
<tr><td colspan="2">干旱</td><td>1—10月</td><td>23.15</td><td>1.16</td><td>—</td><td>—</td><td>—</td><td>0.35</td></tr>
<tr><td colspan="2">雷击</td><td>1—12月</td><td>—</td><td>—</td><td>—</td><td>3</td><td>—</td><td>0.1</td></tr>
<tr><td colspan="2">地质灾害[②]</td><td>1—12月</td><td>—</td><td>—</td><td>—</td><td>1</td><td>3</td><td>0.21</td></tr>
<tr><td colspan="2">环境污染[③]</td><td>1—12月</td><td>—</td><td>0.05</td><td>—</td><td>—</td><td>—</td><td>0.07</td></tr>
<tr><td colspan="2">海难</td><td>1—12月</td><td>—</td><td>—</td><td>—</td><td>—</td><td>113</td><td>—</td></tr>
<tr><td colspan="2">赤潮</td><td>1—12月</td><td>—</td><td>1.12</td><td>—</td><td>—</td><td>—</td><td>—</td></tr>
<tr><td rowspan="3">病虫害</td><td>农业[④]</td><td>1—12月</td><td>—</td><td>1864.6</td><td>—</td><td>—</td><td>—</td><td>11.19</td></tr>
<tr><td>林业</td><td>1—12月</td><td>—</td><td>51.52</td><td>—</td><td>—</td><td>—</td><td>—</td></tr>
<tr><td>渔业</td><td>1—12月</td><td>—</td><td>0.6</td><td>—</td><td>—</td><td>—</td><td>2.25</td></tr>
<tr><td colspan="2">森林火灾</td><td>1—12月</td><td>—</td><td>0.1</td><td>—</td><td>—</td><td>—</td><td>—</td></tr>
<tr><td colspan="2">城乡火灾</td><td>1—12月</td><td>—</td><td>—</td><td>—</td><td>109</td><td>117</td><td>5.6</td></tr>
<tr><td colspan="2">合计</td><td>全年</td><td>117.61</td><td>1926.11</td><td>1741</td><td>124</td><td>247</td><td>73.25</td></tr>
</table>

注：①该时段为台风“海高斯”影响期间。②已在“暴雨洪涝”“热带气旋”和“强对流”中纳入统计的，不计入此处。③主要对渔业产生影响。④含粮食作物20.85万吨、经济作物53.55万吨。

防灾减灾概况

2020年，广东省先后受强对流天气、暴雨洪涝、热带气旋、干旱等灾害影响，各地不同程度受灾，局部地区灾情严重。在省委、省政府的坚强领导下，各级、各部门以人为本，认真组织做好灾害防御和抗灾救灾工作，取得较好成效。

省应急管理厅坚持以人为本，认真贯彻落实国家防总、应急管理部和省委、省政府工作部署，压实工作责任，扎实做好各项防御措施，全力开展抢险救援，“三防”工作取得阶段性成效。全年全省共应对险情1580起，出动抢险救援人员76540人次、救援艇3342艘次，投入机械设备9933台套、土石方量65.75万立方米、编织袋47.05万条；减少受灾人口102.19万人，减少受淹耕地2.78万公顷。至11月13日，帮助198户因灾“全倒户”和152户因灾“严损户”重建家园。全省共成立森林防灭火督导检查组1497个，出动人员5560人次，发现整改隐患1288处；出动森林公安等执法人员4.6万多人次，发现并制止、查处违法用火4780多起；开展森林防灭火巡查5.1万多次、出动人员10.5万多人次，设立路卡、岗哨点1.3万多个，收缴火种8万多个。

省军区按照上级统一部署，组织部队、民兵预备役参加抢险救灾，先后参与6月上旬等多次强降水、台风“鹦鹉”“海高斯”等防御行动，累计出动人员4949人次、舟艇107艘（次）、车辆68台（次），投入装备2715件（套），共解救转移群众2307人，抢运物资64吨，有力支援了地方救援行动，保障了群众生命财产安全。

全省消防救援队伍全力做好灭火和灾害救援等工作。全年共接警出动13.6万次，营救、疏散群众2.4万多人，抢救挽回财产损失38.1亿元，出色完成珠海“1·14”长炼石化爆炸救援、4轮“龙舟水”强降雨抢险救援、揭阳“9·9”甬莞高速苯酚泄漏事故救援、汕头“10·23”南澳山火处置等急难险重任务。依托“数字政府”开展227万多家社会单位线上消防安全大承诺行动，全年检查单位10.85万家，督促整改隐患3.7万处，临时查封单位854家，责令“三停”单位1002家。

省气象局准确预报多个热带气旋、多次强降水和强对流天气过程，并为政府部门和公众及时做好相关服务。统筹做好新冠肺炎疫情防控和气象服务等各项任务，为防汛救灾、“六稳”“六保”“一核一带一区”建设等工作提供坚实气象服务保障。全省台站共发布台风、暴雨等灾害性天气预警信号36403次。

省水利厅紧紧围绕“水利工程补短板，水利行业强监管”的水利改革发展总基调，聚焦防范超标洪水、水库失事、山洪灾害三大风险，狠抓防御重点，科学防控，高效处置突发险情灾情。有力有序防御了23场强降雨、4个台风登陆以及西江、北江的编号洪水的影响；及时做好蓄水保水，防抗局部旱情，有效减轻水旱灾害损失。同时，狠抓水土流失治理，全省共治理水土流失面积956.32平方千米，其中种植水土保持林335.77平方千米，种植经济果木林

106.32 平方千米，种草 12.34 平方千米，封禁治理 447.79 平方千米，其他措施治理 54.10 平方千米。

省自然资源厅深入贯彻落实汛期地质灾害防御要求，强化预警预报、隐患排查、群测群防等措施，全面提升地质灾害防御能力。全年全省共安排巡查员 1.8 万多人，出动巡排查人数 10.5 万人次；结合预警分级重点巡查地质灾害隐患点、风险点 6.2 万处次，组织转移避险 1.57 万人；联合省气象局共发布 3 级及以上地质灾害气象风险预警信息 179 次；成功避让 4 起地质灾害，避免人员伤亡 95 人，避免直接经济损失 105 万元。印发《广东省自然资源厅海洋灾害应急预案》，履行海洋灾害防御职责，提高应对海洋灾害预警报能力。

省农业农村厅全力抓好农业防灾减灾工作。下拨农业抗旱救灾资金 2000 万元，用于紧急抽水、引水保插保苗、渠道维修等；支援灾后改种、补种粮食作物 6 万多亩（1 亩 = 1/15 公顷，下同），挽回粮食损失 6 万多吨。全省农作物病虫草鼠螺害防治面积 2311.78 万公顷，挽回农作物损失包括粮食 349.45 万吨、水果 157.61 万吨、蔬菜 291.13 万吨、茶叶 1.36 万吨、油料 16.67 万吨，挽回其他经济作物 41.84 万吨。全年全省产地检疫生猪 2811.38 万头、牛 76.08 万头、羊 66.49 万头、家禽 15.6 亿只；屠宰检疫生猪 2746.84 万头、牛羊 135.96 万头（只）、家禽 2.19 亿只；累计检测血清学样品 41.10 万份，病原学样品 26.32 万份。全省共实施渔港安全检查 1300 多次，渔船安全检查 1.7 万艘次；发现安全隐患 735 项，已完成整改 713 项。

全省各级林业主管部门严密监测疫情，及时做好灾害预警，测报准确率 88% 以上，种苗产地检疫率达 100%。全省实施林业有害生物防治作业面积 37.52 万公顷，无公害防治率为 90.51%，成灾率控制在 2.32‰；清理枯死松树 65.04 万株；实施检疫监管林木苗木 373.59 万株、种子 176.2 万千克。

省海上搜救中心加强“一案三制”建设，强化沟通合作机制，做好灾害预防预警。全年共接报有关海难事故 443 宗（3669 人遇险）；协调组织派出参与救助船舶 2099 艘次、飞机 77 架次（其中港台救助飞机 8 架次）；救起遇险生还者 3556 人，搜救成功率为 96.9%。

省地震局强化震情跟踪监测，有效应对地震突发事件。加速推进防震减灾事业现代化试点建设。及时稳妥处置珠海 3.5 级、梅州 3.7 级、河源 2.8 级、梅州 2.9 级等影响广东省的显著地震事件。“粤港澳大湾区与粤西地区地震监测能力提升工程”完成全部 40 个台站勘选工作。圆满完成全国两会、十九届五中全会、深圳经济特区成立 40 周年等特殊时段地震安全保障服务工作。

自然资源部南海局积极开展海洋观测、监测和预警报等海洋灾害防御减灾工作。完成《南海区海洋观测网规划（2021—2025）》征求意见稿编写。全年共有 16 个浮标站、2 个油气平台和 19 艘志愿船业务化运行，浮标数据接收率达 94%，油气平台数据接收率达 99.9%；发布风暴潮预警报 32 次，发布海浪警报 61 次；18 人次参与省防总应急值守。

省生态环境厅深化大气污染防治和科学系统治水工作，大气环境质量实现连续六年全指标达标，全省 AQI 达标率为 95.5%；全省国考断面水质优良比例达 87.3%，比 2015 年提升 9.8 个百分点。全省执法人员共检查企业 15.86 万家次，发现环境安全隐患及问题 12475 个，责令整改企业 3138 家；立案查处环境违法案件 4786 宗、处罚金额 6.27 亿元，取缔关闭企业 602 家，移送涉嫌环境犯罪案件 367 宗。

省卫生健康委员会始终坚持围绕“一体两翼”推动卫生应急工作高质量发展，积极做好新冠肺炎等突发急性传染病疫情防控和灾害事件应急处理。全省全年累计报告新型冠状病毒肺炎3312 起，涉及确诊病例 2046 例（含外省及境外输入病例）、无症状感染者 1266 例（含外省及境外输入病例），死亡 8 例；共处置 17 起“一般”及以上级别突发公共卫生事件，累计报告事件相关病例 1446 例，死亡 9 例，均得到快速有效的科学处置。

防灾减灾组织体系

广东省各类自然灾害的防灾减灾工作由省政府统一管理，并通过下属机构和有关职能部门具体执行，实行行政首长负责制。

【省级主要防灾减灾机构及其负责人】

1. 广东省减灾委员会

主任：林克庆（省委常委、常务副省长）
副主任兼办公室主任：王中丙（省应急管理厅厅长）

2. 广东省防汛防旱防风总指挥部

总指挥：林克庆（省委常委、常务副省长）
副总指挥兼办公室主任：王中丙（省应急管理厅厅长）

3. 广东省森林防灭火指挥部

总指挥：林克庆（省委常委、常务副省长）
专职副总指挥兼办公室主任：王中丙（省应急管理厅厅长）

4. 广东省海上搜救中心

主任：陈良贤（副省长）
办公室主任：林奎（广东海事局副局长）

5. 广东省防震抗震救灾工作联席会议

召集人：张虎（副省长）

【广东省防灾减灾系统】

广东省防灾减灾系统情况如图 1 所示。

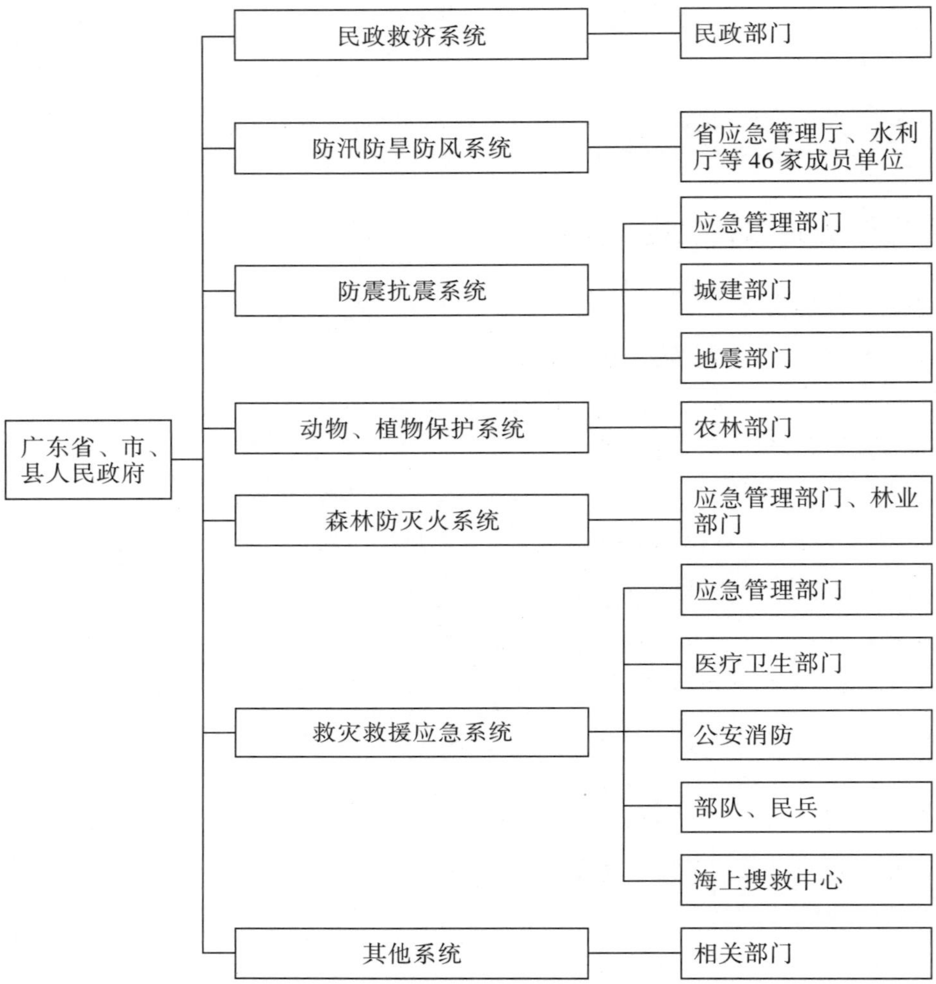

图 1　广东省防灾减灾系统示意图

广东省防汛防旱防风总指挥部成员单位包括：省应急管理厅、省水利厅、省气象局、南部战区联合参谋部作战局、省军区战备建设局、武警广东省总队、省消防救援总队、省委宣传部、省发展改革委、省教育厅、省工业和信息化厅、省公安厅、省民政厅、省财政厅、省人力资源和社会保障厅、省自然资源厅、省生态环境厅、省住房和城乡建设厅、省交通运输厅、省农业农村厅、省商务厅、省文化和旅游厅、省卫生健康委、省广电局、省能源局、省水文局、民航中南管理局、广东银保监局、省通信管理局、省地震局、省海事局、自然资源部南海局、粤海控股集团、省能源集团、省交通集团、省建工集团、中国铁路广州局集团有限公司、广东电网公司、省红十字会、中国移动广东分公司、中国电信广东分公司、中国联通广东分公司、中国铁塔广东省分公司、中石化广东石油分公司、中石化销售有限公司华南分公司、中国石油天然气股份有限公司广东销售分公司。

【广东省防汛防旱防风指挥系统】

广东省防汛防旱防风指挥系统情况如图 2 所示。

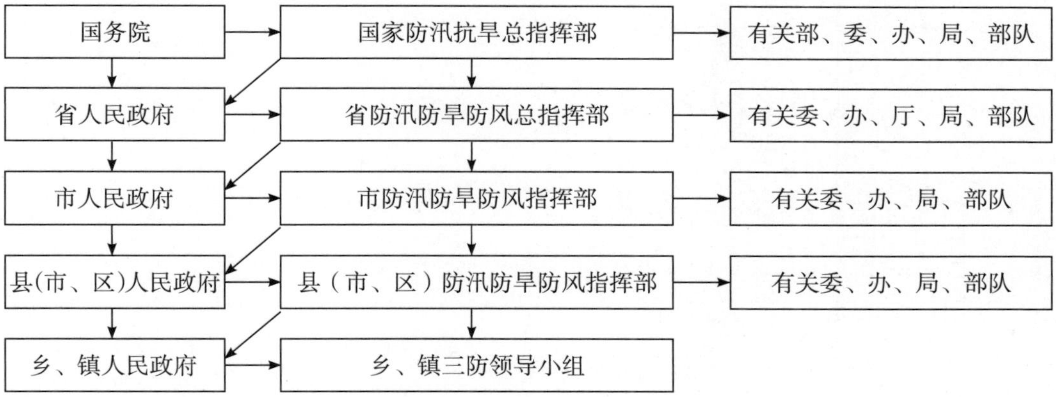

图 2　广东省防汛防旱防风指挥系统示意图

【广东省防汛防旱防风主要措施】

广东省防汛防旱防风主要措施包括工程措施和非工程措施两大类。

工程措施：通过防御、调蓄、疏导、分泄等手段，包括修建防洪防潮堤围、水闸、水库、蓄滞洪区、提水站、排涝站以及修渠打井、水土保持、营造防风林带等，减小或免除水旱风灾威胁和危害。

非工程措施：通过法律、政策、行政、经济、技术、管理等手段，包括建立以行政首长负责制为核心的三防责任制体系，气象、水文、海洋监测预报，三防信息系统和三防应急预案，土地使用管理，河道清障，洪泛区划分，以及抢险救援、防灾保险等，提高各级三防减灾能力，减小灾害影响，把灾害损失降至最低限度。

广东省防汛防旱防风主要措施具体如图 3 所示。

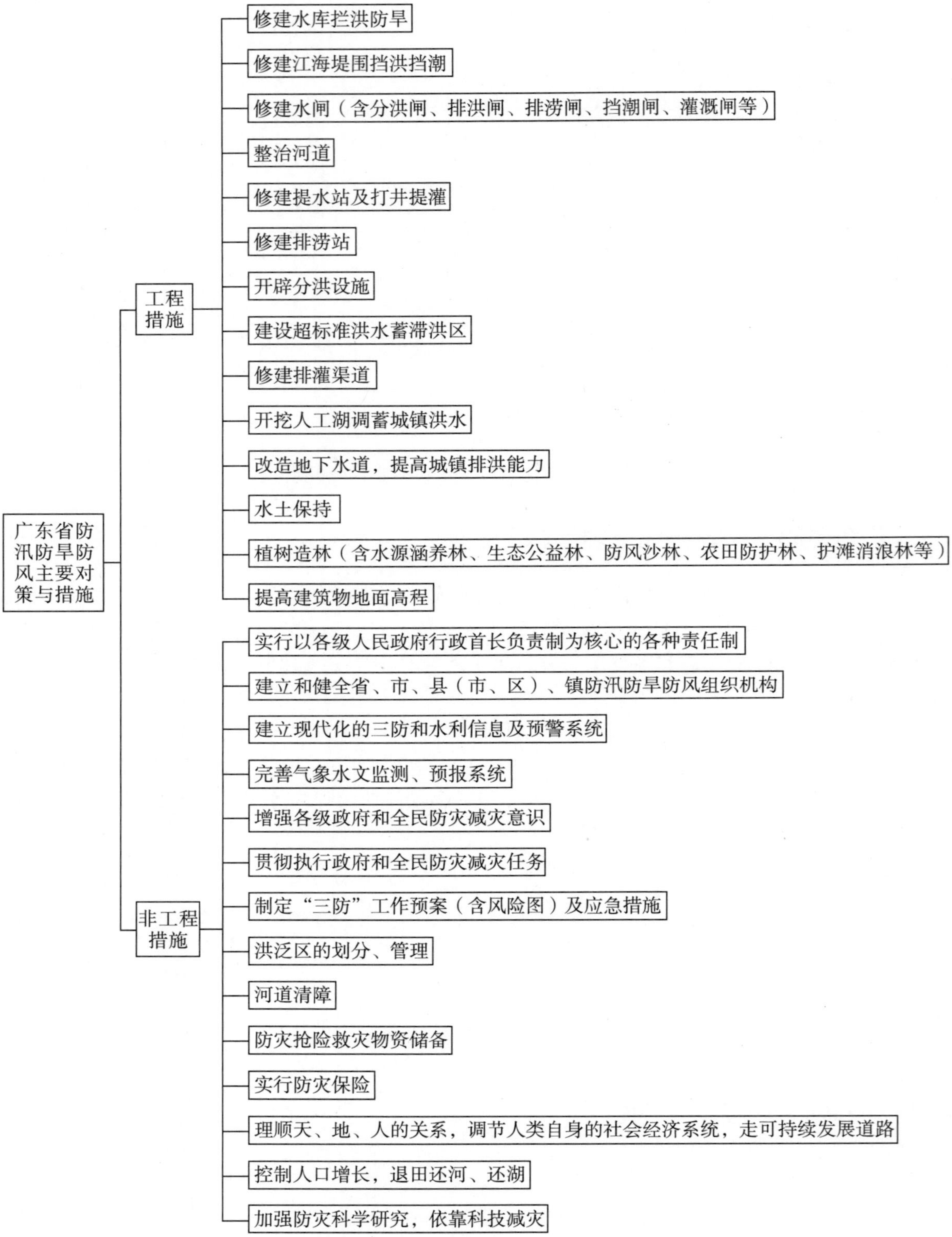

图 3　广东省防汛防旱防风主要措施示意图

【广东省海上搜救系统】

广东省海上搜救系统情况如图 4 所示。

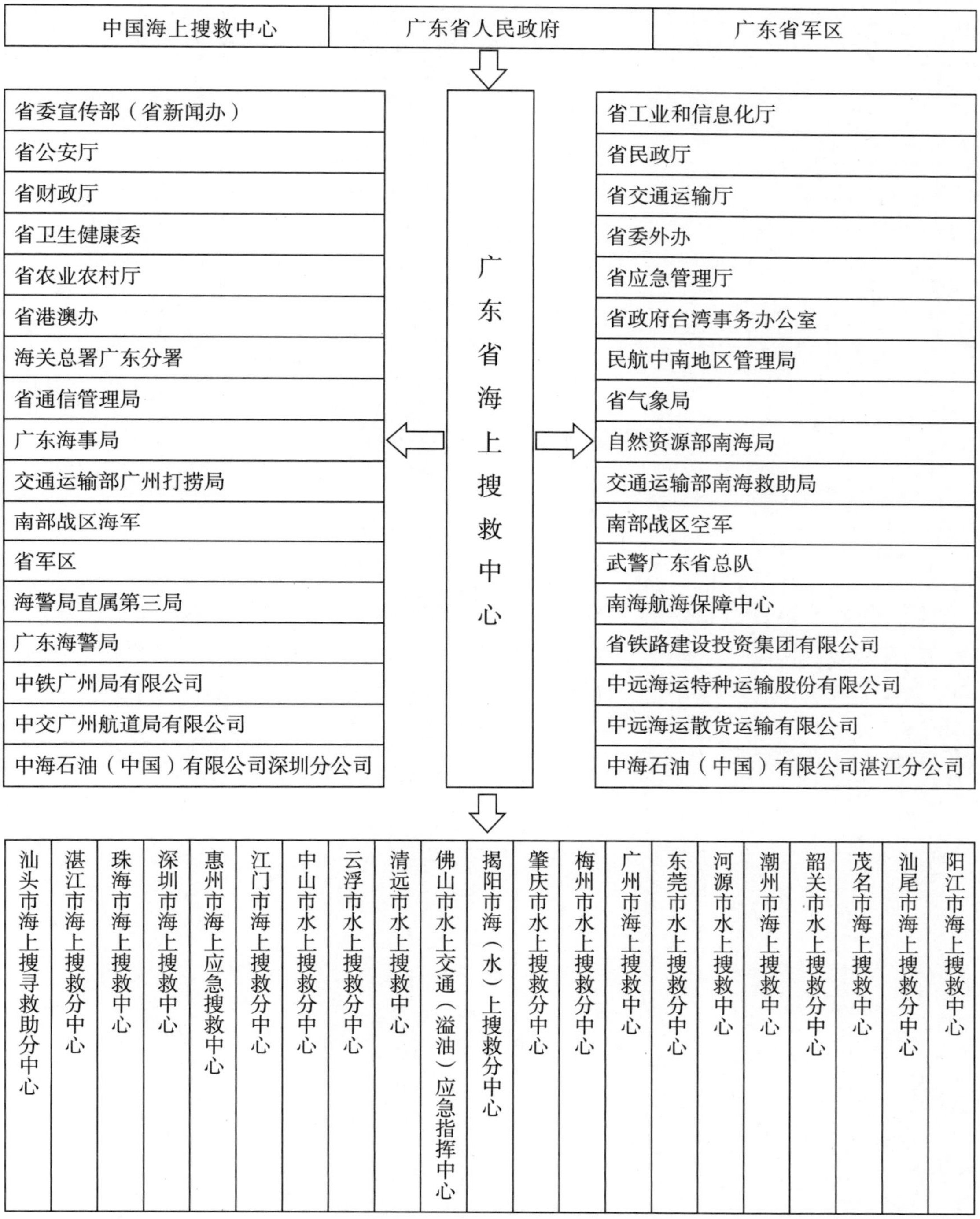

图 4 广东省海上搜救系统示意图（分中心序列按照成立先后排列）

【广东省防震抗震救灾系统】

广东省防震抗震救灾系统情况如图 5 所示。

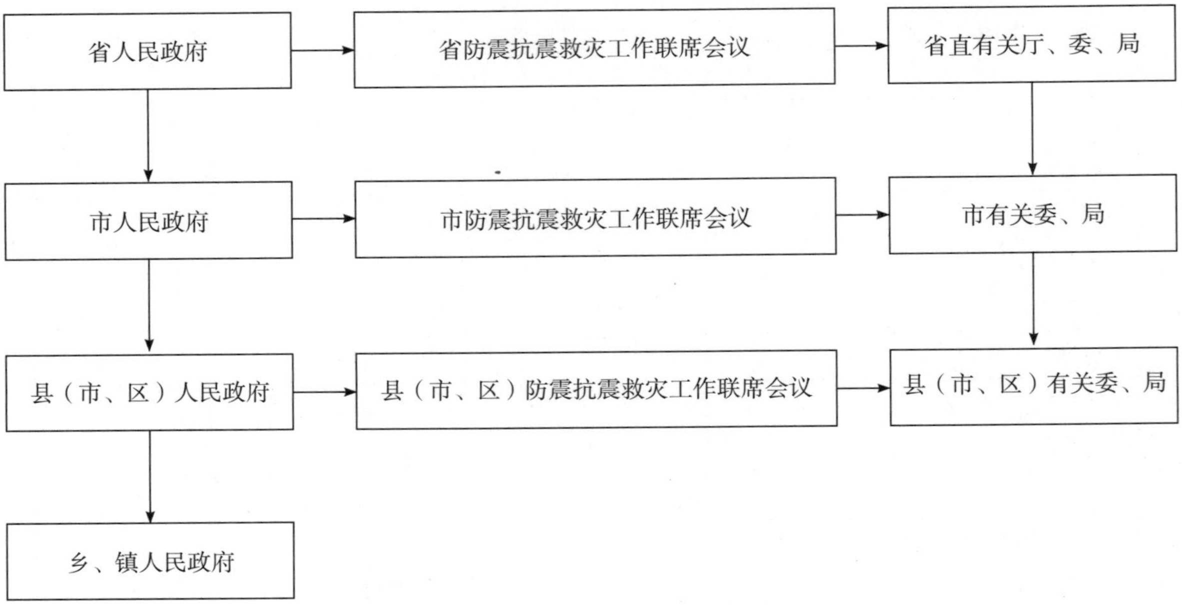

图 5　广东省防震抗震救灾系统示意图

省防震抗震救灾工作联席会议成员单位包括：省地震局、省军区战备建设局、省委宣传部、省发展改革委、省教育厅、省科技厅、省公安厅、省司法厅、省财政厅、省自然资源厅、省住房和城乡建设厅、省交通运输厅、省水利厅、省农业农村厅、省卫生健康委、省应急管理厅、省广电局、省通信管理局、省气象局、省粮食和储备局、省消防救援总队、广东电网有限责任公司、中国人民财产保险股份有限公司广东省分公司。

大 事 记

1 月

3 日 广东省“防灾减灾与应急救援”重点领域研发计划“多灾种耦合和灾害事件链综合监测预警关键技术及装备的研发与示范”项目启动会在佛山市召开。

3—4 日 省应急管理厅、省消防救援总队组织消防救援站、专职消防队、派出所、网格员等力量开展全省消防车通道集中清查紧急行动。

5 日 6 时 55 分，珠海市香洲区海域（北纬 22. 07°，东经 113. 85°）发生 3. 5 级地震，震源深度 12 千米。其后发生余震 2 次（最大震级 2. 1 级）。

6—8 日 国家发展改革委农村经济司副司长李明传、应急管理部火灾防治管理司副司长崔洪浩等一行 4 人到广东省开展森林防灭火执法检查工作。省应急管理厅有关处室、单位负责人参加座谈会。

10 日 广东省广州市越秀区珠光街道仰忠社区等 108 个社区（含深圳市）荣获“全国综合减灾示范社区”命名，广东省获命名社区数量居全国首位。

11 日 两架 K-32 航空消防直升机进驻惠东森林航空消防中心基地执勤，标志着广东省 2020 年春季森林航空消防工作正式全面展开。

14 日 13 时 40 分，珠海市高栏港区珠海长炼石化设备有限公司发生火灾。至 16 时 20 分，现场明火被扑灭，未造成人员伤亡。

20 日 4 时 17 分，梅州兴宁市（北纬 23. 86°，东经 116. 01°）发生 3. 7 级地震，震源深度 10 千米。其后发生余震 2 次（最大震级 2. 7 级）。

26 日 省防控工作领导小组（指挥部）召开全省视频会议，认真学习中共中央总书记、国家主席、中央军委主席习近平关于研究新型冠状病毒感染的肺炎疫情防控工作重要讲话精神；对做好广东省疫情防控工作进行再研究、再部署、再落实。中共中央政治局委员、省委书记李希出席会议并讲话，省长马兴瑞主持会议，省委副书记、深圳市委书记王伟中出席会议。

至 30 日 17 时 全省各地应急管理部门累计发放帐篷、棉大衣、棉被等价值 350 万元的应急物资，全力做好疫情防控期间应急物资保障工作。

本月 省应急管理厅与省红十字会签署防灾减灾救灾联动工作机制合作协议。

省三防办、省应急管理厅印发《关于做好春节期间保供水工作的通知》，再次对 2020 年春节保供水工作进行专题部署。

2 月

6 日 省长马兴瑞主持召开省政府常务会议，传达学习中共中央总书记、国家主席、中央军委主席习近平关于安全生产工作重要批示精神，研究支持企业有序复工复产、激励医务防疫人员担当作为、加强疫情防控重点物资保障等工作。

8 日 省委常委会（扩大）会议暨省防控工作领导小组（指挥部）会议召开，深入学习贯彻中共中央总书记习近平关于疫情防控工作的重要讲话和指示精神，落实中央应对疫情工作领导小组会议精神，进一步部署做好节后复工复产返粤人员疫情防控工作。中共中央政治局委员、省委书记李希主持会议并讲话，省长马兴瑞，省人大常委会主任李玉妹等省领导出席会议。

14 日 为做好低温冰冻和强降雨防御工作，省三防办、省应急管理厅再次召集省民政厅、省自然资源厅、省水利厅、省农业农村厅、省气象局、省水文局等和各市应急管理部门进行会商并研究部署相关工作。

17 日 省三防办、省应急管理厅进一步强调要做好低温冰冻防范应对工作。

18 日 中共中央政治局委员、省委书记李希到中山市，深入企业、社区，就认真贯彻落实中共中央总书记习近平关于疫情防控工作的重要讲话和重要指示精神，统筹做好疫情防控和复工复产工作进行调研检查。省领导郑雁雄参加调研。

21 日 省长马兴瑞赴广州市南沙区调研疫情防控和复工复产工作，强调要认真贯彻落实《粤港澳大湾区发展规划纲要》，推动南沙自贸片区改革创新取得新成效。省领导张新等参加调研。

23 日 深圳市宝安区航城街道三围社区雅居苑统建楼东侧一楼临街商铺“青藏手工酸奶店”发生火灾。火灾造成 4 人死亡，造成直接经济损失 117.82 万元。

24 日 省应急管理厅印发《关于做好 2020 年自然灾害救助工作的通知》。

3月

8日　即日起省安委办、省应急管理厅组织全省各地部署开展涉疫重点场所安全检查。

10日　上午，在全国森林草原防灭火工作电视电话会议后，继续召开2020年省森林防灭火指挥部全体成员第一次会议，部署防御措施。

14日　下午，“经纬188”散货船在台湾海峡南口附近海域沉没。过往船舶“鸿锦顺”轮安全救起10人，另有3人失踪。经省海上搜救中心组织搜救，失踪者中1人死亡、2人失踪。

16日　下午，省应急管理厅厅长王中丙主持召开专题会议，联合省消防救援总队研究加强应急救援队伍建设，就提高各类灾害事故救援能力进行深入探讨，并形成共识。

汕头市潮南区仙城镇柏翘大道95号一栋两层砖混结构住宅发生火灾。火灾造成4人死亡，直接经济损失2万元。

18日　上午，广东省自然灾害防治工作联席会议第二次全体会议在省应急管理厅召开。

19日　省应急管理厅印发《广东省应急管理厅关于动用省级救灾物资的指令》，会同省粮食和物资储备局向全省20个多灾易灾偏远县（市、区）开展省级救灾物资前置工作。

24日　下午，省应急管理厅组织惠州市惠东县举行森林直升机吊桶灭火及空地配合实训演练。

下旬　省应急管理厅会同省民政厅、省财政厅下发通知，要求有力有序有效推进灾害信息员队伍发展工作，确保至年底全省每个城乡社区至少有1名灾害信息员。

省森林防灭火指挥部召开2020年广东省第二季度森林火险形势分析会。

省应急管理厅会同省粮食和物资储备局开展2020年省级救灾物资前置工作，确保受灾人员得到及时有效救助。

4 月

1 日 广东省派出 3 架直升机支援四川省西昌市森林火灾扑救。

2 日 省防总召开全省防汛防旱防风工作会议，贯彻全国防汛抗旱工作电视电话会议精神，分析广东省防汛防旱防风工作形势，研究部署各项重点工作。

8 日 下午，省应急管理厅、水利厅就深化部门合作、加强三防工作等进行了深入交流。

广东省森林防灭火指挥部印发《广东省森林防灭火工作职责事项划分意见》。

夜晚，“粤茂滨渔 42073”（船上 11 人）与“粤湛渔 00208”（船上 6 人）在茂名市辖区博贺港以南 12 海里处发生碰撞，造成“42073”船体进水，在驶回博贺港途中沉没，船上 11 人全部落水。经组织力量多日开展大规模搜救，最终 7 人获救，4 人失踪。

上旬 省安委会办公室、省应急管理厅发出通知，要求各地区、部门和单位部署加强汛期风险研判和安全检查工作。

11 日 上午，省应急管理厅厅长王中丙主持召开执法检查视频调度暨汛期安全形势研判会。

由省应急管理厅、南方日报、“南方 +”客户端联合主办的“应急管理云宣讲”首期节目聚焦汛期防灾。省地质环境监测总站高级工程师周志华指出，全省共有 464 处大型及以上隐患点需重点防御。

20 日 省应急管理厅发出《关于新一轮强降雨强对流天气情况通告》。

21 日 省长马兴瑞率队到北江大堤实地调研防汛备汛、水利基础设施及航道改扩建工程建设工作。省领导张虎等参加调研。

22 日 省应急管理厅厅长王中丙带队到惠州市调研基层防汛工作。

29 日 省应急管理厅组织开展 2020 年广东省基层防汛工作桌面推演及实战演练，进一步落实县（市、区）、镇、村各级三防工作责任制，提升基层应急指挥与救援能力。

本月 省应急管理厅会同省粮食和物资储备局编制 2020 年省级救灾物资年度购置计划。

5 月

上旬 “五一”假期期间，105 支专业森林消防队靠前驻防，全省派出 533 个工作组、出动 8.54 万人次全力做好森林防火工作。

7 日 全省防范化解重大风险工作会议在广州市召开，全面深入分析当前形势，对防范化解重大风险工作进行再部署、再推动、再落实。中共中央政治局委员、省委书记李希出席会议并讲话，省长马兴瑞主持会议。

14 日 省防总副总指挥、省应急管理厅厅长王中丙率队赴韶关市乐昌峡水利枢纽调研防汛备汛工作。

17 日 上午，省三防办、省应急管理厅召开全省视频会商会，分析研判当前天气形势，进一步部署落实防御工作。

18 日 省委常委会召开会议，深入学习贯彻中共中央总书记、国家主席、中央军委主席习近平关于防灾减灾救灾工作的重要论述精神，听取全省三防工作情况汇报，研究部署下一步工作。中共中央政治局委员、省委书记李希主持会议。

19 日 省防总副总指挥、省应急管理厅厅长王中丙组织召开全省视频会议，传达贯彻 18 日省委常委会精神，分析研判“龙舟水”期间天气形势，进一步部署强降雨防御工作。

20—22 日 广东省大部分地区出现暴雨到大暴雨、局部特大暴雨。全省共有 5 个市、5 个县（市、区）、56 个乡镇、30.43 万人受灾，死亡 7 人，受伤 2 人，直接经济损失 9.31 亿元。

21 日 晚上，省应急管理厅厅长王中丙坐镇省应急指挥中心，分析研判雨情水情，并抽查各地防汛值班值守情况。

21—23 日 国家防总秘书长、应急管理部副部长兼水利部副部长周学文率国家防总防汛检查组到广东省检查指导防汛备汛工作。

24 日 18 时，省防总、省应急管理厅启动防汛Ⅳ级应急响应。

省防总召开近期天气形势分析会商会，并召开全省视频会议部署新一轮强降雨防范应对工作。

本月 省委办公厅、省政府办公厅印发《广东省自然灾害防治能力建设行动方案》。

6月

3 日 省长马兴瑞赴广州市调研检查城市内涝防治工作。省领导张硕辅、广州市市长温国辉参加调研。

5 日 17 时，省防总、省应急管理厅启动防汛Ⅳ级应急响应。

省三防办、省应急管理厅印发《广东省应对强降雨防御工作指引》。

5—9 日 受强降水影响，广州、珠海、韶关、佛山、梅州、惠州、肇庆、清远、河源、云浮共 10 个市、41 个县（市、区）、331 个乡镇、57. 74 万人受灾，其中，死亡 6 人，直接经济损失 39. 72 亿元。

6 日 省三防办、省应急管理厅部署全省各地做好强降雨应对措施情况统计。

8 日 晚上，省应急管理厅召开防汛工作视频调度会议，厅长王中丙视频连线清远、惠州等市和有关县（区）、镇、村，动态了解重点区域汛期降水情况，指挥厅防汛小分队在一线开展防汛救灾工作。

省三防办、省应急管理厅会同省粮食和物资储备局向肇庆市怀集县、清远市佛冈县紧急调集帐篷、毛巾被、折叠床等救灾物资一批。

8—9 日 清远市清城区源潭镇迎咀村突发特大型泥石流地质灾害，由于及时向该镇发出短临预警，加上省应急指挥中心多次视频连线该镇进行督导，最终镇村干部果断转移 55 名群众，成功避免了一起群死群伤的灾难事故发生。

9 日 20 时，省减灾委办公室、省应急管理厅启动省Ⅳ级救灾应急响应。

下午，“深自用 0892” 渔船在珠海市高栏岛西面 3 海里处翻扣，船上 11 人落水，其中 5 人被商船救起（其中 1 人经抢救无效死亡），6 人失联。经组织力量多日搜救，最终 4 人获救，7 人死亡（失踪）。

11 日 省应急管理厅、省自然资源厅、省气象局联合发布地质灾害二级预警信息，提醒公众注意防范地质灾害。

12 日 21 时，省防总、省应急管理厅启动防风Ⅳ级应急响应。

13 日 省委、省政府召开全省三防工作视频会议，对做好全省三防工作进行再研究、再部署、再落实。中共中央政治局委员、省委书记李希出席会议并讲话，省长马兴瑞主持会议，省委副书记、深圳市委书记王伟中出席会议。

17 时，省三防办、省自然资源厅、省应急管理厅启动海洋灾害Ⅳ级应急响应。

省安委办、省应急管理厅就进一步加强汛期安全防范工作发出通知。

16 日 由省安委办、省应急管理厅联合主办的2020 年“安全生产月”主题宣传暨公众开放日活动正式启动。

18—24 日 国务院安委会考核巡查组来粤开展安全生产和消防工作考核巡查。

22 日 省三防办、省应急管理厅发出强降雨强对流天气通告。

7 月

2 日 湛江市遂溪县遂城镇友谊新村二横路 113 号居民自建楼房发生火灾。造成 5 人死亡，直接经济损失 49.9 万元。

8 日 上午，省应急管理厅厅长王中丙听取广东省开展第一次全国自然灾害综合风险普查有关工作情况汇报。

9 日 上午，省森林防灭火指挥部、省应急管理厅组织召开 2020 年第三季度森林火险形势分析会。

13 日 省委常委会召开会议，传达学习中共中央总书记、国家主席、中央军委主席习近平关于进一步做好防汛救灾工作做出的重要指示精神，研究贯彻落实意见。中共中央政治局委员、省委书记李希主持会议。

14 日 省防总召开全省三防工作专题视频会议，贯彻落实国家防总关于防汛抗洪救灾工作专题视频会议精神，对下一阶段防汛救灾工作做进一步部署。

16 日 22 时，省应急管理厅连夜集结全省精干抢险救灾队伍奔赴江西省支援抗洪抢险。

22 日 省应急管理厅厅长王中丙率调研组先后前往清远市阳山县杜步镇杜步村、阳城镇大东坪电站实地查看受淹房屋情况和检查水电站防洪调度工作。

26 日 凌晨，“宏翔 819”散货船航经台湾海峡浅滩时翻扣，船上 9 人失踪。经省海上搜救中心组织搜救，1 人获救，4 人死亡，4 人失踪。

29 日 上午，省三防办、省安委办、省应急管理厅召开全省防汛救灾暨安全生产工作视频会议。

30 日 省三防办、省应急管理厅就进一步做好强降雨天气防御工作发出通知。

31 日 15 时，省防总、省应急管理厅启动防汛Ⅳ级应急响应。

8 月

1 日 15 时 30 分，省防总、省应急管理厅继续维持防汛Ⅳ级应急响应，同时启动防风Ⅳ级应急响应。

4 日 下午，省防总组织气象、水文、水利、自然资源、农业农村、住建、应急、消防救援、通信等部门召开会商会，进一步研判强降雨防御形势并部署相关工作。

5 日 省防总继续维持防汛Ⅳ级应急响应。

10 日 省三防办、省应急管理厅印发《关于做好台风“米克拉”防御工作的通知》。

17 日 省三防办、省应急管理厅印发《关于做好台风“海高斯”防御工作的通知》。

18 日 省应急管理厅会同省气象局向广州、汕尾、惠州、江门、阳江、茂名、湛江、东莞、深圳、佛山、中山、珠海、云浮等地级以上市公众发布气象灾害（台风）Ⅱ级预警短信。

9 时 30 分，省防总、省应急管理厅启动防风Ⅳ级应急响应。

22 时 30 分，防风Ⅳ级应急响应提升到Ⅱ级。

19 日 5 时 50 分，受台风“海高斯”影响，珠海、江门、云浮、韶关、肇庆、茂名 6 个市、18 个县（市、区）、65 个乡镇、6.28 万人受灾，造成直接经济损失 4.25 亿元。

25—27 日 由省应急管理厅主办的第一届“2020 年广东省社会应急救援力量技能竞赛”在广州市举行。

26 日 上午，省应急管理厅厅长王中丙会见中国联通广东分公司总经理郝立谦一行，双方围绕适应科技信息化发展趋势，以“信息化推进应急管理现代化”为主题进行了座谈交流。

本月 省应急管理厅会同省粮食和物资储备局完成 2020 年第二轮省级救灾物资前置工作。

9 月

7 日 省应急管理厅发布《关于做好强对流天气防御工作的通知》。

中旬 省森防办、省应急管理厅、省林业局联合开展以“护林防火常记，绿水青山常在”为主题的森林防火宣传月暨秋冬森林防火宣传教育活动。

16 日 省三防办、省应急管理厅印发《关于进一步做好台风“红霞”防御工作的通知》。

20—22 日 广东省首届“森林消防业务技能大比武”比赛在广州市番禺区举行。

21 日 清晨，“闽惠渔 01459”渔船在汕头市顶澎岛附近水域触礁，导致机舱破损进水，船上 14 人所乘救生筏被礁石划破翻扣，其中 6 人上礁石区，8 人被漂散。经省海上搜救中心组织搜救，6 人获救，3 人死亡，5 人失踪。

23 日 凌晨，“闽东渔 64952”渔船在福建省漳州市东山岛东南 20 海里附近水域作业时失联，船上有 5 人。经省海上搜救中心组织搜救，1 人获救，1 人死亡，3 人失踪。

25 日 位于东莞市松山湖高新技术产业开发区阿里山路的华为技术有限公司一在建工地（G2 厂房建筑）发生起火安全生产事故，造成 3 人死亡，过火面积约 4100 平方米，造成直接经济损失 3945 万元。

29 日 下午，“亿瑞 3286”船在阳江海陵岛以南约 20 海里处海域沉没，船上 16 人落水，其中 6 人被过往货船“粤广州货 3688”救起（其中 1 人经抢救无效死亡），10 人失联。经省海上搜救中心组织搜救，最终 5 人获救，2 人死亡，9 人失踪。

10月

11日 下午，常务副省长、省防总总指挥林克庆组织三防成员单位召开防台风会商会后，继续召开全省防台风视频会议部署防御工作。

12日 9时30分，省防总、省应急管理厅启动防风Ⅳ级应急响应。

13日 上午，省三防办、省应急管理厅召开全省防御台风“浪卡”视频会商会。

下午，“顺安66”轮在湛江市徐闻县罗斗沙岛西南约3海里处水域翻沉，10名船员遇险。经省海上搜救中心组织搜救，5人获救，2人死亡，3人失踪。

15日 省三防办、省应急管理厅就做好强降雨及次生灾害防御工作发出通知。

19日 下午，广东省自然灾害防治工作联席会议第三次全体会议在省应急管理厅召开。

20日 广东省应对省外特别重大地震灾害应急救援演练在广州市举行。

21日 国家减灾委第六督查检查组对广东省自然灾害防治工作进行了督查检查，并于次日召开反馈会议。国家减灾委秘书长、督查检查组组长郑国光出席会议并向省委、省政府作督查检查情况反馈，常务副省长、省减灾委主任林克庆出席会议并作发言。

23日 下午，广东省森林防灭火指挥部召开全省秋冬季森林防灭火电视电话会议。省森林防灭火指挥部总指挥、常务副省长林克庆出席会议并讲话；省森林防灭火指挥部副总指挥、省应急管理厅厅长王中丙主持会议。

两架K－32直升机分别进驻惠州市惠东县和韶关市森林航空消防基地，广东省2020年秋冬季森林航空消防工作正式拉开序幕。

1—10月 全省因旱受影响人口共计23.15万人，其中需生活救助人口达6300人，农作物受灾面积达1.16万公顷，造成直接经济损失3467.76万元。

11 月

3 日 上午，广东省 2020 年秋冬季航空消防空管保障协调会在广州市召开。

7 日 10 时，汕头市启动防风Ⅳ级应急响应。

13 日 15 时 50 分，肇庆市端州区羚山发生山火。肇庆市应急管理局紧急组织 1000 多人彻夜扑救。

中山市小榄镇绩西庆丰一路 31 号一违章搭建小作坊发生安全生产事故，造成 3 人死亡，过火面积约 130 平方米。

14 日 下午，省应急管理厅组织召开全省应急管理系统森林防灭火工作视频会议。

27 日 上午，“粤江城渔 96288” 渔船在珠江口珠海外伶仃岛西侧水域锚泊中被未知船舶碰撞，造成船舶断裂翻扣，船上 5 人落水，其中 3 人被附近渔船“粤江城渔 96198”救起；经广州市海上搜救中心组织搜救，找到另 2 人遗体。

12 月

1 日 上午，省三防办、省应急管理厅、肇庆市人民政府、德庆县人民政府联合组织开展 2020 年综合应急救援演练。

常务副省长、省森林防灭火指挥部总指挥林克庆深入广州市白云区森林消防大队、帽峰山林火远程视频监控中心、森林消防物资储备库，实地检查冬季森林防灭火工作。

4 日 省防总、省应急管理厅就今冬明春防旱抗旱形势召开研判分析会商会。

10 日 上午，广东省自然灾害防治工作联席会议第四次全体会议在广州市召开。

11 日 省应急管理厅召开厅务会议，统筹谋划做好广东省 2020—2021 年度冬春生活救助工作。

15—17 日 省三防办、省应急管理厅派出两个工作组，深入清远连州市及河源市龙川县、和平县等地实地察看冰冻情况，检查防冻措施落实和生活救助情况。

15—18 日 应急管理部调查统计司一级巡视员李生盛率调研组一行，到广东省调研台风、洪涝等自然灾害调查评估工作。

16 日 下午，国务院第一次全国自然灾害综合风险普查办公室第四调研指导组来粤调研座谈。

18 日 午后，“粤三水货 0823”货船在珠海淇澳岛东侧 4 海里附近水域沉没，船上 8 人落水。经省海上搜救中心组织搜救，6 人获救，2 人失联。

30 日 省三防办、省应急管理厅启动防冻Ⅳ级应急响应。

重大自然灾害事件

5 月 20—22 日暴雨

20 日下午至 22 日中午，广东省出现强降水过程，具有短时雨强强、大暴雨范围广、累积雨量大的特点。珠三角、粤北和粤东地区出现暴雨到大暴雨，广州、东莞、惠州、深汕特别合作区和江门台山的部分地区还出现超过 250 毫米的特大暴雨，其余地区出现中到大雨、局部暴雨；部分地区伴有 8 级左右短时大风天气，局地雨势强烈。共有 36 站的最大 1 小时雨量超过 100 毫米，其中，广州市黄埔区黄埔大桥气象自动站录得最大 1 小时雨量 167. 8 毫米。广州市过程平均雨量为 174. 2 毫米；东莞市过程平均雨量为 186. 2 毫米，其中东城街道气象自动站录得最大 3 小时雨量 351 毫米（22 日 0 时 30 分至 3 时 30 分），刷新当地历史纪录。

据气象水文监测资料，20 日 14 时至 22 日 12 时，全省平均雨量 76. 3 毫米，超过 50 毫米的站点占全省总站数的 57%。各级累积雨量站数：250 毫米以上 138 站，100～250 毫米 1284 站，50～100 毫米 1498 站，25～50 毫米 972 站。雨量较大的站点有：东莞市东城街道气象自动站 473. 9 毫米，广州市黄埔区永和街道气象自动站 468. 5 毫米，江门台山市川岛镇气象自动站 393. 3 毫米，深汕特别合作区小漠镇气象自动站 358. 8 毫米，惠州市博罗县湖镇镇气象自动站 318. 5 毫米，清远市佛冈县汤塘镇气象自动站 290. 8 毫米，河源市龙川县麻布岗镇气象自动站 229. 9 毫米，韶关市翁源县官渡镇气象自动站 218. 5 毫米，梅州兴宁市罗浮镇气象自动站 193. 5 毫米。

此次强降水造成广州市黄埔区、惠州市惠东县、河源市龙川县和梅州兴宁市洪涝灾害重，全省共有 5 个市、5 个县（市、区）、56 个乡镇、30. 43 万人受灾，转移人口 3832 人，死亡 7 人，受伤 2 人，农作物受灾面积 9088 公顷，倒塌房屋 38 间，直接经济损失 9. 31 亿元。

6 月 5—9 日暴雨

6 月 5—9 日　广东省出现 2020 年最强降水过程，也是自 2005 年以来最强的一次“龙舟水”降水过程。全省除湛江外，大部分地区均出现暴雨以上降水，具有累积雨量大、大暴雨点多面广、强降水持续时间长、短历时降水强烈的特点。

全省累积雨量大　5 日 14 时至 10 日 8 时，全省平均雨量为 129.4 毫米。惠州、汕尾、清远、韶关、深圳、东莞、广州、河源、珠海、肇庆 10 市平均雨量超过 100 毫米，其中，惠州市平均雨量最大达 332 毫米。惠州、深圳、清远、汕尾、广州、韶关 6 市累积雨量大于 500 毫米的站点有 91 个，其中，惠州市龙门县龙潭镇站点录得过程最大累积雨量 955.1 毫米。其他雨量较大的站点有：深汕特别合作区小漠镇 669.8 毫米，广州市增城区正果镇 665.8 毫米，韶关市曲江区樟市镇 658 毫米，清远市佛冈县龙山镇 647 毫米，深圳市大鹏新区南澳街道 508 毫米。

大暴雨点多面广　过程期间，全省除湛江市外，其余 20 个市录得 100 毫米以上雨量（大暴雨量级）的站点有 2486 个，占全省总站数的 48.6%。其中，汕尾、粤北、珠三角地区录得 250 毫米以上雨量（特大暴雨）的站点有 661 个，占全省总站数的 12.9%。

强降水持续时间长　5—9 日，全省几乎每天均有特大暴雨区域出现，其中，汕尾、珠三角地区连续 5 天出现强降水，粤北地区连续 4 天出现强降水。

短历时降水强烈　本次过程短时强降水明显，1 小时雨量普遍超过 50 毫米，部分时段 1 小时雨量超过 100 毫米。其中，深汕合作区小漠镇站录得全省 1 小时雨量最大达 136.7 毫米。清远、韶关等地雨量突破当地历史极值，其中，清远市 1 小时雨量达 121.9 毫米、3 小时雨量达 251.4 毫米、6 小时雨量达 306.5 毫米，均超过当地历史极值。

受强降水影响，广州、珠海、韶关、佛山、梅州、惠州、肇庆、清远、河源、云浮共 10 个市、41 个县（市、区）、331 个乡镇、57.74 万人受灾，转移人口 7.27 万人，死亡 6 人，受伤 5 人，倒塌房屋 1674 间，农作物受灾面积 4.8 万公顷，直接经济损失 39.72 亿元。

台风“海高斯”

8 月 16 日 17 时，原在菲律宾东部近海的热带扰动发展为热带低压，18 日 8 时加强为 2007 号台风“海高斯”，随后向西偏北方向移动，当日 17 时加强为强热带风暴，20 时加强为台风，并于 19 日 5 时 50 分在珠海市金湾区沿海地区登陆，登陆时中心附近最大风力为 12 级（33 米/秒），中心最低气压为 975 百帕。“海高斯”登陆后继续西北行穿过江门、云浮、肇庆三市，于 19 日 17 时 45 分前后进入广西，20 时在广西苍梧县境内减弱为热带低压。“海高斯”是 2020 年第一个登陆珠三角地区的台风，具有生命史短、近海加强、风雨影响集中的特点。

生命史短 西太平洋台风平均生命史约 7 天，“海高斯”18 日 8 时生成，19 日 23 时减弱消失，生命史短，不到 2 天。

近海加强 “海高斯”在靠近广东沿海的过程中强度加强，12 小时内从热带风暴级快速加强到台风级，风力从 7 级猛增到 12 级（连跳 5 级），属于近海急剧加强台风，较为罕见。

风雨影响集中 “海高斯”主体云系直径仅为 300 千米左右，其造成的风雨影响也主要集中在台风本体周围，暴雨到大暴雨降水和 10～12 级大风主要位于珠三角南部地区，风雨影响的落区非常集中。

受“海高斯”外围环流影响，18 日夜间到 20 日，深圳、珠海、惠州、中山、汕尾、江门、阳江、肇庆、云浮 9 市出现暴雨到大暴雨、局地特大暴雨，广州、佛山、东莞、茂名、揭阳 5 市出现大雨到暴雨，其余地区出现雷阵雨、局地暴雨。据气象水文监测资料，18 日 20 时至 20 日 8 时，全省平均雨量 37.0 毫米，超过 25 毫米站点占全省总站数的 61.6%。各级累积雨量站数：250 毫米以上 1 站，100～250 毫米 167 站，50～100 毫米 470 站。雨量较大的有：江门台山市四九镇站 276 毫米，中山市南朗镇站 248.5 毫米，珠海市金湾区南水镇站 215.5 毫米，深圳市罗湖区东湖街道站 197.9 毫米，阳江市阳西县上洋镇站 196.3 毫米，汕尾陆丰市八万镇站 172 毫米，肇庆市德庆县悦城镇站 128.3 毫米。另外，南海北部海面出现 11～13 级大风，广东省中部海面和珠江口沿海地区出现 8～10 级大风、阵风 11～13 级，粤东沿海地区出现 6～8 级大风、阵风 9～10 级。其中，珠海市东澳岛录得最大平均风 36.1 米/秒（12 级）、阵风 46.5 米/秒（15 级）。

受其影响，珠海、江门、中山、佛山等多地出现树木倒伏、树倒砸车、工棚倒塌、铁皮掉落、海水倒灌、城乡内涝等现象，部分市民安全受到威胁。19 日 6 时 14 分，大风袭击中山市坦洲镇，导致海伦堡临时工地宿舍倒塌，人员被困，经坦洲镇专职消防中队紧急出动，转移住宿工人 120 人，最终无人员伤亡。全省消防救援队伍共参与因台风“海高斯”过境引发的抢险救援 52 起，包括人员转移、清除坠落物、救援涉水车辆、排涝等；共出动指战员 540 人次、消防车 98 辆次、舟艇 2 艘次、排涝设备 2 套次、清障设备 3 套，营救群众 8 人、疏散转移群众 188 人。珠海、江门、云浮、韶关、肇庆、茂名 6 个市、18 个县（市、区）、65 个乡镇、6.28 万人受灾，紧急转移安置 4.7 万人，倒塌房屋 26 间；农作物受灾面积 1.24 万公顷，其中成灾面积 5859 公顷，绝收面积 231 公顷；直接经济损失 4.25 亿元，其中农业损失 1.54 亿元，工矿企业损失 0.98 亿元，基础设施损失 1.33 亿元。

自然灾害分述

气象和水文灾害

2020 年，广东省总体气候特征是：气温高，高温天气多；降水总体偏少，阶段性明显；开汛正常，“龙舟水”降水量为 2009 年以来次多，暴雨极端性强，局部洪涝重；初台早、台风少、总体影响小；气象干旱阶段性严重；年末寒潮致大幅降温。

【基本气候特点】

2020 年，全省平均气温 22.8℃，较常年偏高 0.9℃（与 2019 年持平），为 1951 年有气象记录以来最高；平均高温日数 31.8 天，较常年偏多 14.3 天，为有气象记录以来最多；平均降水量 1505.2 毫米，较常年偏少 16%；年末寒潮带来 10～15℃的 24 小时降温；强对流天气较常年偏早一个月出现；4 月上旬开汛，开汛时间正常；年内暴雨偏少，但极端性强。“龙舟水”期间（5 月 21 日—6 月 20 日）全省平均降水量为 379.3 毫米，为 2009 年以来第二多；其中，5 月下旬及 6 月上旬 2 场强降水过程，共 16 站次降水量突破当地历史极值，造成局地洪涝灾害。有 4 个台风登陆或严重影响广东，较常年偏少 1.3 个，总体影响轻：初台“鹦鹉”于 6 月 14 日登陆阳江，较常年初台平均登陆日期（6 月 25 日）偏早 11 天。降水阶段性偏少明显，阶段性气象干旱严重；天气持续干燥，森林火险等级高。全省灰霾日数再创近 40 年新低。

1 月，全省平均气温 15.9℃，较常年同期偏高 2.5℃，为有气象记录以来同期最高；月平均降水量 38.1 毫米，较常年同期偏少 12%。多次出现轻雾或大雾，低能见度天气明显，其中上旬尤为突出；25—26 日，受冷空气和切变线影响，全省出现大范围降水过程。2 月，全省平均气温 16.7℃，较常年同期偏高 2.0℃；降水量 98.4 毫米，较常年同期偏多 27%。15—18 日，冷空气过程多市达到强冷空气标准，9 个市、县（市、区）达到寒潮标准。

春季（3—5 月），全省平均气温 22.4℃，较常年同期偏高 0.8℃，气温波动明显，其中，3 月偏高 2.2℃，4 月偏低 1.7℃，5 月偏高 1.8℃。降水（515.4 毫米）与常年同期持平，其中，3 月、4 月全省平均雨量较常年同期分别偏多 13%、偏少 30%，5 月与常年同期持平；3 月、4 月和 5 月出现强降水过程分别为 2 次、3 次和 4 次。其中，5 月 20—22 日，出现 2020 年第一场“龙舟水”，珠三角、粤北和粤东地区出现暴雨到大暴雨，造成死亡 7 人、受伤 2 人，直接经济损失 9.31 亿元。

夏季（6—8 月），全省平均气温 28.9℃，较常年偏高 0.8℃，其中 6 月偏高 1.2℃，7 月偏高 1.5℃，8 月与常年同期持平。平均高温日数 27.5 天，较常年同期偏多 12.3 天，为有气象记录以来最多。全省共出现 7 次大范围高温天气过程。降水量（563.5 毫米）较常年同期偏少 30%，其中，6 月偏少 22%，7 月偏少 71%，8 月与常年同期持平。6 月 5—9 日，出现 2020 年最强降水过程，造成死亡 6 人，直接经济损失 39.72 亿元。

秋季（9—11 月），全省平均气温 24.0℃，较常年同期偏高 0.6℃，其中，9 月偏高 0.2℃，10 月偏低 0.3℃，11 月偏高 2.1℃。降水量（281.8 毫米）与常年同期持平，其中，9 月偏多 32%，10 月偏少 15%，11 月偏少 93%。

12月，全省平均气温（14.8℃）与常年同期持平；降水（8.1毫米）较常年同期偏少75%。出现两次冷空气过程，其中月末至2021年初的冷空气过程，多市达到强冷空气标准，59个市、县（市、区）达到寒潮标准。

1. 气温

• 年平均气温

2020年，全省平均气温22.8℃，较常年偏高0.9℃。年平均气温介于20.0℃（连山）～25.3℃（徐闻），其中德庆、大埔、南雄等34个县（市、区）年平均气温破（平）当地历史纪录。韶关、清远大部、河源北部、梅州西北部、肇庆北部平均气温20.0～22.0℃，茂名南部和肇庆、珠海大部分地区24.0～25.3℃，其余地区22.0～24.0℃。与常年相比，全省平均气温偏高0.2～1.9℃，其中汕头、顺德、斗门、徐闻、大埔、化州和潮阳7个县（市、区）偏高1.5℃及以上。年内各月气温起伏变动大：1月全省平均气温15.9℃，较常年同期偏高2.5℃，其中徐闻、中山、南海等46个县（市、区）平均气温创下有气象记录以来同期最高纪录，龙川、顺德、恩平等15个县（市、区）极端最高气温破有气象记录以来同期最高纪录；4月较常年同期偏低1.7℃；7月全省平均气温30.0℃，较常年同期偏高1.5℃，位居有气象记录以来同期首位，其中紫金、罗定、潮阳等48个县（市、区）平均气温为有气象记录以来同期最高，和平、始兴、大埔等11个县（市、区）极端最高气温创下有气象记录以来同期最高纪录；10月较常年同期偏低0.3℃；11月全省平均气温21.4℃，较常年同期偏高2.1℃，为有气象记录以来同期最高，其中蕉岭、新会、和平等19个县（市、区）平均气温创下有气象记录以来同期最高纪录。

• 年极端最高气温

2020年，全省各地年极端最高气温介于34.5℃（南澳）～40.3℃（始兴），其中德庆、兴宁、丰顺等8个县（市、区）破（平）当地历史极值。

• 年极端最低气温

2020年，全省各地年极端最低气温介于零下2.6℃（仁化）～10.2℃（徐闻）。

2. 降水

• 年降水量

2020年，全省平均降水量1505.2毫米，较常年偏少16%，较上年偏少412.4毫米，为近15年第二少。各地年降水量介于778.1毫米（徐闻）～2349.1毫米（上川岛），其中高要、普宁、大埔、揭阳、茂名、惠东、揭西7个县（市、区）降水量为有气象记录以来最少。湛江南部、茂名北部、云浮大部、肇庆西南部、江门北部、河源中部、梅州大部分地区介于300.0～778.1毫米，阳江东南部、江门南部、惠州北部、广州北部、清远南部等地介于1900.0～2349.1毫米，其余地区介于1300.0～1900.0毫米。

年内降水阶段性变化明显，除2月、3月和9月偏多外，其余月份（5月、8月正常）偏少10%～93%。1月全省平均降水量38.1毫米，较常年同期偏少12%；2月和3月降水偏多，其中3月较常年同期偏多13%，肇庆市封开县、怀集县为有气象记录以来同期最多。4月降水偏少30%。6—7月降水偏少，其中7月全省平均降水量68.7毫米，较常年同期偏少71%，为有气象记录以来同期最少，三水、清远、惠阳等17个县（市、区）破历史同期最少纪录。9月偏多32%。10—12月降水持续偏少，其中11月全省平均降水量仅2.8毫米，较常年同期偏少93%，化州、信宜、怀集等 12 个县（市、区）滴雨未下，茂名、开平、郁南等 13 个县（市、区）破历史同期最少纪录。

• 最大日雨量

5 月 20 日 20 时至 21 日 20 时，江门市上川岛雨量达 389. 3 毫米，为年内全省 20—20 时最大日雨量。5 月 20 日 8 时至 21 日 8 时，上川岛雨量 389. 7 毫米，为 08—08 时最大日雨量。

• 年雨日

2020 年，全省各地年降水日数在 92 天（徐闻）～ 164 天（连山和仁化）之间，除广州、始兴、英德地区较常年偏多 1. 1 ～ 6. 0 天外，其余大部分地区偏少 0. 9 ～ 37. 0 天，其中普宁、廉江和茂名地区年降水日数为有气象记录以来最少。

3. 日照

2020 年，全省平均日照时数 1766. 5 小时，接近常年时数，较上年偏多 17. 5 小时。年日照时数各地分布不均，其中，清远北部和韶关西北部介于 1192. 4 ～ 1500. 0 小时，湛江南部、茂名北部、深圳大部、惠州南部、河源东南部、潮州南部等地介于 1900. 0 ～ 2426. 4 小时，其余地区介于 1500. 0 ～ 1900. 0 小时。与常年相比，除湛江南部、茂名北部、揭阳南部、河源东南部、云浮郁南、清远连州、汕头南澳等地偏多 10% ～ 21% 外，其余地区正常至偏少 10% ～ 17% 。

【热带气旋】

2020 年，西北太平洋和南海共有 23 个台风（中心附近最大风力 ≥8 级）生成，生成个数较常年（26 个）偏少 3 个，其中有 6 个登陆中国。年内有 4 个台风（热带风暴“鹦鹉”、台风“海高斯”“米克拉”、强热带风暴“浪卡”）登陆或严重影响广东，较常年（5. 3 个）偏少 1. 3 个。初台“鹦鹉”于 6 月 14 日登陆阳江，较常年偏早 11 天。

1. 初台“鹦鹉”登陆阳江，较常年偏早

6 月 14 日 8 时 50 分，热带风暴“鹦鹉”在阳江市海陵岛登陆，登陆时中心附近最大风力 8 级（20 米/秒），中心最低气压 995 百帕。“鹦鹉”是 2020 年第一个登陆广东的台风，具有登陆偏早、生命史短、路径稳定、影响较轻的特点，其降水还解除了雷州半岛连续多日的高温天气并使干旱有所缓解，是个优质台风。受其影响，13 日夜间到 14 日，汕尾、惠州和粤西地区出现暴雨、局地大暴雨，其余地区出现雷阵雨、局部大雨或暴雨。沿海地区和海面出现 7 ～ 8 级大风、阵风 9 ～ 10 级，江门台山市川岛镇录得最大平均风速 26. 7 米/秒（10 级）、阵风 32. 9 米/秒（12 级）。据气象水文监测资料，13 日 20 时至 15 日 8 时，全省平均雨量 15. 6 毫米，超过 25 毫米站点占全省总站数的 18. 6%。各级累积雨量站数：100 毫米以上 9 站，50 ～ 100 毫米 260 站，25 ～ 50 毫米 686 站。雨量较大的有：汕尾市海丰县赤石镇站 120. 8 毫米，湛江吴川市长岐镇站 109 毫米，茂名市电白区电城镇站 108 毫米。

2. 热带风暴“森拉克”引发强降水

受热带风暴“森拉克”外围环流影响，7 月 31 日至 8 月 2 日，粤东、珠三角和粤西地区出现暴雨、局地大暴雨。7 月 31 日 8 时至 8 月 2 日 20 时，全省平均雨量 49. 0 毫米，过程雨量大于 250 毫米的站点有 1 个，100 ～ 250 毫米的有 384 个，50 ～ 100 毫米的有 916 个。汕尾陆丰市南塘镇出现全省最大过程雨量 277. 2 毫米、最大 1 小时雨量 55. 7 毫米（7 月 31 日 9 时）。

3. 台风“米克拉”影响粤东

8月11日7时30分，台风“米克拉”在福建省漳州市漳浦县沿海地区登陆，登陆时中心附近最大风力13级（38米/秒），中心最低气压975百帕，登陆后强度逐渐减弱。受其外围环流影响，8月10日夜间至11日，梅州、粤东地区出现大雨到暴雨、局部大暴雨。

4. 台风“海高斯”登陆珠海，带来狂风暴雨

8月19日5时50分，台风“海高斯”在珠海市金湾区沿海地区登陆，登陆时中心附近最大风力12级（33米/秒），中心最低气压975百帕。“海高斯”是2020年第一个登陆珠三角的台风，具有生命史短、近海加强、风雨影响集中的特点。受“海高斯”外围环流影响，18日夜间到20日，深圳、珠海、惠州、中山、汕尾、江门、阳江、肇庆、云浮9市出现暴雨到大暴雨、局地特大暴雨，广州、佛山、东莞、茂名、揭阳5市出现大雨到暴雨，其余地区出现雷阵雨、局地暴雨。珠江口沿海地区出现8～10级大风、阵风11～13级，导致珠海、江门、中山、佛山等多地出现树木倒伏、树倒砸车、工棚倒塌、铁皮掉落、海水倒灌、城乡内涝等现象，造成直接经济损失4.25亿元（详见“重大自然灾害事件”）。

5. “浪卡”严重影响粤西

10月13日19时35分，强热带风暴“浪卡”在海南琼海沿海地区登陆，登陆时中心附近最大风力10级（25米/秒），中心最低气压988百帕。“浪卡”具有路径较稳定、海面风力大、降水范围广的特点。受“浪卡”和冷空气的共同影响，13日白天到15日早晨，江门和粤西地区出现暴雨到大暴雨、局地特大暴雨，清远和珠三角地区出现中到大雨、局部暴雨；广东省海面、北部湾和南海中北部海面出现大风7～8级、阵风9～10级。13日8时至15日8时，全省平均雨量26.1毫米，雨量超过25毫米的站点占全省总站数的22.6%。各级累积雨量站数：250毫米以上44站，100～250毫米154站，50～100毫米106站，25～50毫米117站。雨量较大的有：湛江吴川市黄坡镇站364.9毫米，茂名市电白区电城镇站346.1毫米，阳江市阳西县沙扒镇站241.9毫米。

2020年登陆我国、2020年影响广东的热带气旋的情况分别如表2、表3所示。

表2　2020年登陆我国的热带气旋一览表

中央台编号	国际编号	名称	最大强度	登陆时间	登陆地点	登陆时中心气压（百帕）	登陆时最大风力（级）	登陆时最大风速（米/秒）
2002	2002	鹦鹉	热带风暴	6月14日8时50分	广东阳江	995	8	20
2003	2003	森拉克	热带风暴	8月1日7时15分	海南万宁	995	6	13
2004	2004	黑格比	强台风	8月4日3时30分	浙江乐清	965	14	42
2006	2006	米克拉	台风	8月11日7时30分	福建漳浦	975	13	38
2007	2007	海高斯	台风	8月19日5时50分	广东珠海	975	12	33
2016	2016	浪卡	强热带风暴	10月13日19时35分	海南琼海	988	10	25

表 3　2020 年影响广东的热带气旋简况表

编号	名称	最大强度	影响起止日期	过程最大雨量及录得地区		风速①（米/秒）		
				雨量（毫米）	地区	最大风速	极大风速	大风影响日期
2002	鹦鹉	热带风暴	6 月 13—14 日	78.0	电白	11.5（上川岛）	20.5（阳江）	6 月 14 日
2006	米克拉	台风	8 月 10—11 日	74.9	饶平	10.4（连平）	15.2（连平）	8 月 11 日
2007	海高斯	台风	8 月 18—20 日	161.2	陆丰	25.7（珠海）	36.6（珠海）	8 月 19 日
2016	浪卡	强热带风暴	10 月 13—15 日	286.9	湛江	16.4（上川岛）	23.7（上川岛）	10 月 14 日

注：①风速值后括号中的地区为该最大/极大风速录得地区。

热带风暴“鹦鹉”和台风“米克拉”、台风“海高斯”和强热带风暴“浪卡”的移动路径情况分别如图 6、图 7 所示。

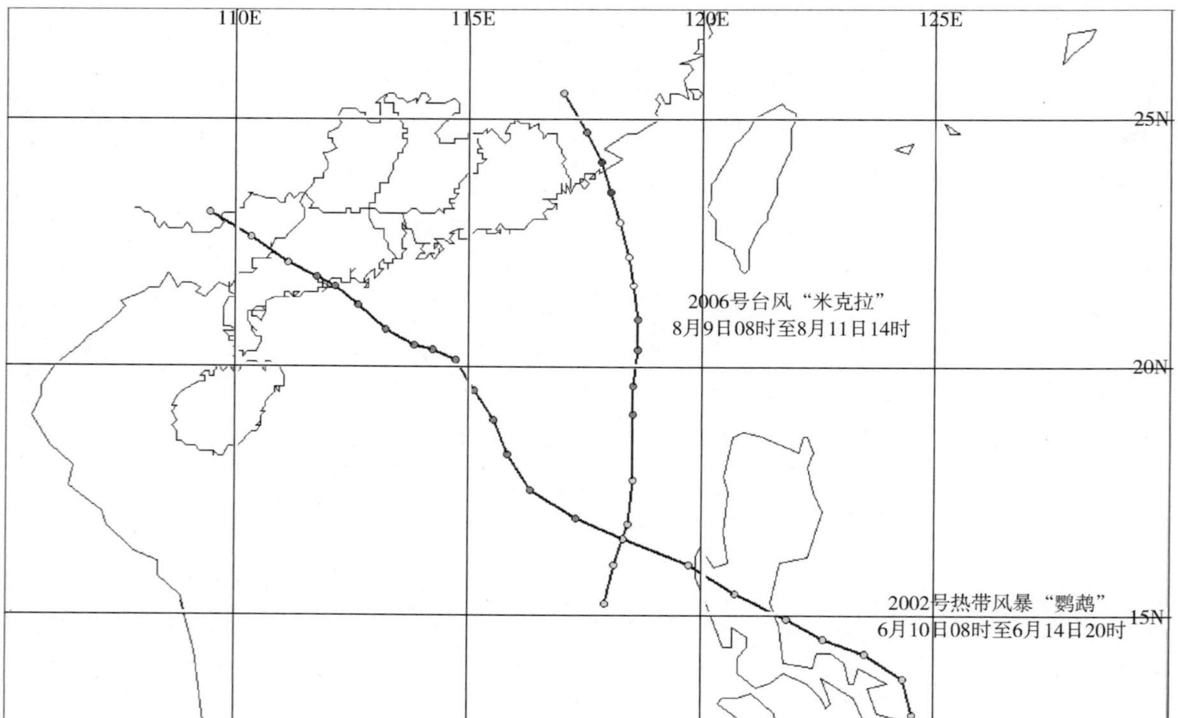

图 6　热带风暴“鹦鹉”和台风“米克拉”路径图

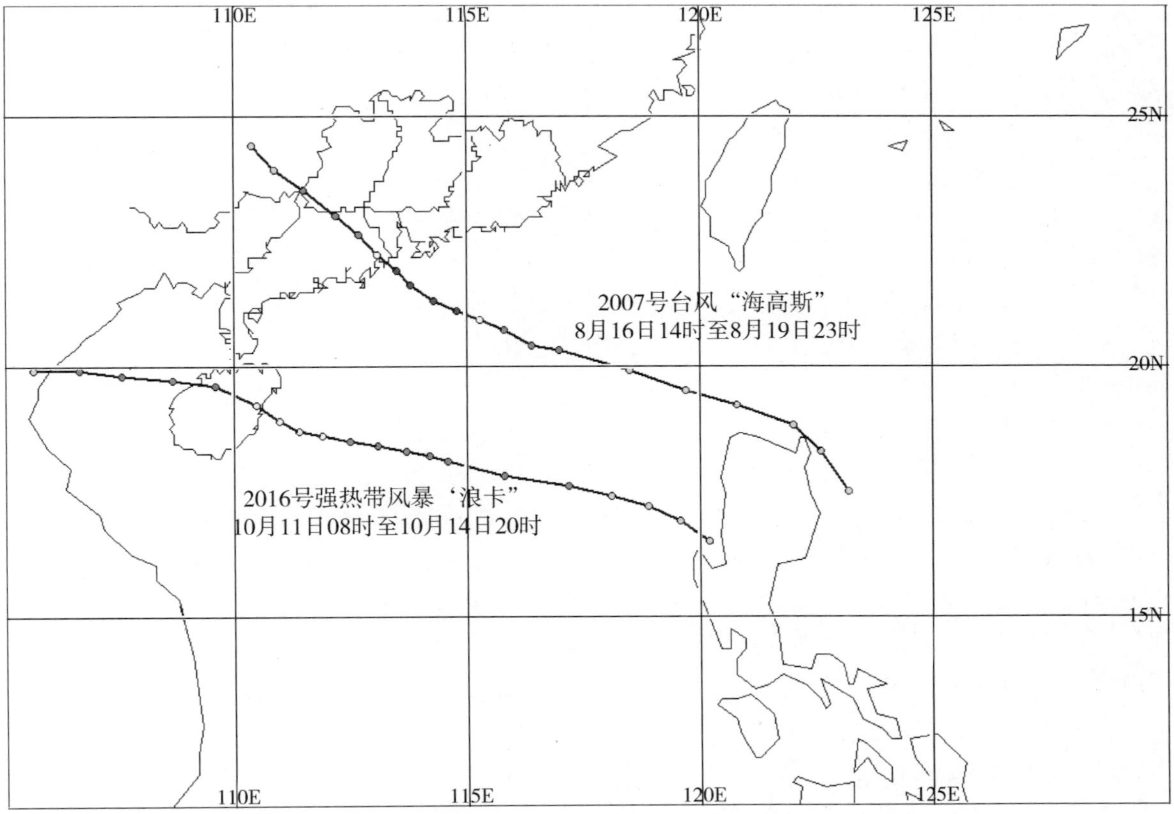

图 7 台风“海高斯”和强热带风暴“浪卡”路径图

【暴雨洪水】

2020 年，广东省降水总体偏少，但阶段性变化明显；开汛早，局部洪涝重。其中，5—6 月局部地区受暴雨影响发生较严重山洪、地质灾害，造成较大人员伤亡。

全省共出现暴雨（日降水量≥50 毫米）473 站日，比常年（643 站日）偏少 26.4%，为 2012 年以来最少。汛期出现暴雨共 339 站日，约占全年的 72%。其中，前汛期（4 月 1 日—6 月 30 日）210 站日，较常年同期（301 站日）偏少 30%；后汛期（7 月 1 日—10 月 16 日）193 站日，比常年同期（275.2 站日）偏少 30%。前汛期暴雨日数比后汛期多 17 站日。全年共出现 19 次强降水天气过程。

1 月 26 日，受冷空气和切变线影响，广东省出现大范围降水过程。梅州东部和粤东地区出现大雨到暴雨，粤西、珠三角地区和肇庆、清远、韶关三市出现中到大雨、局部暴雨，潮阳、汕头、电白等 11 个地区出现暴雨以上量级降水，其中梅州市大埔县大东镇出现全省最大日降水量 95.5 毫米。

2 月 14—15 日，受西风槽、锋面和切变线影响，韶关、清远、河源北部和珠三角地区出现大雨到暴雨、局部大暴雨，其余大部分地区出现中到大雨、局部暴雨，云浮罗定市曲江区罗坑镇出现最大过程降水量 181.1 毫米。

3 月 24 日，受偏南气流影响，韶关、清远、肇庆北部、河源北部等地区先后出现中雷雨，清远市阳山县太平镇出现最大降水量 138.0 毫米。

3 月 27—28 日，受南支槽和冷空气影响，粤北、珠三角和粤西部分地区出现大雨到暴雨，其中肇庆、韶关、清远、阳江 4 市出现局地大暴雨，肇庆市封开县长安镇出现过程最大降水量 237.7 毫米、最大日降水量 218.4 毫米（27 日）。

4 月 2—3 日，肇庆北部、河源北部、梅州北部、韶关、清远地区出现大雨到暴雨、局部大暴雨，韶关乐昌市梅花镇出现全省最大过程降水量 187.1 毫米，三溪镇出现全省最大日降水量 143.5 毫米（2 日）。

4 月 6 日，阳江、云浮、茂名、湛江北部等地区出现大雨到暴雨、局部大暴雨，韶关、清远、肇庆、珠三角等地出现中到大雨、局部暴雨，导致广东 4 月 6 日开汛，标志着广东省正式进入汛期。

4 月 22 日，受冷空气影响，粤西、珠三角、粤北地区出现大到暴雨、局部大暴雨。

5 月 17—19 日，广东省较大范围出现大到暴雨、局部大暴雨，韶关、清远、潮州等市连续多日出现雷雨大风和短时强降雨、雷暴等强对流天气，局地伴有 8～9 级短时大风。

5 月 20—22 日，广东省出现 2020 年第一场“龙舟水”，珠三角、粤北和粤东地区出现暴雨到大暴雨，广州、东莞、惠州和深圳出现 250 毫米以上的特大暴雨，粤西地区出现中到大雨、局部暴雨；部分地区出现 8 级左右短时大风，局地雨势强烈。5 月 22 日，广州市黄埔区黄埔大桥录得最大 1 小时雨量 167.8 毫米（3 时）、最大 3 小时雨量 288.5 毫米（2—4 时），东莞市最大 3 小时雨量 351 毫米，均超过当地历史极值。此次强降水造成广州市黄埔区、惠州市惠东县、河源市龙川县和梅州兴宁市洪涝灾害重，全省共有 5 个市、5 个县（市、区）、56 个乡镇、30.43 万人受灾，死亡 7 人，受伤 2 人，直接经济损失 9.31 亿元（详见“重大自然灾害事件”）。

5 月 26 日，广东省出现“龙舟水”期间第二场强降水，此次过程具有局地降水量较大、小时降水量较强、空间分布不均的特点。粤北和珠三角地区出现暴雨到大暴雨，粤东地区出现大雨到暴雨，粤西地区出现中到大雨、局部暴雨。

5 月 30—31 日，广东省南部沿海地区，茂名、阳江、肇庆、清远、韶关及河源北部地区出现大到暴雨、局部大暴雨；5 月 31 日—6 月 1 日，广州、东莞、惠州、佛山、清远南部、韶关南部、河源南部地区出现大到暴雨、局部大暴雨；6 月 1—2 日，阳江、江门、珠海沿海一带出现大到暴雨、局部大暴雨。

6 月 5—9 日，广东省出现 2020 年最强降水过程，也是 2005 年以来最强一次“龙舟水”过程。全省除湛江外，大部分地区均出现暴雨以上降水，其中，清远、韶关、广州、惠州、深圳、珠海等市出现特大暴雨，具有强降水持续时间长、大暴雨点多面广、单点累积雨量大、短历时降水强烈的特点。此次强降水造成广州、珠海、韶关、佛山、梅州、惠州、肇庆、清远、河源、云浮共 10 个市、41 个县（市、区）、331 个乡镇、57.74 万人受灾，转移人口 7.27 万人，死亡 6 人，直接经济损失 39.72 亿元（详见“重大自然灾害事件”）。

8 月，广东省出现 5 次强降水天气过程，其中 7 月 31 日—8 月 2 日和 8 月 18—19 日的强降水过程分别由台风“森拉克”和“海高斯”导致（详见“热带气旋”）。

8 月 4—5 日，受季风北上影响，广东省南部地区出现大到暴雨、局部大暴雨，湛江市遂溪县城月镇出现全省最大过程雨量 204.0 毫米、最大日雨量 182.9 毫米（5 日）。

8 月 12—13 日，受西南暖湿气流影响，珠三角、粤西南部、汕尾、揭阳、清远、韶关北部和梅州南部地区出现大到暴雨、局部大暴雨。其中，阳江市阳西县上洋镇录得全省最大过程雨量 157.1 毫米，梅州市丰顺县北斗镇录得全省最大日雨量 133.2 毫米（12 日）。

8 月 26—27 日，受高空槽和南海季风影响，全省自西向东普遍出现强雷雨，珠三角、粤东、粤西、河源和梅州地区出现大到暴雨、局部大暴雨。其中，东莞市企石镇出现全省最大过程雨量 165.4 毫米，河源市龙川县铁场镇出现全省最大日雨量 157.7 毫米（26 日），广州市天河区林和街道出现此次过程全省排名第二的 1 小时雨量 101.2 毫米（26 日 18 时），突破了天河区 1 小时雨量历史极值（93.5 毫米，2012 年 8 月 21 日 21 时，天河区石牌街）。

9 月 7—8 日，受弱冷空气和偏南气流影响，广东省南部沿海以及韶关、清远、河源北部、梅州北部出现大到暴雨、局部大暴雨，惠州市惠东县平海镇出现全省最大过程雨量 316.8 毫米和最大日雨量 261.3 毫米（8 日）。

9 月 12—14 日，受弱冷空气、切变线和高空槽影响，珠三角大部、粤东以及云浮、清远南部、梅州出现大到暴雨、局地大暴雨，中山市阜沙镇出现全省最大过程雨量 233.7 毫米。

9 月 18—19 日，受台风“红霞”外围环流和弱冷空气共同影响，广东省南部地区和珠三角地区出现大雨、局部暴雨到大暴雨，其余地区有（雷）阵雨、局部暴雨，云浮市郁南县通门镇出现全省最大过程雨量 349.6 毫米和最大日雨量 223.1 毫米（19 日）。

10 月 14—15 日，广东省部分地区出现强降水过程，由台风“浪卡”导致（详见“热带气旋”）。

【低温】

2020 年，全省平均低温日数（日最低气温≤5℃）为 4.4 天，较常年偏少 5.3 天。全省各地低温日数为 0～21 天（连山 21 天），与常年相比，全省大部分地区偏少 1～21 天。

1 月 24—31 日，正值春节假期，强冷空气携雨入粤，全省各地过程降温幅度达 8～14℃，其中 78 个县（市、区）超过 10℃；25—26 日，受冷空气影响，全省大部分地区平均气温较 24 日下降 2～10℃，粤东地区和梅州东部出现大到暴雨；27 日早晨，粤东、粤西和珠三角的部分地区最低气温继续下降 2～4℃；30 日和 31 日早晨，广东省出现较大范围 5℃及以下低温天气，中北部的部分地区出现霜冻，清远连山县等局地出现冰冻，30 日连山出现全省极端最低气温零下 1.3℃。

2 月 14—17 日，广东省出现寒潮天气过程，粤北高寒山区出现雨夹雪和雪，全省 52 个县（市、区）过程降温幅度超过 10℃，其中清远连州市达 14.7℃。连州、大埔、连南等 9 个县（市、区）过程最低气温低于 5℃，达到寒潮标准，其中连州出现全省过程最低气温 2.6℃。

4 月 21—24 日，受冷空气影响，广东省出现持续阴雨寒凉天气，气温连续下降。各地过程降温幅度达 6～11℃，全省有 37 个县（市、区）达到强冷空气标准。此外，广东省沿海海面还出现大风 6～7 级、阵风 8 级的东北风。

12 月 13—15 日，一场强冷空气侵袭广东，73 个县（市、区）最大 48 小时降温超过 8℃，梅州市五华县出现最大 48 小时降温 12.9℃和最大过程降温 13.4℃，韶关南雄市出现过程最低气温 2.4℃，和平等 6 个县（市、区）冷空气达到寒潮级别，44 个县（市、区）达到强冷空气级别。

2020 年 12 月 29 日至 2021 年 1 月 2 日，广东省出现气温下降急、海陆风力大、降水不明显的寒潮天气过程：自北向南出现急剧降温，大部分县（市、区）气温 24 小时降幅达 10～15℃。粤北地区出现 0～5℃低温及冰冻，高寒山区最低气温达零下 5℃到零下 3℃，珠三角和粤东地区普遍低于5℃。1月1日早晨韶关市仁化县出现过程最低气温零下3.3℃，2日早晨广州市区出现最低气温4.5℃；全省大部分地区出现6～8级大风，沿海海面风力达8～9级、阵风10～11级；无明显降水，仅29日夜间粤北山区出现小雨（雪），其余时段天气干晴。本次强冷空气过程全省共有59个县（市、区）达到寒潮级别，25个县（市、区）达到强冷空气级别。

【高温】

2020年，全省平均高温日数为31.8天，较常年偏多14.3天，较2019年（29.4天，历史第三高位）偏多2.4天，为有气象记录以来最多。空间分布上，梅州—河源—惠州—珠三角内陆—清远、韶关—粤西北、雷州半岛等地区高温日数均达30天以上，梅州、云浮局部超过60天，大埔（77天，全省最多）、罗定（71天，全省第二）等13个县（市、区）高温日数为有气象记录以来最多；沿海地区高温日数普遍偏低，大部分地区少于10天，深圳、阳江、南澳、惠来四地未出现高温天气。与常年相比，南部沿海9个县（市、区）及信宜市、龙川县偏少0.6～5.5天，其余大部分地区偏多1～43.7天。

5—9月，全省共有8次大范围高温过程，出现时间为：5月4—5日，6月12—13日，6月20日—7月1日，7月5—7日，7月11—30日，8月8—10日，8月22—25日，8月28日—9月3日。

6月20日至7月初，受副高环流影响，天气以晴热伴有局地雷雨天气为主，出现持续性大范围高温天气。其中，23日有43个县（市、区）出现高温天气；26日湛江雷州市出现全省6月极端最高气温38.2℃，为当地有气象记录以来同期第二高纪录；30日有46个县（市、区）出现高温天气。

7月，全省月平均气温高达30.0℃，创有气象记录以来同期最高纪录。月内高温天气突出，7月全省平均高温日数为15.1天，较常年偏多8.2天，为有气象记录以来第二多，仅次于2003年的15.7天，其中四会、顺德、新兴等27个县（市、区）为有气象记录以来最多。月内共出现2次大范围高温过程。5—7日，受副高环流影响，天气炎热，连续3天出现高温天气，其中7日高温的范围最广，有25个县（市、区）出现高温天气；11—30日，受副高环流持续影响，出现长达20天大范围高温天气，大部分地区最高气温35～39℃，全省平均最高气温高达37.7℃，始兴、大埔、普宁等15个县（市、区）出现最高气温超过39℃的酷热天气，全省有8个县（市、区）最高气温破（平）当地历史纪录。其间，13—15日、23—30日均有超60个县（市、区）最高气温超过35.0℃。其中，14日白天出现2020年入夏以后范围最广、极值最高的高温天气，广东有75个县（市、区）出现高温天气，大埔（39.9℃）、梅县（39.6℃）、丰顺（39.6℃）、兴宁（39.3℃）、普宁（39.1℃）等县（市、区）突破当地有气象记录以来气温历史最高纪录，潮州（39.6℃）、揭西（39.2℃）与当地历史纪录持平。24日，普宁最高气温达39.7℃，打破当地极值纪录；28日，德庆最高气温（39.6℃）也打破当地历史纪录。29日16时，始兴出现2020年7月全省极端最高气温40.3℃，为当地有气象记录以来第二高值，仅次于2003年8月3日的40.4℃。罗定的高温天气过程从7月5日持续至30日（达26天），蕉岭和大埔也连续21天出现35℃以上的高温天气。

8月28日—9月3日，受地面弱低槽转副高环流影响，再次出现大范围、持续性高温天气过程，大部分地区最高气温在35～37.7℃，其中9月3日高温范围最广，有69个县（市、区）出现35℃及以上天气，9月2日和8月29日也分别有63个和58个县（市、区）出现高温天气。

普宁出现此次高温过程的全省极端最高气温 37.7℃。

【干旱】

2020 年，广东降水阶段性偏少，气象干旱呈阶段性发展态势。据统计，全省因旱受影响共计 23.15 万人，需生活救助人口达 6300 人，农作物受灾面积 1.16 万公顷，成灾面积 6100 公顷，直接经济损失 3467.76 万元。

1 月 1—24 日，全省平均降水量仅为 1.9 毫米，较常年同期偏少 94%，秋冬连旱持续发展。1 月下旬，全省共 45 个县（市、区）出现特旱、20 个县（市、区）出现重旱；24 日起，强冷空气携雨入粤，气象干旱逐步缓解。2 月 14—15 日，受西风槽、锋面和切变线影响，广东省出现明显降水过程，气象干旱基本解除。

2 月 24 日起，雷州半岛、粤东沿海气象干旱又开始露头，并慢慢发展且阶段性反复，至 5 月上旬，旱情发展为最重；5 月下旬进入“龙舟水”季节后，粤东旱情得到有效缓解，但雷州半岛气象干旱仍持续，至 6 月 15 日台风“鹦鹉”带来降雨后得到短时缓解。

7 月以高温少雨天气为主，降水较常年同期偏少 71%，导致气象干旱迅速发展，至 7 月 30 日，出现 6 个县（市、区）特旱、16 个县（市、区）重旱的区域性旱情，粤西、粤东、珠三角大部分地区普遍出现中旱到重旱；8 月初到 9 月中旬，受台风“森拉克”“海高斯”和西南季风等影响，先后带来 7 轮大范围强降水，气象干旱在 9 月中旬后得到显著缓解。

10 月下旬起，气象干旱又开始露头，进入 11 月后，降水持续偏少，气象干旱再次发展。11 月 1 日—12 月 31 日，全省平均降水量较常年同期偏少 85%，出现 12 个县（市、区）特旱、47 个县（市、区）重旱的全省性旱情。

【灰霾】

2020 年，全省平均灰霾日数为 13.3 天，较近三十年平均值偏少 27.8 天，为 1980 年以来最少。其中，1 月平均灰霾日数最多，为 3.6 天。6 月和 7 月未出现灰霾天气。

【强对流天气】

1. 概况

2020 年，广东首次强对流天气出现在 2 月 13 日，是日湛江、茂名等 5 个地级以上市出现 8～11 级雷雨大风，其中有 4 个地级以上市的局部地区出现降雹天气。年内影响广东的首次大范围强对流天气发生在 3 月 27 日，是日清远、肇庆等 11 个地级以上市出现 8～10 级雷雨大风，其中有 7 个地级以上市的局部地区出现降雹天气。前汛期影响广东最大范围的强对流天气（也是全年影响广东最大范围的两次强对流天气的其中之一）发生在 5 月 10 日，是日韶关、河源等 19 个地级以上市出现 8～11 级雷雨大风，其中有 2 个地级以上市的局部地区出现降雹天气。后汛期影响广东的最大范围强对流天气（也是全年影响广东最大范围的两次强对流天气的其中之一）发生在 8 月 18 日，是日汕头、揭阳等 19 个地级以上市先后出现 8～11 级雷雨大风。年内广东省最后一次强对流天气过程发生在 9 月 30 日，是日茂名市局部地区出现 8 级雷雨大风。

全年广东省共有99个强对流日①。强对流天气以雷雨大风为主，冰雹也时有发生。

2. 强对流天气区域分布

2020年，广东省各地级以上市均有强对流天气发生。强对流天气出现天数较多的有广州市(49天)、韶关市（48天）以及佛山市、肇庆市、湛江市三市（均为45天）。

3. 强对流天气活动特点

2020年，我省首次强对流天气发生在2月13日，出现时间比常年异常偏早；最后一次强对流天气出现在9月30日，结束时间基本正常。

年内强对流天气活动极为频繁。全年共出现强对流日99天（表4），且常连续数天持续出现。影响范围超过5个地级以上市的强对流天气过程全年共有57天，其中5月10日与8月18日几乎全省各地级以上市均有强对流天气发生。2020年广东省各地级以上市发生强对流天气天数情况如表5所示。

表4 2020年广东省强对流日情况一览表

月份	发生日期	天气现象	天数（天）
2	13—15	雷雨大风、冰雹	3
3	1、18、23—27	雷雨大风、冰雹	7
4	1、22	雷雨大风、冰雹	2
5	10—12、15—18、20—22、25、26、29—31	雷雨大风、冰雹	15
6	1—10、13、15—19、25—27、29	雷雨大风	20
7	1—5、7、8、11、12、14、15、17、19、21、26—31	雷雨大风	20
8	1、2、5、6、11—22、24—26、29—31	雷雨大风	22
9	1—4、7—10、12、15	雷雨大风	10
合计			99

表5 2020年广东省各地级以上市发生强对流天气天数一览表

市别	天数（天）	市别	天数（天）	市别	天数（天）
广州	49	惠州	27	韶关	48
佛山	45	河源	39	清远	42
深圳	18	汕头	9	肇庆	45
珠海	25	汕尾	22	云浮	29
中山	16	潮州	10	阳江	24
江门	35	揭阳	22	茂名	41
东莞	27	梅州	29	湛江	45

① 在一天之中，若在全省范围内有两个或两个以上的市、县（市、区）出现强对流天气，则定义为一个强对流日。

广东省全年共有降雹天气 12 天，发生在 2 月至 5 月。

强对流天气强烈，雷雨大风极大风速达 34.9 米/秒（12 级，5 月 17 日，揭阳市空港区京冈街道京南村）。

【雷电】

1. 灾害概况

据调查统计，2020 年，全省共出现雷击灾害 230 起，造成直接经济损失 997 万元、间接经济损失 1184 万元。其中，雷灾造成人员伤亡事故 1 起、受伤 3 人；雷击引发火灾事故 2 起、建（构）筑物受损 23 起、办公电子电器设备受损 216 起、家用电子电器设备受损 32 起、各种电子电器设备损坏 4599 件①。全省雷灾起数较上年减少 9.8%，雷灾事故造成的经济损失比上年增加 23.56%。自广东雷电灾害有统计记录以来第二次实现全年因雷灾零死亡，全省防雷安全形势总体平稳。

全年全省雷电活动集中在 5—9 月，雷电影响周期较长，雷电次数占全年雷电总数的比例为 94.7%。5—9 月也是雷灾高发时段，其中，5 月、6 月是雷电活动和雷灾发生最频繁的月份。雷灾发生地区主要集中在珠三角、粤北和粤西地区，其中，揭阳市雷灾事故总数最多（57 起），其次是广州（36 起）。从事故发生区域看，农村雷灾事故达 21 起，无人受伤，城市雷灾事故受伤 3 人；从雷灾发生行业分布看，住房建筑行业发生雷灾 61 起，受雷电灾害影响最大，其次是石化易燃行业和电力核电行业。

2. 雷电灾害实例

- 5 月

5 月 10 日 15 时 30 分，位于东莞市沙田镇虎门港立沙岛精细化工园区立沙大道 28 号的广东腾龙化工科技有限公司遭雷击，击坏 11 个可燃气体探头、1 个可燃气体主机、1 个消防监测主机电源、52 个烟感探头、16 个隔离模块、17 个输入模块等，直接经济损失 7 万元，间接经济损失 14 万元。

5 月 10 日 15 时 30 分，位于东莞市洪梅镇商业街 45 号的德丰电创科技股份有限公司遭雷击，击坏 1 个弱继电器、6 个摄像头、1 块时分交换网络卡、2 对红外对射报警器、6 块电梯复用接口卡等设备，直接经济损失 8.74 万元，间接经济损失 17.48 万元。

5 月 11 日 20 时 14 分，位于中山市黄圃镇横档村洪奇顷赖四沥水道侧的中山市信来化工有限公司遭受雷击，损坏 1 台火灾报警控制器、1 台可燃气体报警器、10 个液位压力变送器、3 个可燃气体报警器探头，直接经济损失 10 万元。

5 月 11 日 20 时 45 分，位于茂名化州市鉴江开发区警校大道 1 号的化州市鉴江司法职业学校遭雷击，击坏 1 台电脑、1 台打印机、1 台复印机、1 台无线路由器、1 部音响功放机、2 台监控设备、1 个监控分支箱、1 组电源线路、1 组空气能热水器机组、1 组网络线路、5 组照明设施、1 个监控分支柜，直接经济损失 10 万元，间接经济损失 12 万元。

5 月 11 日 21 时，位于东莞市凤岗镇竹尾田易发工业区的楚天龙股份有限公司遭雷击，击坏

① 同一起雷灾事故可能包含多种损失类别。

1 台飞塔防火墙、5 块硬盘、6 块监控硬盘、3 块显示屏、7 块门禁板、1 块开关主板、1 块显示主板、1 块主机主板、56 个感烟探测器、1 块消防栓按钮、4 块手动报警按钮，直接经济损失 15.11 万元，间接经济损失 30.22 万元。

5 月 21 日 16 时至 22 日 4 时，位于深圳市龙岗区龙岗大道的深圳广居物业服务有限公司国展苑管理处遭雷击，损坏 460 个烟感探测器、160 个手动报警按钮、160 个输入输出模块、1 套送风机控制柜、1 套排烟风机控制柜、3 块回路板，直接经济损失 7.7 万元。

5 月 21 日 22 时，位于广州市花都区花东镇杨三村的广东电网有限责任公司广州花都供电局遭雷击，供电设备损毁，直接经济损失 5.5 万元。

5 月 22 日 1 时，位于东莞市东城区龙樟路双田二手车公司旁的东莞新奥燃气有限公司东城调压站遭雷击，击坏 1 台修正仪、1 台热值仪、1 个防雷器，直接经济损失 10.36 万元，间接经济损失 20.72 万元。

5 月 22 日 1 时，位于东莞市东城区石井凤山村的东莞峰景高尔夫有限公司遭雷击，击坏 1 套高尔夫草坪喷灌设备控制系统、5 块喷灌分控箱通讯模块、8 个电磁头、1 件防雷模块、2 台门禁系统主机、2 台监控光端机、11 个监控镜头、1 个球场灯光用交流接触器、2 块计算机主板，直接经济损失 8.58 万元，间接经济损失 17.16 万元。

5 月 22 日 1 时，位于东莞市松山湖科技产业园区工业北三路 1 号的雪花啤酒（东莞）有限公司遭雷击，击坏 2 台变频器、1 台流量计，直接经济损失 5.3 万元，间接经济损失 10.6 万元。

5 月 22 日 1 时，位于东莞市松山湖新城大道西六路交汇处的富德生命人寿保险有限公司遭雷击，击坏 26 处电话机插孔、24 个消防主机终端、2 块消防回路板，直接经济损失 20 万元，间接经济损失 40 万元。

5 月 22 日 2 时，位于东莞市松山湖 1 号花园的东莞市万科物业服务有限公司遭雷击，击坏 1 部对讲主机、23 块对讲终端板、3 块电梯主板，直接经济损失 6.42 万元，间接经济损失 12.84 万元。

5 月 22 日 2 时，位于东莞市东城区柏洲边段 200 号的东莞市庆奥汽车销售服务有限公司遭雷击，击坏 1 个发动机控制单元、1 个 ABS 控制单元、1 个变速箱控制单元、1 个网关控制单元、1 个全轮驱动控制单元，直接经济损失 10 万元，间接经济损失 20 万元。

5 月 22 日 2 时，位于广州市黄埔区联和街道科翔路 106 号的广州越秀物业发展有限公司岭南山畔小区遭受雷击，小区 1、3、13 栋水表数据采集器及部分水表损坏，直接经济损失 12 万元。

5 月 22 日 2 时 30 分，位于东莞市石碣镇新城区向阳路 2 号的东莞市石碣合尔美百货店遭雷击，击坏 3 台计算机网络服务器、1 台 UPS 电源、1 套监控设备、20 台计算机、10 台打印机、10 台条码机、1 台空气净化器、2 台收银机、1 套集体电话机系统，直接经济损失 45.39 万元，间接经济损失 90.78 万元。

5 月 22 日 7 时 30 分，位于中山市小榄镇永宁永星路 238 号的中山市金键商务酒店有限公司遭雷击，6 号、7 号主机分别有 1 套变频压缩机和 1 块模块损毁，10 号主机有 1 套变频压缩机、1 块模块和 1 套信号线损毁，直接经济损失 5.38 万元。

5 月 29 日 16 时，位于广州市增城区新塘镇翡翠绿洲二期 25 栋的广州香江物业管理有限公司遭雷击，导致 10 个浪涌保护器和 4 套消防控制设备损坏，直接经济损失 6 万元。

5 月 30 日 18 时 10 分，位于吴川市梅菉街道滨江路袂花江边的茂名市茂兴吊装有限公司

（重型起重吊车）遭雷击。该公司施工人员在滨江路袂花江边驾驶一辆重型起重吊车实施清理河道作业时，附近发生雷云对地接闪，吊车内电脑控制系统遭受到较强电磁感应，产生过电压造成设备损坏，致使吊车失去操控功能，直接经济损失6万元。

5月31日19时30分，位于东莞市松山湖新城大道西六路交汇处的富德生命人寿保险有限公司遭雷击，击坏119个智能输入输出模块、131个智能输入模块、30个智能输出模块、3块消防联动报警主机回路板、5个智能感烟探测器、40个智能感温探测器、67个智能插孔电话机、9块智能疏散分配电回路板、2块智能疏散显示屏带回路板，直接经济损失38万元，间接经济损失76万元。

5月31日19时30分，位于东莞市大岭山镇大沙村石榴西一街的东莞市环鑫房地产开发有限公司（君澜花园）遭雷击，击坏4块安全回路板、7台变频器、3个平层开关、1个制动电阻箱、5套正余弦编码器、7块呼吸盒显示板、2台编码器、2块PG卡、2台称重装置，直接经济损失10.85万元，间接经济损失21.70万元。

●6月

6月1日2时31分，位于广州市从化区的从化供电局太平镇湖田四队从化供电局10kV神岗F6遭雷击，烧毁1台100kVA变压器，造成部分区域短时间停电，直接经济损失5万元，间接经济损失10万元。

6月1日10时30分，位于东莞市虎门镇村头社区沿河东路1号的东莞市嘉钦精工科技有限公司遭雷击，击坏1台800kVA变压器，直接经济损失14.5万元，间接经济损失29万元。

6月2日10时26分，连州市新科建水电发展有限公司受雷电天气影响，造成电站开关设备损坏，电站停工，直接经济损失5万元，间接经济损失13万元。

6月2日17时，位于茂名市电白南海街道19小区的茂名市中油天源油品仓储有限公司遭雷击，击坏2套流量计、2套多功能显示操作器，直接经济损失20万元。

6月5日15时30分，位于广州市从化区城郊街塘下村的从化供电局馈线城郊F1遭雷击，烧毁1台200kVA变压器，造成部分区域短时间停电，直接经济损失5万元，间接经济损失10万元。

6月6日15时40分，位于云浮市云城区高峰镇的广东广业云硫矿业有限公司遭雷击，击坏1台变压器，直接经济损失7.07万元。

6月7日15时30分，位于清远市佛冈汤塘镇的广东兆联纺织有限公司遭雷击，损坏7台数码印花机，直接经济损失10元，间接经济损失50万元。

6月7日20时13分，位于广州市从化区太平镇颜村的从化供电局馈线太平F10遭雷击，烧毁1台250kVA变压器，造成部分区域短时间停电，直接经济损失5万元，间接经济损失10万元。

6月7日23时36分，位于清远市新城区横荷狮子湖的高尔夫俱乐部有限公司遭雷击，损坏1间水泵配电房、1辆球车、1个水泵站，直接经济损失16万元，间接经济损失3万元。

6月8日16时30分，连州市凯恩斯纳米材料有限公司受雷电天气影响，高压出线柜、监控、地磅传感器、变频器等设备被损坏，造成工程停工，直接经济损失14.92万元，间接经济损失76万元。

6月8日17时30分，位于广州市从化区太平镇的井岗从化供电局馈线神岗F1遭雷击，烧毁1台100kVA变压器，造成部分区域短时间停电，直接经济损失5万元，间接经济损失10

万元。

6 月 9 日 13 时 44 分，位于连州市大路边镇的泉顺电站项目受雷电天气影响，造成风力发电机组变压器损坏，造成发电站停工，直接经济损失 50 万元。

6 月 17 日 11 时 46 分，华润新能源（连州）风能有限公司受雷电天气影响，造成一台设备受损，直接经济损失 50 万元。

6 月 17 日 15 时 38 分，位于广州市从化区鳌头镇横江村的从化供电局馈线聚宝 F16 遭雷击，烧毁 1 台 315kVA 变压器，造成部分区域短时间停电，直接经济损失 5 万元，间接经济损失 20 万元。

•7 月

7 月 29 日 14—15 时，位于深圳市南山区华侨城香山东街的深圳市富易通实业有限公司燕晗山居小区（香山东街 13 号）遭雷击，损坏 3 个红外一体摄像机和 2 个球机、2 台高清屏接器、1 台数字硬盘录像机、大华极光级高清摄像机，直接经济损 5. 34 万元。

7 月 29 日 14—15 时，位于深圳市南山区华侨城香山东街的深圳市富易通实业有限公司燕晗山苑小区（香山东街 8 号）遭雷击，损坏 15 个红外一体摄像机和 1 个球机、2 台高清屏接器、1 台数字硬盘录像机及 2 台视频分配器和 1 台矩阵主机、10 台可视对讲门口机，直接经济损 9. 58 万元。

7 月 29 日 15 时 20 分，连州市清江大冲小水电站受雷电天气影响，造成计量设备受损，直接经济损失 5 万元，间接经济损失 12 万元。

•8 月

8 月 15 日 12 时，位于东莞市麻涌镇新沙港区的广州港新沙港务有限公司遭雷击，击坏 1 个 317～215 模块、1 个 317～2000IOIF 模块、4 个光电转换模块，直接经济损失 6. 5 万元，间接经济损失 13 万元。

8 月 16 日 13 时 45 分，位于深圳市宝安区石岩街道塘头 1 号路的深圳市创维集团科技园管理有限公司创维科技工业园遭雷击，园区物流中心、食堂、综合大楼、研发大楼、注塑厂、海外大楼等建筑物的消防模块、烟感探测器、消防主机及回路板、道闸系统、球机及无线网桥损坏，直接经济损失 12. 33 万元。

8 月 17 日 16 时，位于广州市增城区石滩镇增莞高速公路石头收费站的广州景洋投资有限公司遭雷击，导致 1 套 ODP 熔纤柜、1 台光纤跳线机、1 套 PDU 电源损坏，直接经济损失 10. 9 万元。

8 月 21 日 20 时 05 分，揭阳市揭西县良田乡小水电公司的二级电站、三级电站遭雷击，击坏 1 套二级电站油开关、1 套三级电站户外高压真空断路器，直接经济损失 30 万元，间接经济损失 15 万元。

8 月 22 日 14—17 时，位于深圳市龙岗区龙岗大道的深圳广居物业服务有限公司国展苑管理处遭雷击，损坏 3 栋、4 栋、5 栋共 460 个烟感探测器和 240 个输入输出模块；损坏 7 栋 1 个消防中心送风机控制模块、1 个排烟风机模块、3 张惠普版，直接经济损失 7. 21 万元。

8 月 24 日 12 时 25 分，位于揭阳市揭西县京溪园镇的粗坑水电发展有限公司遭雷击，烧毁 1 台变压器，直接经济损失 40 万元。

8 月 24 日 14 时 35 分，位于梅州市梅县白渡镇的广东洁源水电有限公司瓜洲水电站遭雷击，击坏 1 台发电机，直接经济损失 15 万元，间接经济损失 30 万元。

•9 月

9 月 5 日 7 时，位于清远市清新区太和镇的森叶（清新）纸业有限公司遭雷击，损坏 1 台脱硫塔设备、1 台在线监控器，直接经济损失 7 万元，间接经济损失 10 万元。

9 月 7 日 14 时 30 分，位于东莞市虎岗高速大岭山镇杨屋社区的大岭山收费站东莞市路桥投资建设有限公司常虎高速公路分公司遭雷击，击坏 2 台工控机、8 台显示器、1 台视频交换机、1 台计重光栅、7 台显卡、10 台 LED 雨棚灯、1 台车道摄像机、2 处 ETC 车道天线、1 台收费亭摄像机、2 台栏杆机主控器、6 台栏杆车辆检测器、3 台移动支付设备、2 个 ETC 车道天线控制盒、2 处计重仪表、2 台计重弯板、2 台称重传感器、1 个计重设备模块控制板、4 台费额显示器，直接经济损失 50.84 万元，间接经济损失 101.68 万元。

9 月 8 日 24 时—9 日 8 时，位于广州市白云区新市街萧岗大马路 52 号的广州市白云山医药集团股份有限公司白云山何济公制药厂遭雷击，损坏 2 台可燃气体报警系统、1 台联动型火灾报警系统、27 个视频监控摄像枪，直接经济损失 7.3 万元。

9 月 8 日 6 时 50 分，位于中山市南朗镇华南现代中医药城完美路 8 号的完美（广东）日用品有限公司遭雷击。毁损情况如下：公寓楼电梯机房，电梯控制器主板损坏；污水站，消防主机控制主板、监控主机部分控制器损坏（4 处）；1 号厂房，消防控制站消防电话总机、3 台 UPS、地下车库出入口电动闸门控制器损坏；微型消防站，消防监控主机回路板损坏（10 处）；直接经济损失约 10 万元。

9 月 8 日 15 时，清远市清新区浸潭镇英怀高速公路收费站遭雷击，损坏 5 台 ETC 设备，直接经济损失 6 万元，间接经济损失 2 万元。

9 月 9 日 11 时 18 分，位于广州市南沙区环市大道北 21 号的广州珠江天然气发电有限公司天然气调压站遭雷击，造成天然气调压站内进口压力变送器、计量撬前压力变送器、Ⅰ期过滤分离器 A 进口压力变送器、燃机调压站出口压力变送器、PLC 控制模块等 12 台设备损坏，主厂区内 2 台燃气发电机组停机，直接经济损失 11.83 万元，间接经济损失 8 万元。

9 月 9 日 11 时 54 分，位于广州市从化区太平镇上塘村的从化供电局馈线神岗 F1 遭雷击，烧毁 1 台 200kVA 变压器，造成部分区域短时间停电，直接经济损失 5 万元，间接经济损失 10 万元。

9 月 10 日 16 时 30 分，位于东莞市东城区中信东泰花园富华苑 A2 座 127 号铺的广东中海物业服务有限公司遭雷击，击坏 5 块道闸主板、5 块道闸识别机主板，直接经济损失 16.37 万元，间接经济损失 32.74 万元。

9 月 12 日 24 时，位于揭阳市揭东区曲溪街道的揭东东来酒店遭雷击，损坏外围景观灯、机房网卡、网络交换器、监控摄像头、2 台电脑设备，直接经济损失 8 万元。

9 月 12 日 18 时 39 分，位于广州市从化区温泉镇罗洞村的从化供电局馈线桃莲 F2 遭雷击，烧毁 1 台 100kVA 变压器，造成部分区域短时间停电，直接经济损失 5 万元，间接经济损失 10 万元。

2020 年广东省各地级以上市雷电灾害事故情况如表 6 所示。

表6　2020年广东省各地级以上市雷电灾害统计表

市别	雷灾起数（起）	火灾或爆炸（起）	灾害情况								经济损失情况		行业分布情况					
			人身事故			建（构）筑物受损（起）	办公电子电器设备受损		家用电子电器设备受损		直接经济损失（万元）	间接经济损失（万元）	电力行业（起）	石化行业（起）	通信行业（起）	交通行业（起）	住房建筑（起）	学校（起）
			起	伤（人）	亡（人）		起	件	起	件								
广州	36	0	0	0	0	1	30	182	0	0	135.77	81.11	10	5	0	6	6	0
深圳	16	0	1	3	0	1	61	1917	0	0	58.45	0	0	0	0	0	0	0
珠海	5	0	0	0	0	0	5	43	0	0	8.58	0	0	2	0	0	0	0
汕头	0	0	0	0	0	0	0	0	0	0	0	0	0	0	0	0	0	0
佛山	3	0	0	0	0	1	1	2	1	1	3.3	0	0	0	0	0	3	0
韶关	9	0	0	0	0	0	8	27	1	1	15.2	0	0	3	0	0	5	1
湛江	15	1	0	0	0	2	10	116	3	9	25.79	5.7	0	0	0	0	6	4
肇庆	2	0	0	0	0	0	2	0	0	0	1	0.5	0	0	0	0	0	1
江门	0	0	0	0	0	0	0	0	0	0	0	0	0	0	0	0	0	0
茂名	1	0	0	0	0	0	1	8	1	3	0.6	0	0	0	0	0	0	0
惠州	8	0	0	0	0	1	7	341	1	4	10.38	3	0	0	0	0	1	2
梅州	9	0	0	0	0	2	7	48	0	0	8.74	4.6	0	1	0	0	2	0
汕尾	3	0	0	0	0	0	3	19	0	0	17.4	31.5	0	1	0	0	1	0
河源	6	0	0	0	0	1	5	39	1	3	36.9	35.9	0	3	0	0	0	1
阳江	2	0	0	0	0	1	1	11	0	0	4	0	0	1	0	0	1	0
清远	8	0	0	0	0	2	6	21	0	0	85.1	15	2	0	0	1	0	0
东莞	12	0	0	0	0	5	6	335	6	87	51.93	155.79	0	4	0	0	6	0
中山	1	0	0	0	0	0	0	0	1	2	0.1	0	0	0	0	0	0	0
潮州	8	1	0	0	0	3	6	24	1	10	11.72	0	1	0	0	1	2	0
揭阳	57	0	0	0	0	0	42	1221	15	93	333.07	666.14	0	4	0	2	26	0
云浮	29	0	0	0	0	3	15	27	1	5	188.94	185	11	0	0	2	2	0
总计	230	2	1	3	0	23	216	4381	32	218	996.97	1184.24	24	24	0	12	61	9

注：资料由各市、县（市、区）气象局防雷设施检测所和省直有关厅局提供，统计截止日期为2020年12月31日。

地震灾害

【地震活动特点】

1. 地震活动概况

2020 年，广东省及邻近海域共发生 1 级（含 1 级）以上地震 210 次，其中，1.0～1.9 级 172 次，2.0～2.9 级 34 次，3.0～3.9 级 4 次，最大为 1 月 20 日发生在丰顺的 3.7 级地震。

2. 地震活动特征

2020 年广东省地震活动基本处于正常水平，总体水平低于上一年。2 级以上地震主要发生在丰顺—五华、粤东北和珠江口海域等地，东部地区地震活动强于西部地区；阳江、新丰江、南澳 3 个老震区地震频度和强度均处于正常水平，地震活动未出现明显变化。1 月 5 日珠海海域发生 3.5 级地震，地震活动显著增强，序列结束后，地震活动恢复正常水平。1 月 20 日丰顺发生省内最大的 3.7 级地震，粤东北地区地震活动明显增强，表现为 2～3 级地震持续活动。

2020 年广东省陆地及近海 $M \geqslant 1.0$ 级地震震中分布情况如图 8 所示。2020 年广东省及近海 $M \geqslant 2.5$ 级地震发生情况如表 7 所示。2000—2020 年广东省及近海地震频度情况如表 8 所示。

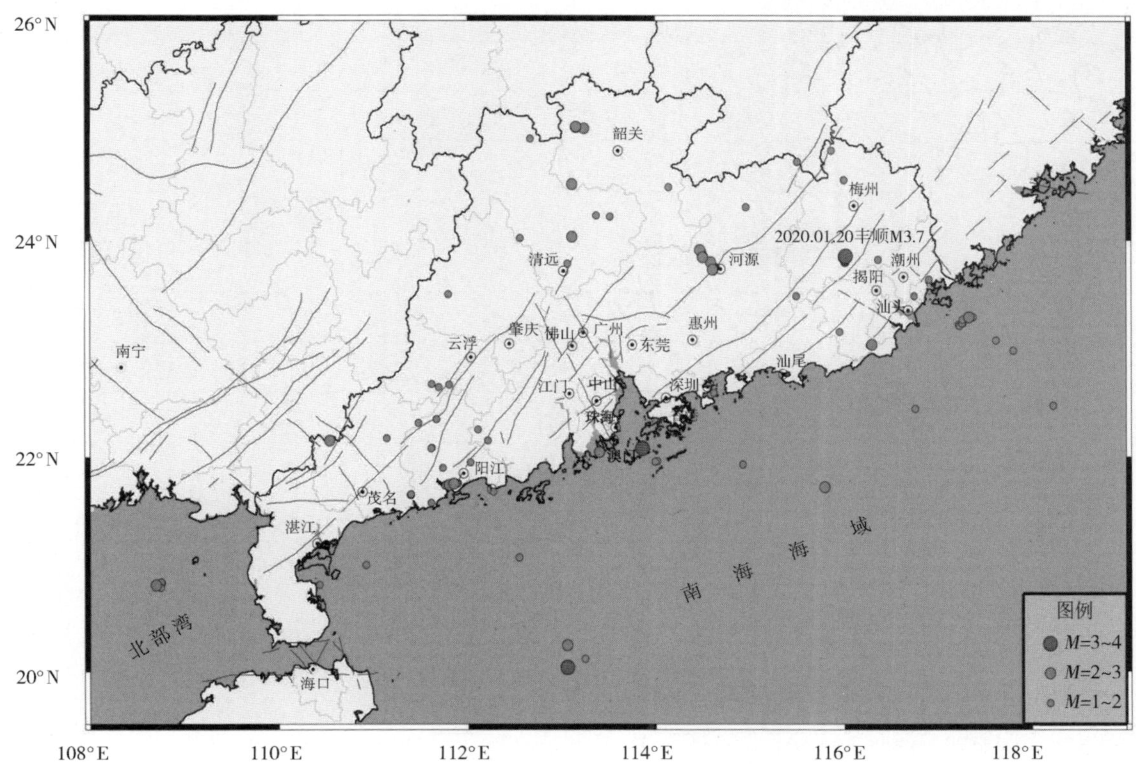

图 8 2020 年广东省陆地及近海 M≥1.0 级地震震中分布示意图

表 7　2020 年广东省及近海 M≥2.5 级地震目录表

序号	发生时间	经纬度	震级（M）	参考震中
1	1 月 5 日 6 时 55 分	22.08°N，113.86°E	3.5	珠海海域
2	1 月 20 日 4 时 17 分	23.85°N，116.02°E	3.7	丰顺①
3	3 月 24 日 16 时 20 分	20.04°N，113.06°E	3.5	南海海域
4	4 月 1 日 22 时 6 分	23.85°N，116.02°E	2.5	丰顺
5	5 月 22 日 22 时 40 分	23.92°N，114.47°E	2.6	东源
6	5 月 25 日 11 时 24 分	23.86°N，116.03°E	3.0	丰顺
7	10 月 15 日 20 时 36 分	21.72°N，115.80°E	2.8	南海海域
8	12 月 31 日 9 时 29 分	25.03°N，113.16°E	2.7	乳源

注：①与兴宁 3.7 级地震为同一地震，因地震速报和地震编目所用的台站数量不同致使地震目录中地理位置发生偏移，且地震震中恰好在丰顺和兴宁交界地区，造成地震震中跨区县。

表 8　2000—2020 年广东省及近海地震频度统计表①

年份	地震频度（次）					地震总能量②（焦耳）
	震级				最大震级	
	2.0～2.9	3.0～3.9	4.0～4.9	5.0～5.9		
2000	52	8	1	0	4.0	8.89e+10
2001	23	3	1	0	4.2	1.46e+11
2002	31	2	0	0	3.4	1.91e+10
2003	36	2	0	0	3.1	1.08e+10
2004	42	4	1	0	4.8	1.03e+12
2005	32	4	0	0	3.4	5.66e+10
2006	34	1	1	0	4.0	7.72e+10
2007	22	6	0	0	3.4	2.64e+10
2008	21	2	0	0	3.2	1.83e+10
2009	13	1	0	0	3.3	4.08e+9
2010	16	2	0	0	3.3	1.48e+10
2011	22	1	0	0	3.0	1.30e+9
2012	32	2	2	0	4.8	1.21e+12
2013	34	4	1	0	4.7	9.88e+11
2014	27	2	1	0	4.0	2.78e+10
2015	30	6	0	0	3.8	3.65e+10

（续上表）

年份	地震频度（次）					地震总能量[②]（焦耳）
	震级				最大震级	
	2.0～2.9	3.0～3.9	4.0～4.9	5.0～5.9		
2016	15	4	0	0	3.4	1.84^{e+9}
2017	20	4	0	0	3.1	1.04^{e+9}
2018	19	4	0	0	3.7	4.08^{e+9}
2019	26	7	1	1	5.1	2.98^{e+12}
2020	34	4	0	0	3.7	1.61^{e+10}
平均值	27.67	3.48	0.43	0.05	3.78	3.22^{e+11}

注：①统计时间为每年1月1日至12月31日。②本列数据中，$e+N=10^N$。

地质灾害

【灾害概况】

2020 年，全省共发生地质灾害 231 起，造成 9 人死亡，直接经济损失 2056.03 万元，与上年同期相比分别减少 29%、59% 和 73%。通过大力开展地质灾害气象风险预警预报和群测群防等预防措施，全省全年成功避让地质灾害 4 起，其中泥石流 2 起、滑坡 1 起、崩塌 1 起，避免人员伤亡 95 人，避免经济损失 105 万元。至年底，全省共有地质灾害隐患点 4744 处，威胁人口 24.95 万人。其中，威胁 100～1000 人的地质灾害隐患点有 426 处，涉及人口 8.78 万人；威胁 1000 人以上的地质灾害隐患点有 48 处，涉及人口 8.82 万人。

【灾情特点】

2020 年，全省地质灾害发生类型以崩塌 165 处和滑坡 52 处为主，占灾害总数的 94%，仅有少量泥石流、地面塌陷地质灾害。发生区域主要集中在广州市（147 处）、清远市（57 处）、肇庆市（11 处），占灾害总数的 93%；惠州、韶关、河源、梅州 4 市也有少量地质灾害分布。发生时间主要集中在 5 月 21—22 日、6 月 6—9 日强降雨期间，分别占灾害总数的 33%、56%。受灾人口多，受灾人口总数达 1785 人，其中死亡人数 9 人。

2020 年广东省各地级以上市地质灾害总况及突发性地质灾害情况分别如表 9、表 10 所示。

表 9　2020 年广东省各地级以上市地质灾害情况汇总表

序号	市别	发生地质灾害总数（起）	死亡（人）	受伤（人）	直接经济损失（万元）	成功预报（起）	避免伤亡（人）	避免直接经济损失（万元）
1	广州	147	3	3	348.9	1	3	5
2	韶关	5	—	—	27	—	—	—
3	河源	2	2	—	1	—	—	—
4	梅州	1	1	—	—	—	—	—
5	惠州	8	—	—	708	—	—	—
6	肇庆	11	—	—	63	—	—	—
7	清远	57	3	—	908.13	3	92	100
合计		231	9	3	2056.03	4	95	105

表 10　2020 年广东省突发性地质灾害情况一览表

序号	发生日期	发生地点	成因	灾害类型	灾害级别	灾害规模[①]	死亡人数（人）	直接经济损失（万元）
1	1 月 14 日	清远市阳山县黎埠镇大龙村委会上下塘村小组	水位骤降	地面塌陷	小型	4000	—	80
2	3 月 24 日	韶关乐昌市三溪镇白露塘茶元水小组	降水	滑坡	小型	2000	—	5
3	3 月 28 日	肇庆市怀集县蓝钟镇蓝钟中学	强降水，人工切坡	崩塌	小型	105	—	10
4	4 月 2 日	清远市连南瑶族自治县大坪镇大掌村代间表达组	降水	崩塌	小型	2000	—	15
5	4 月 8 日	韶关乐昌市坪石镇河丰管理处管埠村 28 号	降水	崩塌	小型	30	—	20
6	4 月 26 日	清远英德市沙口镇洲西村三墩下	岩溶塌陷	地面塌陷	小型	400	—	10
7	5 月 21 日	广州市黄埔区长岭街长平社区东风社东风北巷 96 号旧石场边坡	强降水	崩塌	小型	50	—	10
8	5 月 21 日	广州市黄埔区龙湖街汤村狮岭水库房边坡	强降水	滑坡	小型	3600	—	10
9	5 月 21 日	广州市黄埔区龙湖街	强降水	泥石流	小型	3000	—	60
10	5 月 22 日	广州市黄埔区长岭街岭头社区岭头路斜坡	强降水	滑坡	小型	1400	—	5
11	5 月 22 日	广州市黄埔区岭头社区岭头大转弯到南蛇入口处	强降水	滑坡	小型	1500	—	5
12	5 月 22 日	广州市黄埔区长岭街黄麻路西街 64 号	强降水	崩塌	小型	40	—	5
13	5 月 22 日	广州市黄埔区长岭街黄麻南街五巷	强降水	崩塌	小型	50	—	5
14	5 月 22 日	广州市黄埔区长岭街沙挞东路一街 29 号西侧	强降水	崩塌	小型	200	—	7
15	5 月 22 日	广州市黄埔区永和街道田园街鸣泉山庄南侧	强降水	滑坡	小型	3000	2	7
16	5 月 22 日	广州市黄埔区长岭街长平社区芳一社旧石场宿舍东侧边坡	强降水	滑坡	小型	200	—	8
17	5 月 22 日	广州市黄埔区长岭街长平社区芳二街东巷 104 号东南侧边坡	强降水	滑坡	小型	1200	—	10

（续上表）

序号	发生日期	发生地点	成因	灾害类型	灾害级别	灾害规模[①]	死亡人数（人）	直接经济损失（万元）
18	5月22日	广州市黄埔区黄麻村鹅山巨和一巷	强降水	崩塌	小型	150	—	10
19	5月22日	广州市增城区长岭街道岭头上山道路旁	强降水	滑坡	小型	2500	—	20
20	6月7日	广州市花都区梯面镇联丰村环山绿道	强降水	崩塌	小型	1000	—	5
21	6月7日	广州市花都区梯面镇西坑村芙源路路旁边坡	强降水	崩塌	小型	1000	—	5
22	6月7日	广州市花都区狮岭镇芙蓉度假村水岸假日花园 D3 栋南侧山坡	强降水	滑坡	小型	1000	—	5
23	6月7日	清远市佛冈县石角镇山湖村蜈蚣引组林华深屋	强降水	崩塌	小型	6	—	5
24	6月7日	广州市花都区狮岭镇芙蓉度假村清音阁边坡	强降水	崩塌	小型	30	—	6
25	6月7日	清远市佛冈县汤塘镇升平村下刀排组彭金水屋	强降水	崩塌	小型	170	—	7
26	6月7日	清远市佛冈县石角镇科旺村老良岻路	强降水	滑坡	小型	2000	—	10
27	6月7日	广州市花都区梯面镇联丰村茄坑路西侧边坡	强降水	滑坡	小型	2500	1	20
28	6月7日	广州市花都区梯面镇蒙田村	强降水	泥石流	小型	2500	—	20
29	6月7日	肇庆市怀集县洽水镇白水村石屋坑	强降水，人工切坡	崩塌	小型	800	—	30
30	6月7日	清远市佛冈县惠爱亭养路所	强降水	滑坡	小型	2000	—	200
31	6月8日	广州市花都区梯面镇联民村卫生院篮球场边坡	强降水	崩塌	小型	20	—	5
32	6月8日	广州市增城区白江湖森林公园环山路边坡	强降水	滑坡	小型	4000	—	5
33	6月8日	惠州市博罗县罗浮山景区冲虚古观后山 2 号将军楼门前山体边坡	强降水	滑坡	小型	50	—	5
34	6月8日	清远市佛冈县石角镇莲溪村大围组	强降水	崩塌	小型	8	—	5

（续上表）

序号	发生日期	发生地点	成因	灾害类型	灾害级别	灾害规模[①]	死亡人数（人）	直接经济损失（万元）
35	6月8日	清远英德市西牛镇黎沙村委松树咀村	强降水	崩塌	小型	200	—	6
36	6月8日	清远市佛冈县石角镇莲溪管理村白坟前村大塘坳鼎盛金属制品厂周边	强降水	崩塌	小型	420	—	7
37	6月8日	肇庆市怀集县洽水镇坡下村蔡洞坑	强降水	泥石流	小型	3000	—	10
38	6月8日	惠州市博罗县罗浮山黄龙观景区内福荣堂前方	强降水	滑坡	小型	800	—	20
39	6月8日	清远市佛冈县石角镇沿江居委城北中学	强降水	滑坡	小型	400	—	20
40	6月8日	清远市清新县禾云镇滏坑村委会松坑峡村	强降水	滑坡	小型	3150	—	20
41	6月8日	惠州市博罗县罗浮山黄龙观景区入口处“道法自然”牌坊旁	强降水	滑坡	小型	1000	—	30
42	6月8日	惠州市博罗县罗浮山黄龙观景区内妙莲池前方	强降水	滑坡	小型	1500	—	50
43	6月8日	清远市清城区国营银盏林场上勿斗工区墨斗塱村	强降水	泥石流	小型	3000	—	80
44	6月8日	清远市清城区源潭镇迎咀村委会赤狮坑村小组	强降水	泥石流	小型	6000	—	150
45	6月8日	惠州市博罗县广惠（济广）高速龙溪—博罗段	强降水	滑坡	小型	1100	—	300
46	6月8日	惠州市博罗县广惠（济广）高速龙溪—博罗段	强降水	滑坡	小型	750	—	300
47	6月9日	清远市佛冈县石角镇黄花村车三组	强降水	崩塌	小型	9	—	5
48	6月9日	清远市佛冈县汤塘镇洛洞村林围组	强降水	崩塌	小型	50	—	70
49	6月9日	清远市佛冈县高岗镇长江村山下村组	强降水	崩塌	小型	90	—	90
50	6月9日	河源市和平县合水镇三联村高梅自然村	强降水	崩塌	小型	300	1	0

（续上表）

序号	发生日期	发生地点	成因	灾害类型	灾害级别	灾害规模[①]	死亡人数（人）	直接经济损失（万元）
51	6 月 11 日	清远市佛冈县佛冈放牛洞度假山庄有限公司	强降水	滑坡	小型	900	—	8
52	11 月 28 日	清远英德市英城街道城南社区	地下水位下降	地面沉降	中型	1985	—	100
其他直接经济损失在 5 万元以下地质灾害（179 起）							5	155
合计：231 起							9	2056

注：①“灾害规模”一列中，“崩塌”“滑坡”“泥石流”的单位为立方米，“地面塌陷”的单位为平方米。

海洋与渔业灾害

【船舶遇险】

1. 船舶遇险概况

2020 年，广东省海上搜救中心共接报遇险船舶 573 艘，其中获救 493 艘，沉没 80 艘；遇险人数 3669 人，其中救起遇险生还者 3556 人，死亡、失踪 113 人。

2. 船舶遇险实例

●1 月

6 日夜晚，“粤广海货 9903”货船（江门籍，船长 60.5 米、宽 12.8 米，总吨 965 吨、载碎石，船上 5 人）与“鑫捷利”货船（钦州籍，船长 97 米、宽 16 米，总吨 2993 吨、空载，船上 12 人）在西江下游江门市江海区外海大桥上游附近水域发生碰撞，造成“粤广海货 9903”侧翻。经组织力量救助，最终 5 名遇险人员全部安全转移上岸；“鑫捷利”船艏受损但未进水，无人员伤亡。

19 日夜晚，“联丰 18”货船（多哥籍，船长 72.98 米、宽 11.50 米，总吨 1312 吨，船上 10 人）在福建省漳州市东山岛东南约 22 海里处（非广东省行政辖区，但属广东海事监管区域）发生严重倾斜，10 名人员弃船登上救生筏。省海上搜救中心接报后，立即组织力量搜救，同时协调过往船舶搜寻。深夜，10 名遇险人员被协调的过往船舶“海丰泗水”全部救起。

21 日夜晚，一艘香港海关快艇在香港机场北面海域翻沉（在深圳与香港分界线附近，属香港水域一侧），艇上 5 名海关工作人员落水。被香港消防船救起 2 人，另有 3 人失踪，请求协调力量参与救助。省海上搜救中心接报后，立刻协调深圳海上搜救中心、南海救助局、广东海警局等单位派出“海巡 1462”“南海救 321”和“中国海警 21075”船艇前往事故水域全力开展搜寻；同时协调广州市海上搜救中心播发航行警告，协调过往船舶参与救援；并通报自然资源部南海预报中心，请求制作落水人员漂移路径预测图。经粤港两地多部门联合搜救，深夜，3 名遇险人员被香港水警局蛙人安全救起。

●2 月

10 日清晨，“威龙 7”船在汕头市南澳岛东南方约 4 海里水域处触礁进水（船上 11 人）。汕头市海上搜救分中心接报后，立即协调附近商船“顺锦宏”“驰宇”“华运 19”前往救助；同时协调海事局派出执法人员跟随“海巡 09002”前往现场组织救助，协调南海救助局派出“南海救 101”前往救助。早上，船上 11 名遇险人员被“驰宇”轮安全救起。

13 日下午，“南海石油 660”轮在珠江口珠海担杆岛以南约 23 海里处救起 1 艘翻扣船艇上的 3 名香港籍男子（身体状况良好，轻微擦伤），请求安排力量转移获救人员。省海上搜救中心和广州市海上搜救中心接报后，立即要求“南海石油 660”轮做好获救人员的临时安抚工作；同时协调中海石油（中国）有限公司深圳分公司、南海救助局、香港海上救援协调中心共同做好获救人员的转运接收工作。夜晚，“南海救 112”将 3 名香港籍人员平安转移至香港水警。

●3 月

8 日中午，“岐机 612”干货船（中山籍，船长 49.3 米、宽 10.2 米，载 875 吨废纸，船上 2 人）在广州市南沙区下横沥大桥水道威达高纸码头对开水域锚泊时，船上甲板货物着火，请求救助。广州市水上搜救中心接报后，立即协调派出“海巡 09106”船前往现场处置，并协调当地 4 辆消防车前往灭火。经全力救援，最终船上明火被扑灭，2 名船员安全上岸，无人员伤亡、无水域污染。

10 日凌晨，一艘养蚝渔排（船上 4 人）在珠海市横琴岛以南 3.5 海里附近时主机出现故障，船舶失去动力，海上风力 5～6 级，乘员请求救助。珠海市海上搜救中心接报后，立即协调海事、渔政、金湾救助协会等派出“海巡 09195”“海巡 0933”“金湾海上救助 19”前往救助；组织协调“兴航 668”“百川”等过往船舶协助搜救。最终 4 名遇险人员被过往船舶“百川”安全救起。

14 日下午，“经纬 188”散货船（山东威海籍，船长 97.69 米、宽 13.6 米，总吨 2948 吨，船上 13 人）在台湾海峡南口附近海域沉没。过往船舶“鸿锦顺”轮在沉船附近海域救起 10 人，另有 3 人失踪。省海上搜救中心接报后，立即协调汕头市海上搜救中心、南海救助局、香港海上救援协调中心等单位调派力量前往开展海空联合大搜救；协调南海预报中心制作人员漂移路径预测图。15 日中午，发现并打捞起 1 具遗体。最终 10 人获救，1 人死亡，2 人失踪。

●4 月

1 日深夜，“琼儋渔 10198”（船上 6 人）与一艘拖网渔船在珠海市东南约 27 海里处发生碰撞，造成“琼儋渔 10198”船上 6 人落水。随后，经组织力量搜救，6 名落水人员被附近渔船“琼儋渔 11516”安全救起。

8 日夜晚，“粤茂滨渔 42073”（船上 11 人）与“粤湛渔 00208”（船上 6 人）在茂名市辖区博贺港以南 12 海里处发生碰撞，造成“粤茂滨渔 42073”船体进水，在驶回博贺港途中沉没，船上 11 人全部落水。经组织力量多日开展大规模搜救，最终 7 人获救，4 人失踪。

12 日傍晚，一艘无名快艇（船上 4 人）在珠海市泥湾门对开水域触礁进水，情况紧急。珠海市海上搜救中心接报后，立即协调金湾海上自救协会派出“海上救助 09”船舶前往救援。深夜，4 名遇险人员全部被“海上救助 09”安全救起。

16 日凌晨，“新昱洋”散货船（南宁籍，船长 97.0 米、宽 15.8 米，载钢材 5000 吨，船上 12 人）与“粤茂滨渔 43822”渔船（船长 38 米、宽 8 米，船上 11 人）在茂名水东港 1 号锚地发生碰撞，两船进水，即将沉没。其中，“新昱洋”轮 8 人集中于顶层甲板待救，另 4 人失联；“粤茂滨渔 43822”渔船上 11 人被“粤茂滨渔 41222”全部安全救起，渔船进水沉没。省海上搜救中心接报后，立即协调救助、海事、海警等单位派出“海巡 09500”“中国海警 21085”“中国海警 21548”“中国海警 21522”以及救助直升机前往现场救助。清晨，在“新昱洋”船舱内找到 4 名失踪人员的遗体。

20 日深夜，“珠担 5167”渔船在珠江口珠海市北尖岛附近水域触礁搁浅，船上 10 人，请求救助。省海上搜救中心接报后，立即协调派出救助力量。最终 10 名遇险人员被附近“珠湾 4062”船安全救起。

22 日下午，在湛江雷州市大唐电厂对开水域，因现场风大浪急，8 名渔民被困养殖网箱上，请求救助。湛江海上搜救分中心接报后，立即派出“中国海警 21071”“雷州发电 01”前往救助，同时要求雷州市政府积极协调当地派出力量参与救援。傍晚，8 名遇险人员被海警船舶救起。

27 日上午，“鹏翔洲”散货船（船长 224.9 米、宽 32.2 米，装载 66000 吨海沙，船上 23 人）在广州港沙角附近进港避让船舶时，因船长操作不当，造成船舶在广州港 A3 号浮灯东侧水域搁浅。广州市海上搜救中心接报后，立即组织交通管制，协调力量救援。次日中午，“鹏翔洲”轮在“穗港拖 15”“穗港拖 20”协助下乘高潮成功脱浅。

•5 月

1 日下午，一艘惠东平海渔船在汕尾针头岩附近海域钓鱼时机器出现故障，船上 7 人，请求救助。汕尾市海上搜救分中心接报后，立即协调海事、渔政部门派出“海巡 0941”“中国渔政 44673”“中国渔政 44611”前往事发水域搜寻。随后，“中国渔政 44673”抵达现场，将 7 名遇险人员安全转移到船上。

2 日清晨，“琼海口渔 19357”渔船在茂名市放鸡岛东北 2 海里附近水域触礁搁浅，船上 9 人。茂名市海上搜救中心接报后，立即协调渔政、海警等部门派出船艇前往救助。随后，“中国渔政 44605－1”船舶抵达现场，将 9 名遇险人员全部安全转移到船上。

8 日早上，“盛隆 168”干货船（防城港籍，船长 52.8 米、宽 8.8 米，载 945 吨钢板）在江门市上下川岛以东附近海域沉没，船上 6 人遇险，其中 3 人登上救生筏等待救援，另 3 人落水。省海上搜救中心接报后，立即协调海事、救助等单位派出力量前往救助。随后，过路船“华祥 628”船救起 4 人。最终 4 人获救，1 人死亡，1 人失踪。

10 日傍晚，一艘无名小渔船（船上 6 人）在潮州三百门华丰仓储码头对开水域附近（港区内离岸 200 米内）因主机故障失去动力，请求救助。潮州市海上搜救中心接报后，协调渔政、海警等单位派出力量，并协调过往船舶救助。经组织附近渔船协助拖带遇险渔船靠岸，最终人员、船舶安全。

21 日上午，“港鸿 888”散货船（广州籍，总吨 2999 吨，船长 105 米、宽 17.2 米，装载建筑废料 5000 吨，船上 11 人）在珠海高栏岛以东约 6 海里海域自沉。省海上搜救中心接报后，立即核实险情，并协调力量前往救助。组织过往船舶“德顺”“德穗”“兴发 56”等参与救助，随后“海巡 0935”到达现场组织救助。最终，“德穗”轮救起 9 人、“兴发 56”轮救起 2 人，人员安全，船舶坐沉。

22 日清晨，“粤新货 2898”散货船（江门籍，总吨 1598 吨，船长 65.9 米、宽 15.0 米，船上 9 人）在珠海高栏岛以西 1 海里海域处发生机舱着火。省海上搜救中心接报后，立即协调专业救助力量前往救助。珠海市海上搜救中心接报后，协调海事、港口部门派出“海巡 09173”“珠港拖 1”“珠港拖 11”前往救助。稍后，9 名遇险人员被“海巡 09173”船安全转移。最终，在“海巡 09173”“珠港拖 1”“珠港拖 11”等的协助下，“粤新货 2898”船上明火被扑灭，无人员伤亡。

•6 月

7 日凌晨，在揭阳市榕江北河市财政局附近水域（该水域通航船舶极少）发现有船舶翻沉，水面上有人在呼救，请求救助。揭阳市海上搜救分中心接报后，立即协调揭阳水警支队、消防支队、揭阳海事等单位派出力量前往救助。经全力救助，7 名遇险人员全部被揭阳水警支队安全救起。

9 日下午，“深井自 0892”渔船在珠海市高栏岛西面 3 海里处翻扣，船上 11 人落水，其中 5

人被商船救起（其中 1 人死亡），6 人失联。经组织力量多日搜救，最终 4 人获救，7 人死亡（失踪）。

21 日夜晚，“远顺”散货船（钦州籍，船长 98 米、宽 15.8 米，装载砂石 4900 吨，船上 12 人）与“方舟 21”轮（深圳籍，船长 79.98 米，总吨 2988 吨，船上 12 人）在珠海高栏岛正南 1.5 海里水域处发生碰撞。造成“远顺”左前舱进水，随后坐沉，船上 12 人落水；“方舟 21”轮船艏锚落水，现场未发现溢油情况。省海上搜救中心接报后，立即协调救助力量以及过往船舶搜救。随后，12 名遇险人员被商船“成杰”成功救起。

•7 月

4 日下午，一艘无名蚝排（船上 13 人）在珠海市横琴三灶宽河口外海域因海面风浪较大无法返航，请求救助。珠海市海上搜救中心接报后，立即协调派出“金湾自救 35”“金湾自救 05”“金湾自救 18”3 艘快艇前往参与救助。经全力救助，11 人被安全转移到 3 艘救助快艇上，另有 2 人驾驶蚝排自行返回。傍晚，13 名遇险人员全部安全上岸。

7 日下午，一艘无名快艇因大风在虎门大桥下游水域翻沉，艇上 3 人落水，报警求助。广州市海上搜救中心接报后，立即协调派出“海巡 09102”“海巡 0929”前往应急处置，同时协调过往船舶参与救助。最终，航行至附近的“海巡 17006”航标船成功将落水 3 人救起，并将翻扣小艇固定在船尾拖带返回码头。

9 日夜晚，“凯胜 2”轮（船长 87 米、宽 12.5 米，总吨 1850 吨，船上 12 人）航经茂名大竹洲岛附近水域避风时触礁搁浅，船体破损进水倾斜，请求救助。省海上搜救中心接报后，立即协调南海救助局派出救助直升机前往，随后 12 名遇险船员全部被安全救起。

11 日深夜，“粤河源货 6188”散货船（船长 76 米，总吨 1590 吨）在珠江口深圳市妈湾附近锚泊后，释放附属艇前往妈湾港码头接修理工人。附属艇在返回母船途中，与一艘无名快艇发生碰撞。事故造成附属艇翻沉，4 人落水，其中 1 人被“顺航浚 166”救起，3 人失踪，肇事快艇逃逸。深圳海上搜救中心接报后，立即协调海事、救助、海警、渔政等单位派出“海巡 14207”“海巡 14201”“南海救 321”“中国海警 21024”“中国渔政 44113”等力量前往搜寻；省海上搜救中心接报后协调南海救助局派出救助直升机 B-7358 搜寻，协调广州市搜救分中心协调附近的“亚太 1”“明津 2 号”“东润 5”船舶协助搜寻。经全力搜寻，找到 3 人遗体。最终 1 人获救，3 人死亡。

14 日夜晚，“法诺 107”号帆船在汕头市礐石大桥附近水域因突发大风翻覆，船上 11 人全部落水，请求救援。汕头市海上搜寻救助分中心接报后，立即协调海事、海警、公安等单位派出力量并协调过往船舶前往救助。随后，过往船舶“皖阜阳工 1328”救起 11 名遇险人员，其中 1 人昏迷、1 人受伤。

25 日傍晚，6 人在汕头市南澳县北宫屿海钓时，由于联系不上接送船船主，被困礁石上，遂请求救助。汕头市海上搜寻救助分中心接报后，立即协调派出“海巡 09002”等力量前往救助被困人员。随后，6 名被困人员被云澳镇政府派出的船艇接送上岸。

26 日凌晨，“宏翔 819”散货船（漳州籍，船长 150 米、宽 24 米，总吨 9281 吨，船上 9 人）航经台湾海峡浅滩时翻扣，船上 9 人失踪。省海上搜救中心接报后，协调福建省海上搜救中心、南海救助局、汕头分中心派出力量搜救。26 日下午，潜水员从翻扣船舱中救起 1 人。经多天全方位搜救，最终 1 人获救，4 人死亡，4 人失踪。

30 日下午，一艘蚝排船在江门台山市海宴镇公角码头对开海域失去动力，船上 19 人，请求救助。江门市海上搜救中心接报后，立即协调江门渔政部门、台山市应急管理局派出力量前往救援。随后，派出的小艇发现遇险船舶并将其拖带返至岸边。最终 19 名遇险人员全部安全上岸。

30 日傍晚，“粤珠渔运 73060”（船长 7 米、宽 2 米，船上 3 人）在珠江口桂山 21 号锚地协助“康盛口”半潜平台装载作业时翻沉，船上 3 人落水，其中 1 人被“海安 0982”救起，2 人失踪。广州市海上搜救中心接报后，立即协调海事、渔政、引航等单位派出“海巡 09076”“海巡 09077”“中国渔政 44172”“引航 3”等力量前往救助，同时协调“海安 0982”“友联 6”等 9 艘过往船舶参与救助；省海上搜救中心接报后，立即通报南海救助局，要求派出力量参与搜救，并协调南海预报中心制作落水人员漂移路径预测图。经多日搜救，最终 1 人获救，2 人失踪。

31 日清晨，游艇“海之梦 6”（深圳籍，船长 30. 6 米、宽 6. 2 米，船上 20 人）在阳江海陵岛西南角对开海域约 1 海里附近水域航行时，机器出现故障，失去动力，请求救助。阳江市海上搜救中心接报后，立即协调渔政部门派出船舶前往现场救助。随后，“南海救 302”拖轮拖带“海之梦 6”游艇安全抵达阳江闸坡港，船舶和人员安全。

• **8 月**

1 日上午，“航凯 233”轮（船长 88 米、宽 19 米，总吨 2969 吨，船上 8 人）在湛江市硇洲岛西北侧离岸 1 海里水域处进水，船员弃船登上救生艇，报警求助。湛江海上搜救分中心接报后，立即通报当地救助、海事、渔政、海警等单位，要求派出力量前往救助；同时协调附近商船“粤东莞货 1663”前往救助。中午，“粤东莞货 1663”成功将 8 名遇险人员救起。

1 日上午，在湛江市坡头区坡头镇浦头村距岸约 5 千米海上，11 名渔民因风浪大被困渔排上，请求救助。湛江海上搜救分中心接报后，立即协调海警、渔政、坡头区政府等单位派出力量前往救助。随后，“中国海警 21087”到达现场并救起 11 名遇险渔民。

1 日下午，“帆顺 11”（船上 9 人）在惠州市惠东县太平岭码头附近防台风时，尾锚链断裂，一台主机损坏，船舶失控，请求救助。惠州市海上应急搜救中心接报后，立即协调“宝安拖 5”拖轮前往现场应急处置。稍后，“宝安拖 5”将“帆顺 11”拖离码头到惠州水域 12 号锚地抛锚，人员安全。

1 日深夜，“宏盛 777”（船上 10 人）在惠州市惠东县太平岭码头附近防台风时，因尾部锚链断裂导致船舶搁浅，船舵系统损坏，船舱进水。惠州市海上应急搜救中心接报后，立即协调应急拖轮“宝安拖 5”在现场警戒守护。随后抢修成功，船舶和人员安全。

5 日傍晚，“江夏鸿”散货船（上海籍，船长 125 米、宽 19 米，总吨 6458 吨，船上 15 人）在汕头市榕江 5 号灯标下游海域因避让渔船时操作不当，发生船舶搁浅，但船体暂无破损。汕头市海上搜寻救助分中心接报后，立即协调“海巡 09015”前往现场处置，同时协调播发航行警告，提醒过往船舶注意避让。6 日凌晨，“江夏鸿”轮在海巡船的协助下成功脱浅，船舶和人员安全。

7 日晚上，渔船“闽霞渔 01106”（宁德籍，船长 40 米、宽 7 米，船上 12 人）在汕头市南澳岛以南 36 海里附近水域航行时被一艘货船擦碰，导致机舱进水，请求救助。省海上搜救中心接报后，立即协调南海救助局、省海洋综合执法总队、汕头市海上搜寻救助分中心等单位派出力量前往救助。经各方努力救援，遇险渔船进水得到控制。次日下午，遇险渔船在“闽霞渔 01117”“闽霞渔 01261”护航下平安抵达福建省东山港。

18 日早上，“粤阳西渔 10338”渔船（船上 4 人）在珠江口珠海市东澳岛南沙湾水域附近沉没，4人已弃船上救生艇，请求救助。珠海市海上搜救中心接报后，立即协调渔政、海警、海事等单位派出力量前往救助。随后，4名遇险渔民全部被协调派出的“中国渔政44176”安全救起。

19日清晨，受台风“海高斯”影响，“MACKINAC BRIDGE”集装箱船（日本籍，船长366米、宽51米，总吨15.23万吨，船上25人，船上存燃油612吨、柴油705吨、滑油16.9万升）在珠江口珠海市白沥岛附近水域走锚搁浅，但船体无破损、无人员伤亡。广州市海上搜救中心接报后，立即协调“南海救112”前往核实情况。经全力救助，两天后，集装箱船在“南海救112”协助下成功脱浅，人员安全，现场未发现有溢油。

●9月

3日晚上，“远翔湖”油轮（船长333米、宽60米，总吨15.98万吨，载原油26万吨，船上27人）在惠州市马鞭洲中海油码头卸油时发生泄漏。惠州市海上搜救中心接报后，立即协调海事部门派出执法人员以及“海巡09271”和清污力量前往现场处置。初步判断是因货油管关闭不严发生泄漏，少量溢油由甲板孔流入海中，现场已布放围油栏，未对布控水域外围造成污染，清污船“航鹏08”“航鹏09”在现场实施清污作业。次日下午，海面油污全部清理完成。

4日上午，“粤阳江渔04199”渔船（船长18米、宽4米，船上4人）在澳门机场东侧约3海里处着火，请求救助。珠海市海上搜救中心接报后，立即协调当地海事、渔政、海警及澳门海事等单位分别派出“海巡09171”“中国渔政44188”“中国海警21045”以及澳门3艘公务船艇前往救助。经粤港两地各方力量共同努力，最终渔船上4人被安全转移，船上明火被扑灭，人员、船舶安全。

9日中午，一艘无名渔船（船上3人）在湛江雷州市乌石镇大唐火电发电站东南约1海里附近水域翻扣，船上人员全部已爬到翻扣船上等待救援。湛江海上搜救分中心接报后，立即协调大唐电厂、海警、渔政等单位派出“雷州发电01”“海警21536”“中国渔政44288－1”等力量并组织附近作业渔船前往救助。最终3名遇险渔民被附近过往渔船安全救起。

14日深夜，一艘无名海钓小艇（船长约7米，船上5人）在江门台山市大襟岛以北约1千米海域触碰海上蚝排，造成小艇穿洞进水，请求救助。江门市海上搜救中心接报后，立即协调“海巡09427”“中国渔政44516”前往现场搜救，同时协调台山市海上搜救志愿者队伍派出快艇赶往现场协助搜救。随后，“海巡09427”和救助快艇找到遇险小艇，并将5名遇险人员安全转移至救助快艇上岸。

21日清晨，“闽惠渔01459”渔船在汕头市顶澎岛附近水域触礁，机舱破损进水，船上14人，所乘救生筏被礁石划破翻扣，其中6人上礁石区，8人被漂散。省海上搜救中心接报后，立即协调和组织力量开展海空立体搜救。最终6人获救，3人死亡，5人失踪。

23日凌晨，“闽东渔64952”渔船在福建省漳州市东山岛东南20海里附近水域（福建省行政区，广东海事监管区）作业时失联，船上5人，请求救助。省海上搜救中心接报后，立即协调和组织力量开展海空立体搜救。次日中午，搜救直升机救起1人；现场协助搜救渔船打捞起1具失踪人员遗体。经粤闽两地组织各方力量多日连续搜救，最终1人获救，1人死亡，3人失踪。

29日下午，“亿瑞3286”（船长149米、宽26米）在阳江海陵岛以南约20海里处海域沉没，船上共16人。其中6人被过往货船“粤广州货3688”救起，10人失踪。省海上搜救中心接报后，立即协调救助、海事等单位派出飞机、救助船艇、潜水员和海巡船并协调过往船舶及组织附近作业渔船等力量开展大规模海空立体搜救。南海救助局派出的潜水员在难船甲板内打捞起1具遗体。最终6人获救（其中1人经抢救无效死亡），1人死亡，9人失踪。

•10月

2日深夜，“粤阳西渔39588”渔船在江门市上川岛东南方向约3海里附近海域疑似沉没，船上13人遇险。省海上搜救中心接报后，组织力量开展大规模海空搜救行动。协调海事、救助、渔政、海警等部门派出9艘船舶，过往商船、拖轮等13艘，渔船8艘参与搜救；协调南海救助局派出救助直升机2架次、南航通用航空公司直升机1架次参与空中搜寻救助；海军广州基地派出海军840舰等舰船参与搜寻救助。次日上午，海军广州基地840舰在遇险附近水域发现并救起12名遇险人员。经组织军地各方力量多日大搜救，最终12人获救，1人失踪。

5日傍晚，3名游客在阳江市海陵岛乘坐橡皮艇去龟山岛游玩，至深夜时未返回，其朋友报警求助。省海上搜救中心接报后，立即协调救助、海事、渔政部门派出“海巡09489”“中国渔政44602”和协调过往船舶等力量前往搜寻，并组织附近作业渔船协助搜寻。次日上午，阳江海上风电施工交通船“海仕达001”成功救起3人。

13日下午，“顺安66”轮（安庆籍，船长93.24米、宽14.8米，总吨2998吨，装载约5000吨砂）在湛江市徐闻县罗斗沙岛西南约3海里处水域翻沉，10名船员遇险。省海上搜救中心接报后，立即协调海事、救助、渔政、海军等部门开展大规模海空立体搜救行动。深夜，“南海救102”抵达现场成功救起救生筏上的4名遇险人员；次日拂晓，“南海救102”先后在琼州海峡水域打捞起2具遗体；过往商船“航盛达”在琼州海峡西口救起1名遇险人员。最终5人获救，2人死亡，3人失踪。

22日凌晨，4人乘快艇出海钓鱼，在珠江口万山岛以南约16海里处遇险，请求救助。省海上搜救中心接报后，立即核实险情信息，并对遇险人员手机进行定位，同时要求珠海市海上搜救中心协调力量前往现场救援。随后协调派出“海巡0933”“南海救101”和直升机B－7136抵达现场搜寻。上午，经与报警人联系确认，4名遇险人员已自行返回。

10月29日下午，“顺航528”（船上5人）在湛江市新寮岛以东7海里处坐沉，船舶驾驶台及桅杆露出水面，请求求助。省海上搜救中心接报后，立即协调湛江海上搜救分中心、南海救助局派出力量前往救助，同时协调过往船舶协助搜救。随后，过往船舶“远强6”成功救起3人，南海救助直升机B－7358救起2人。最终5名遇险人员全部获救。

•11月

2日早上，巴拿马籍“华夏5”散货船与“粤珠渔运40013”渔船在珠江口珠海桂山18号锚地北侧水域发生碰撞，造成渔船损坏并侧翻，船上6人落水；散货船无受损，无水域污染，报警求助。广州市海上搜救中心接报后，立即协调海事、渔政、救助、广州港引航站等单位派出“海巡09077”“中国渔政44172”“南海救101”“广州引航1”“广州引航3”前往救助，同时协调过往船舶“惠金桥289”“粤珠渔30972”参与救助。随后，6名落水人员先后被参与救援船舶全部救起。

14日中午，“闽霞渔01293”渔船在汕尾市红海湾东南20海里处翻沉，船上14人全部落水。稍后，被过往的两渔船救起13人。汕尾市海上搜救分中心接报后，立即核实情况，并协调派出“海巡0941”前往事发水域开展救助。随后，另1人也被救起。

15日凌晨，海南渔船“琼儋渔16398”在珠江口珠海市担杆岛西侧约6海里处进水，情况紧急，请求求助。省海上搜救中心和珠海市海上搜救中心接报后，立即协调南海救助局派出“南海救 101”前往救助，协调“皖六 2”等过往船舶参与救援。拂晓，“皖六 2”成功将 4 名遇险人员全部救起，“琼儋渔 16398”渔船沉没。

16 日凌晨，“琼儋渔 11105”渔船在珠江口珠海市大万山岛东南水域航行时触礁，船舶进水，船上 5 人。珠海市海上搜救中心接报后，立即协调渔政和海警等单位派出力量前往救助，协调过往船“东茂 9”参与救助。随后，“东茂 9”抵达现场成功转移遇险渔民 3 人，另 2 人坚持要求留在渔船上不愿意弃船。经协助堵漏后确认，渔船艏前舱进水已得到控制，无沉没危险。随后，2 人自行将船开回珠海香洲港。

22 日子夜，一艘小木船（船上 4 人）在珠海市珠海大桥下游出海口附近水域撞到蚝排，船舶进水，请求救助。珠海市海上搜救中心接报后，立即协调金湾区海上救助协会、海警等单位派出“金湾海上救助 10”“中国海警 21079”前往救助。23 日凌晨，4 名遇险人员被“金湾海上救助 10”快艇安全救起。

25 日上午，一艘无名渔船在江门市下川岛西南方向约 15 海里处进水，船上 6 人，请求救助。省海上搜救中心接报后，立即协调江门海上搜救分中心、省渔政、南海救助局等单位派出力量前往救助。随后，6 名遇险人员被救助直升机 B－7137 安全救起。

27 日上午，“粤江城渔 96288”渔船在珠江口珠海外伶仃岛西侧水域锚泊中被未知船舶碰撞，造成船舶断裂翻扣，船上 5 人落水。其中，3 人被附近渔船“粤江城渔 96198”救起，另 2 人情况不明。广州市海上搜救中心接报后，立即协调渔政、海事、海警等部门派出“中国渔政 44173”“海巡 09076”“中国海警 21509”前往处置。随后，救援力量在遇险船内找到 2 具遗体。

28 日夜晚，“深蛇 1718”港澳流动渔船在珠江口外伶仃岛东面近岸 100 米水域处触礁侧翻遇险，船上共 3 人，请求救助。珠海市海上搜救中心接报后，立即协调渔政、万山区应急办、海警、万山海事处等部门派出力量前往救助。随后，“中国渔政 44173”抵达现场救起 3 人。

•12 月

2 日清晨，“粤澄渔运 61018”（船上 11 人）在汕尾市芒屿岛 400 米附近水域处触礁搁浅，因风大浪急，请求救助。省海上搜救中心接报后，立即协调汕尾市海上搜救中心、省农业农村厅、广东海警局派出“海巡 0941”“中国渔政 44673”“中国海警 21081”等前往救助。稍后，“中国渔政 44673”抵达现场并将 11 名遇险人员安全转移到渔政船上。

8 日凌晨，“惠澳 6278”渔船在汕尾市龟龄岛附近海域搁浅，船上 4 人遇险，请求救助。汕尾市海上搜救分中心接报后，立即协调汕尾渔政支队派出“中国渔政 44611－1”前往事发水域。拂晓，4 名遇险人员被安全转移到渔政船上。

9 日夜晚，“粤阳东渔 14022”渔船在江门台山市下川岛南偏西约 3 千米海域进水沉没，船上 3 人已转移至救生筏，请求救助。江门市海上搜救中心接报后，立即协调渔政部门派出“中国渔政 44516”及过往商渔船前往救助。深夜，3 名遇险人员被“中国渔政 44516”救起。

14 日下午，一艘无名小艇（船上 3 人）从河源市长江村出发到万绿湖捕鱼，至深夜联系不上，亲属请求救援。河源市水上搜救中心接报后，立即协调海事、渔政派出“海巡 09716”“中国渔政 446－1”前往搜救。15 日清晨，在湖中岛上找到 1 人并立即送医院救治；下午，现场搜救人员打捞起 1 具遗体；16 日下午，打捞起另 1 具遗体。最终 1 人获救，2 人死亡。

18 日午后，“粤三水货 0823”货船（船长 29 米，装载生蚝 30 吨，深圳蛇口开往中山南朗）在珠海淇澳岛东侧 4 海里附近水域沉没，船上 8 人，请求救助。省海上搜救中心接报后，立即协调广州市海上搜救中心、珠海市海上搜救中心、南海救助局等派出“海巡 09170”“海巡 09802”“海巡 09076”“海巡 09077”“南海救 321”以及救助直升机 B－7358 前往救助。下午，“海巡 09802”救起 5 名落水人员，高速客船“鹏星 16”救起 1 人。20 日中午，沉船被打捞出水。经多部门联合搜救，最终 6 人获救，2 人失联。

19 日夜晚，“金海油 2”轮（船长 86.25 米、宽 12.6 米，总吨 1933 吨，船上 14 人，载 3160 吨汽油）在惠州市大星山东南 7 海里处疑似触碰不明物体，左舷压载舱破损进水，后通过向右舷压载舱加水等措施，该船恢复正浮、船体未持续进水，暂无倾覆危险，未发生溢油。惠州市海上应急搜救中心接报后，指引该船在 12 号锚地锚泊，对船体进行进一步检查，并协调派出海巡船前往现场处置。

20 日上午，“顺利 666”轮（清远籍，船长 68.22 米、宽 13.8 米，总吨 1358 吨，船上 7 人）与“桂平滨海 033”轮（贵港籍，船长 49.68 米、宽 10.8 米，总吨 599 吨，船上 3 人）在西江肇庆段大鼎峡水域发生碰撞，造成“桂平滨海 033”轮驾驶台损毁，船上 1 人死亡、1 人落水失联、1 人受伤；“顺利 666”轮安全无损。省海上搜救中心接报后，协调省渔政总队、肇庆市水上搜救分中心继续搜救。经多日搜救，1 人失踪。

24 日下午，外轮“MONACO”在揭阳市惠来县港寮湾以南约 40 海里海域处救起 13 名中国籍船员。省海上搜救中心接报后，立即通报揭阳市海（水）上搜救分中心协调派出海巡船舶前往现场。经了解，遇险沉没船舶为“中福圣”多用途海船（平潭籍，船长 105.2 米、宽 16 米，总吨 4192 吨，装砂约 6000 吨，船上 13 人），船舶在航行途中进水，随后弃船。次日 13 名获救船员在省搜救中心的协调下被安排转移上岸。

【风暴潮】

2020 年，广东沿岸发生 1 次台风风暴潮灾害（“海高斯”台风风暴潮），造成直接经济损失 0.49 亿元。

8 月 19 日 5 时 50 分，台风“海高斯”在珠海市沿海地区登陆，登陆时中心附近最大风力 12 级（33 米/秒），中心最低气压 975 百帕。受其影响，粤东沿岸出现 35～59 厘米风暴潮增水，珠江口沿岸出现 50～148 厘米风暴潮增水，粤西沿岸出现 33～42 厘米风暴潮增水。其中，最大增水出现在珠海监测站，为 148 厘米；横门监测站和黄埔监测站增水分别为 122 厘米和 117 厘米。增水超过 50 厘米的有 5 个：赤湾监测站 97 厘米、三灶监测站 71 厘米、惠州监测站 59 厘米、盐田监测站 59 厘米、台山监测站 50 厘米。横门监测站最高潮位 212 厘米（珠基），超过当地橙色警戒潮位。超过当地黄色警戒潮位的有 3 个：珠海监测站、赤湾监测站、黄埔监测站，其最高潮位分别为 161 厘米（珠基）、176 厘米（珠基）和 226 厘米（珠基）。

【赤潮】

2020 年，广东沿海共发生赤潮 6 次，累计面积约 111.63 平方千米，主要发生在 5 月和 11 月。赤潮生物种类主要有中肋骨条藻、赤潮异弯藻、双胞旋沟藻和球形棕囊藻，其中赤潮异弯藻为有毒藻类。赤潮发生情况如表 11 所示。

表 11 2020 年广东海域赤潮发生情况一览表

起止时间	发生海域	面积（平方千米）	赤潮生物种类
5 月 2—4 日	东澳岛东部及大竹湾海域	0.13	中肋骨条藻
5 月 3—5 日	深圳湾内海域	6	赤潮异弯藻、中肋骨条藻
5 月 15—17 日	深圳蛇口渔港至深圳湾后海海域	7.50	中肋骨条藻
11 月 3—6 日	珠江口深圳机场附近海域	45	双胞旋沟藻
11 月 5—9 日	淇澳岛以东至内伶仃岛	3	双胞旋沟藻
12 月 2—8 日	汕尾品清湖附近水域	50	球形棕囊藻

【咸潮入侵】

2020 年，珠江口共监测到咸潮入侵过程 5 次，发生在春季和秋季，比上年偏重。有 2 次咸潮入侵过程比较长，分别为 76 天和 71 天。1 月 6 日至 3 月 21 日，珠江口发生咸潮入侵，持续时间 76 天，2 月 6 日 21 时 11 分，大涌口水闸监测到该次过程最高盐度为 12.54%（氯度 6944 毫克/升）；10 月 22 日至 12 月 31 日，珠江口发生咸潮入侵，持续时间 71 天，12 月 9 日 5 时，大涌口水闸监测到该次过程最高盐度为 13.95%（氯度 7720 毫克/升）。咸潮入侵情况如表 12 所示。

表 12 2020 年珠江口咸潮入侵①情况一览表

发生时间	持续天数（天）	最高盐度出现时间	最高盐度值（psu）
1 月 6 日—3 月 21 日	76	2 月 6 日 21 时	12.54
3 月 23 日	1	3 月 23 日 19 时	0.48
3 月 25 日	1	3 月 25 日 7 时	0.48
10 月 14 日—10 月 17 日	4	10 月 14 日 11 时	3.03
10 月 22 日—12 月 31 日	71	12 月 9 日 5 时	13.95

注：①咸潮入侵标准：氯化物 >250 毫克/升（盐度 >0.45%）。

【海岸侵蚀】

2020 年，广东省重点海岸段海岸侵蚀监测数据显示，汕头、深圳 2 市存在海岸侵蚀现象：汕头市濠江区企望湾南山最大侵蚀距离为 14 米，平均侵蚀距离为 8 米；深圳市土洋收费站最大侵蚀距离为 3 米，平均侵蚀距离为 0.1 米。

【渔业灾害】

2020 年，台风、洪涝、病害、污染和干旱给广东渔业造成一定影响，但受灾损失同比下降，养殖、捕捞生产情况稳定。据省农业农村厅统计，全省渔业直接经济损失 6. 01 亿元，其中，损失水产品 4. 77 万吨，经济损失 5. 20 亿元；台风、洪涝损毁的渔业设施有池塘 2094 公顷、网箱 1167 箱、围栏 5 千米、堤坝 2997 米、泵站 30 座、涵闸 156 座、护岸 970 米、防波堤 1320 米，经济损失 8097 万元。全省水产养殖受灾面积 2. 8 万公顷，其中，台风和洪涝致渔业受灾面积 1. 03 万公顷，损失水产品 1. 62 万吨，经济损失 2. 19 亿元；病害受灾面积 5998 公顷，损失水产品 1. 89 万吨，经济损失 2. 25 亿元；干旱受灾面积 1907 公顷，损失水产品 2660 吨，经济损失 0. 24 亿元；污染受灾面积 479 公顷，损失水产品 591 吨，经济损失 0. 07 亿元。

环境灾害

【突发事件】

2020 年，广东省发生一般突发环境事件 24 起，较上年同期下降 8%。其中，东莞 6 起，茂名、江门、深圳各 3 起，佛山 2 起，广州、惠州、揭阳、清远、韶关、肇庆、珠海各 1 起。全年未发生较大规模以上突发环境事件。按事件类型分，涉水和大气污染事件 5 起，涉水和土壤污染事件 1 起，涉水污染事件 18 起；按事件起因分，属安全生产事故引起 10 起，属交通事故引起 9 起，属非法偷排引起 3 起，属其他原因引起 2 起。事件均得到当地政府和环保部门及时妥善处置，最大程度减少了对群众生产生活和周边环境的影响。

【酸雨】

2020 年，全省城市降水测点 pH 均值为 5. 52，范围在 5. 01（江门）～6. 93（河源）之间，酸雨频率为 18. 9%。其中，15 个城市出现酸雨（$pH_{min}<5.6$），8 个城市受酸雨污染（$pH_{avg}<5.6$，下同），无重酸雨区（$pH_{avg}<4.5$ 或 $4.5\leq pH_{avg}<5.0$，且酸雨频率 >50%）。与上年相比，全省城市降水 pH 均值上升 0. 03，酸雨频率下降 4. 2%，目前，属于重酸雨区的城市数目已清为零（2019 年有 2 个），全省降水质量状况明显改善。

除茂名、梅州、河源、阳江 4 市外，全省其余地级以上市属于酸雨控制区。酸雨控制区除潮州、汕头、揭阳、汕尾 4 市外，其他市均出现过酸雨，其中，江门、珠海、佛山、清远、深圳、韶关、云浮、肇庆 8 市均受酸雨污染。非酸雨控制区中，茂名、梅州 2 市均出现过酸雨（未受酸雨污染）。

农田作物灾害和农田生物灾害

【农田作物灾害】

2020年，广东农业气象条件与上年相似，受灾范围小、受灾程度轻。除夏旱造成较大影响外，其他季节光、温、水条件均有利于作物生长和产量形成，是多年难得一遇的好年景。影响广东省农业生产的主要自然灾害有5月（广州市和东莞市）和6月的持续大范围强降水、5—8月的干旱以及台风“海高斯”“浪卡”等。

1. 低温冻害

2月12—15日，广东省经历了两轮较强降雨，特别是15日下午寒潮携风雨影响广东，主要影响粤北地区的蔬菜和部分果树，总体受灾损失较小。寒潮导致韶关市乳源县农作物受灾面积1762亩，直接经济损失105.72万元；冰雹导致清远市清新区、英德市农作物受灾面积2.69万亩（成灾7957亩，绝收840亩），直接经济损失2820万元；寒潮导致揭阳市揭西县、普宁市农作物受灾面积9220亩，直接经济损失361.5万元。

2. 农业干旱

1月，阳江市农作物受旱面积28.70万亩，其中果树受旱面积8.54万亩，直接经济损失2629万元。5—8月初，广东出现夏旱。粤东汕尾和粤西湛江首先出现旱情，5—6月，汕尾、湛江2市农作物受旱面积分别达39.14万亩和92.56万亩；至7月底，佛山、惠州、河源、江门、揭阳、湛江、茂名、汕尾、韶关、云浮、阳江等市不同程度受旱，受旱面积达314.49万亩（成灾48万亩，绝收1.16万亩），旱情造成缺水办田70多万亩，部分晚稻无法栽插；茶树、果树等经济作物也大多受影响。

3. 暴雨洪涝和风雹

3—4月，受强降水和风雹影响，韶关市浈江区果蔬受灾面积370亩；始兴县蚕桑等作物受灾面积608亩（成灾350亩，绝收150亩）。

5月，受强降水影响，广州市农作物受灾面积达4962亩（成灾4962亩，绝收2740亩），直接经济损失490万元；东莞市农作物受灾面积6.01万亩（成灾2.63万亩，绝收1.28万亩），农业设施受损面积35.01亩、倒塌面积11.04亩，直接经济损失1.22亿元。主要受灾作物有蔬菜、香蕉、水稻、花卉、火龙果、番石榴等。

6月，全省出现持续性降水，广州、韶关、惠州、梅州、东莞、汕尾、阳江、清远等11个市农作物受灾面积71.09万亩（成灾4.43万亩，绝收3.93万亩），其中粮食作物受灾面积20.06万亩（成灾2.27万亩）。其中，广州市增城区、从化区，韶关市翁源县，惠州市龙门县、博罗县受灾较重。广州市设施大棚受损面积991亩。

8月，东莞市水稻受灾面积500亩。

9月，韶关市、中山市农作物受灾面积3500多亩。

4. 热带气旋

8月19日，台风“海高斯”登陆珠海市，造成珠海、云浮2市农作物受灾面积6.86万亩（成灾6389亩，绝收2629亩），其中，水稻受灾面积7429.86亩，设施大棚受损面积200亩，直接经济损失1889万元。

10月中旬，受台风“浪卡”影响，阳江、云浮等市农作物受灾面积达1.50万亩（成灾5409亩，绝收1115亩），直接经济损失410.33万元。

【农田生物灾害】

1. 灾害概况

2020年，全省农田生物灾害（病虫草鼠螺害）总体偏重发生。发生面积1864.6万公顷次，造成粮食损失53.84万吨、蔬菜损失52.30万吨、水果损失26.64万吨、油料损失3.53万吨、茶叶损失0.28万吨、其他经济作物损失5.47万吨。草地贪夜蛾、黄曲条跳甲等偏重发生，局部重发生；稻纵卷叶螟、玉米大小斑病、小菜蛾、瓜蓟马、霜霉病、白粉病、荔枝蒂蛀虫和杂草等偏重发生；稻飞虱、稻纹枯病、美洲斑潜蝇、玉米螟、荔枝霜疫霉病、柑橘红蜘蛛、柑橘锈蜘蛛、鼠害等中等发生，局部偏重发生。

2. 病虫害

全省农作物病虫害总体偏重发生，略重于上年。发生面积1341.38万公顷次，造成粮食损失34.82万吨、蔬菜损失48.12万吨、水果损失24.17万吨、油料损失2.88万吨、茶叶损失0.20万吨、其他经济作物损失5.08万吨。

• 水稻病虫害

中等、局部偏重发生。水稻病虫发生面积525.83万公顷次，实际损失稻谷25.59万吨。发生特点为：“两迁”害虫迁入时间早、峰次多、持续时间长；田间发生稻纵卷叶螟早稻重、晚稻轻，稻飞虱晚稻发生重、早稻轻；钻蛀性螟虫中三化螟种群呈下降趋势，二化螟和大螟上升趋势明显，尤其是大螟在部分地区失管田块发生为害重；纹枯病在低洼积水田块发生较重；稻瘟病在部分稻区感病品种上发生较重；细菌性病害和病毒性病害发生较轻。

稻飞虱　中等、局部偏重发生。上半年迁入虫量较小，迁入峰次不明显；主迁入峰出现在8月下旬至9月初，迁入虫量大，主降区域为粤东和粤北等。田间发生早稻较轻，晚稻发生较往年重。发生分布不平衡，早晚稻后期褐飞虱占比高，部分地区个别田块出现“穿顶”。

稻纵卷叶螟　偏重发生，比上年重。迁入虫峰出现早，迁入峰次多，3月中旬初出现迁入峰，为历年罕见。田间发生分布不平衡，早稻偏重发生，晚稻发生中等。早稻前期集中在粤西稻区发生，中后期在粤西、粤北和珠三角稻区发生较重，漏治田块虫卵量较大、卷叶率高。晚稻发生较均衡，全省4—7月平均卷叶率为3.08%，高的达10%～20%；8—10月平均卷叶率为1.71%，高的达5%～10%。

钻蛀性螟虫　偏轻发生。主要种群有大螟、二化螟、三化螟和台湾稻螟，其中大螟和二化螟为优势种群。全省大部稻区田间虫口密度不高，为害较轻，枯心率、白穗率较低，枯心率一般为0.1%～0.5%。其中，大螟中等发生，上升明显，在多地成为优势种群，个别漏治田块发生为害重；二化螟偏轻发生，在粤北和粤东局部地区发生较重；三化螟轻发生。

纹枯病　中等、局部偏重发生。早稻前期少雨，病害发生较轻，主要在早插低洼积水和浓绿田块发生较重，5 月以后降雨天气多发，病害迅速扩展；晚稻台风雨多，发生较早，但后期雨水少扩散慢。早、晚稻为害高峰期监测点平均病丛率分别为 29. 22% 和 24. 34% 。

稻瘟病　偏轻发生，轻于上年和常年。田间在瘟区和感病品种上发生较重。4 月受连续阴雨寡照天气影响，早稻叶瘟开始发病，穗颈瘟于 6 月中下旬开始发病；晚稻叶瘟在 8 月初开始零星发病，穗瘟 10 月上旬开始发生。

白叶枯病　偏轻发生，轻于上年。晚稻中后期在西南沿海稻区发生较重，病叶率一般为 1%～4%，重的为 15%～30%。

水稻病毒病　轻发生。其中，南方水稻黑条矮缩病发生面积达 1. 07 万公顷次，粤西部分稻区和粤北中造田发生略重；橙叶病轻发生，呈点状发生，主要发生在粤西和粤北部分稻区。

2020 年广东省水稻主要病虫害发生、防治及造成的损失情况如表 13 所示。

表 13　2020 年广东省水稻主要病虫害发生、防治及造成的损失情况

发生种类	发生面积（万公顷次）	防治面积（万公顷次）	挽回损失（万吨）	实际损失（万吨）
稻飞虱	155. 28	205. 24	51. 90	6. 22
稻纵卷叶螟	119. 35	149. 23	37. 09	4. 77
钻蛀性螟虫	53. 95	72. 60	17. 68	2. 46
纹枯病	134. 83	165. 15	55. 79	7. 72
稻瘟病	21. 99	39. 36	8. 57	1. 46
白叶枯病	6. 01	8. 82	4. 72	0. 61
水稻病毒病	1. 72	2. 43	1. 30	0. 37

• 蔬菜病虫害

偏重发生。发生面积达 345. 08 万公顷次，实际损失 48. 12 万吨。受开汛期略早、春季温度偏高、降雨偏少的影响，蔬菜病虫害发生平缓；入夏后雨日多、雨量大，病害发生扩散快。主要发生病虫有：黄曲条跳甲、小菜蛾、瓜蓟马、美洲斑潜蝇、瓜实蝇、斜纹夜蛾、烟粉虱、霜霉病、白粉病、疫病和炭疽病等。

黄曲条跳甲　偏重、局部重发生。春、秋两季发生较重，3—6 月，全省监测点百株虫量平均为 103. 4 头，低于上年的 226. 9 头，株受害率为 49. 2%，与上年持平；9—11 月，全省监测点百株成虫量平均为 84. 8 头，略低于上年，株受害率为 34. 7%，低于上年的 51. 8%。

小菜蛾　偏重发生。3—6 月，全省监测点百株幼虫量平均为 36. 8 头，低于上年的 49. 4 头，株受害率平均为 23. 3%；9—11 月，全省监测点百株幼虫量平均为 48. 5 头，高于上年的 39 头，株受害率平均为 19. 6%，高于上年的 17. 4%。

瓜蓟马　偏重发生。以 4—6 月和 10—11 月发生最重。其中，4—6 月全省监测点百梢虫量平均为 382. 5 头，低于去年的 461. 8 头；10—11 月全省监测点百梢虫量平均为 114. 8 头，梢受害率为 50. 4%。

美洲斑潜蝇　中等、局部偏重发生。以 5—11 月发生较重，全省监测点百叶虫量平均为 187. 7 头，低于去年的 234 头；叶受害率为 51. 4%，低于去年的 66. 5%；虫情指数为 14. 1，低于去年的 15. 6。

瓜实蝇　中等、局部偏重发生。以5—10月发生较重，全省监测点百株虫量平均为22.1头，果受害率为5.2%，低于去年的8.2%。

斜纹夜蛾　中等发生。初夏部分地区的花生、芋头、黄瓜、茄子、豆角、甘薯等发生较重。4—6月，全省监测点百株幼虫量平均为29.4头，低于去年的38.9头；每候每芯累计诱虫226头，高于去年的56.8头；叶受害率为12.4%，低于去年的14.2%。

烟粉虱　中等发生。4—9月发生最重，全省监测点百叶虫量平均为95.2头，低于去年的238.7头；每候每板累计诱虫41.3头，低于去年的125.0头；受害率为25.6%，与去年持平。

霜霉病　偏重发生。春夏季发生最重，4—6月，全省监测点病叶率平均为25.1%，低于去年的27.5%；病情指数为9.66，低于去年的10.64。

白粉病　偏重发生。4—6月，春季至夏初发病较重，全省监测点病叶率平均为21.6%，高于去年的16.8%；病情指数为11.01。

疫病　中等发生。全年全省监测点病株率平均为8.3%，低于去年的16.9%；病情指数平均为2.6，低于去年的8.6。

炭疽病　中等发生。全年全省监测点病叶率平均为12.7%，低于去年的16.9%；病情指数平均为4.6，低于去年的6.3。

2020年广东省蔬菜主要病虫害发生、防治及造成的损失情况如表14所示。

表14　2020年广东省蔬菜主要病虫害发生、防治及造成的损失情况

发生种类	发生面积（万公顷次）	防治面积（万公顷次）	挽回损失（万吨）	实际损失（万吨）
小菜蛾	35.23	46.42	24.17	5.51
黄曲条跳甲	43.51	55.14	31.81	6.67
斜纹夜蛾	25.93	33.13	15.75	3.09
瓜蓟马	14.85	17.59	9.08	1.71
美洲斑潜蝇	11.00	13.59	6.87	0.81
瓜实蝇	9.33	11.56	11.94	2.55
烟粉虱	14.04	17.19	6.07	1.85
霜霉病	22.35	29.05	17.15	3.30
白粉病	10.05	12.64	7.65	1.30
疫病	10.01	13.31	9.80	1.91
炭疽病	10.01	13.21	9.54	1.96

• 果树病虫害

大宗果树如荔枝、龙眼、柑橘、香蕉等的病虫害中等、局部偏重发生，发生面积达270.10万公顷次。荔枝：花枝分化好、挂果多，2020年是荔枝丰年，早、中、迟熟品种混栽现象较普遍，花果期荔枝蝽、荔枝蒂蛀虫、荔枝霜疫霉病等病虫害发生较重。柑橘：入汛期早、降雨多，上半年柑橘溃疡病、褐斑病等发生扩散快，发生突出；下半年台风少、雨日和雨量偏少，柑橘病虫害发生较往年轻。香蕉：病虫害中等发生，以香蕉叶斑病发生较突出。主要发生的果树病虫有：荔枝蒂蛀虫、荔枝蝽蟓、荔枝霜疫霉病、柑橘红蜘蛛、柑橘锈蜘蛛、柑橘潜叶蛾和香蕉叶斑病等。此外，荔枝瘿螨、荔枝尺蠖、木虱、介壳虫、香蕉象甲、香蕉弄蝶等也有不同程度发生。

荔枝蒂蛀虫　偏重发生，重于去年。去冬今春气温偏高，发生期较去年和常年偏早，落地果蛀果率高、虫量大。3—6月全省监测点蛀果率平均为4.82%，高于去年的3.78%。

荔枝蝽蟓　中等发生，重于去年。2—4月全省监测点百梢虫量平均为34.9头，高于去年的7.2头。

荔枝霜疫霉病　中等、局部偏重发生。4—6月全省监测点病果率平均为4.13%，高于去年的2.48%；病情指数为1.14，高于去年的0.45。

桔小实蝇　偏重发生。在番石榴、杨桃、芒果、枇杷等果树上发生较重，在砂糖桔、柚等早熟柑橘品种上中等发生。监测点果园单瓶候性诱虫量为24.5头；为害高峰期，番石榴园树上果百果虫量平均为89头，蛀果率为24.8%；落地果百果虫量为702头，蛀果率为96%。

柑橘红蜘蛛　中等、局部偏重发生。出现春、秋两个高峰期，4—6月，全省监测点百叶螨量平均为114.7头，略低于去年；9—11月，全省监测点百叶螨量平均为97.8头，低于去年的141.9头。

柑橘锈蜘蛛　中等、局部偏重发生，重于去年。夏季7—8月螨量最高，全省监测点百叶螨量平均为477.6头，高于去年的185.4头。

柑橘潜叶蛾　中等发生。全年全省监测点百叶幼虫量平均为4.4头，高于去年的3.8头。

柑橘溃疡病　中等发生。在沃柑、贡柑和橙类等品种中发生较重。全年全省监测点病叶率和病果率分别为8.88%和44.94%。

柑橘褐斑病　中等发生，重于去年。发生早，在贡柑、年桔等品种上发生较重。4—6月全省监测点病叶率平均为7.2%，病果率为5.4%，分别高于去年的4.7%和3.7%。

香蕉叶斑病　中等发生。高峰期时病叶率平均为25.1%，病情指数为6.94。

2020年广东省果树主要病虫害发生、防治及造成的损失情况如表15所示。

表15　2020年广东省果树主要病虫害发生、防治及造成的损失情况

发生种类	发生面积（万公顷次）	防治面积（万公顷次）	挽回损失（万吨）	实际损失（万吨）
荔枝蒂蛀虫	40.50	43.11	14.93	3.15
荔枝蝽蟓	14.68	18.58	4.14	0.86
荔枝霜疫霉病	12.89	15.12	5.25	1.42
柑橘红蜘蛛	30.78	40.97	15.58	2.11
柑橘锈蜘蛛	14.14	18.46	5.85	1.10
柑橘潜叶蛾	16.07	23.23	5.80	0.84
柑橘溃疡病	4.22	6.84	2.22	0.32
柑橘褐斑病	9.86	18.41	7.34	0.90
香蕉叶斑病	6.65	12.45	18.53	4.17

•玉米病虫

偏重发生。主要病虫有：草地贪夜蛾、玉米螟和玉米大、小斑病，蚜虫、锈病、纹枯病等也有不同程度发生。发生面积44.09万公顷次，实际损失2.77万吨。

草地贪夜蛾　偏重、局部重发生。2020年是草地贪夜蛾侵入广东省的第二年，经调查分析，该虫冬季在冬种玉米地区发生，在3—5月扩散至全省。调查发现其为害的作物有玉米、甘蔗、花生、水稻和香蕉等（水稻为新增的寄主作物），全年累计发生面积7.60万公顷，其中玉米发生面积7.56万公顷。田间，全年玉米被害株率平均为8.38%，百株幼虫数平均为6.14头，以春玉米和秋玉米发生最重。

玉米螟　中等、局部偏重发生。受玉米地前期防治草地贪夜蛾用药多和与草地贪夜蛾竞争处于劣势等因素影响，玉米螟发生较往年轻，田间虫量明显低于常年。发生高峰期百株虫量一般为3～6头，多的为11头，为害株率一般为4%～8%。

玉米大、小斑病　偏重发生。大、小斑病尤其是大斑病在5—6月扩散快，田间发生较重。小斑病病叶率一般为8.9%～23.5%，大斑病病叶率一般为1.1%～11.3%。

•其他作物病虫害

马铃薯病虫　中等发生。主要发生的病虫有：蚜虫、蛴螬、早疫病、晚疫病、疮痂病、黑胫病等，蚜虫和晚疫病等发生较突出。发生面积4.54万公顷次，实际损失0.78万吨。

花生病虫　中等、局部偏重发生。主要发生病虫有：蓟马、蚜虫、斜纹夜蛾、叶螨、叶斑病、锈病、病毒病、炭疽病、青枯病等。发生面积72.62万公顷次，实际损失2.88万吨。

•蝗虫

中等发生，发生面积1.27万公顷次，主要发生的蝗虫种类有：越北腹露蝗、异岐蔗蝗、东亚飞蝗、稻蝗和黄脊竹蝗等。其中，越北腹露蝗在清远、韶关等地桑地上局部偏重发生，发生期接近常年，卵孵化高峰期为4月上旬后期至4月中旬前期，蝗蝻聚集高峰期为4月中旬至5月初。

3. 农田草害

偏重发生。发生面积306.18万公顷次，实际损失12.35万吨。杂草种类多，主要有：稗草、牛筋草、看麦娘、莎草、马唐、千金子、牛繁缕、凹头苋、眼子菜、鸭舌草、马齿苋等，在水稻田、蔬菜地、果园、花生地和茶园等发生较重。

4. 农区鼠害

中等、局部偏重发生，较上年轻。发生面积163.46万公顷次，实际损失粮食12.45万吨。主要鼠种有：黄毛鼠、小家鼠、板齿鼠、黑线姬鼠、大足鼠、黄胸鼠、褐家鼠、臭鼩、鼩鼱等，其中黄毛鼠为最大优势种群，监测点平均捕获率一般为1%～7%，高的为15%，全年捕获率平均为3.60%，低于去年的4.33%。

5. 农田螺害

中等发生。发生面积53.61万公顷次，实际损失粮食1.48万吨。螺害以福寿螺为主，发生面积49.90万公顷次，实际损失粮食1.29万吨。

畜禽疫病灾害

【灾害概况】

1. 猪

引起猪只死亡的主要疫病是非洲猪瘟、猪口蹄疫、猪流行性腹泻、猪瘟、猪伪狂犬病，其次是猪肺疫、猪链球菌、猪支原体肺炎、猪副嗜血杆菌病、细小病毒病等。猪丹毒在临床中时有发现。

2. 禽

引起鸡死亡的主要疫病是高致病性禽流感、鸡新城疫、传染性法氏囊、禽霍乱、鸡白痢、鸡马立克氏病、传染性支气管炎、传染性喉气管炎等。导致鸭死亡的主要疫病是高致病性禽流感、鸭瘟、鸭传染性浆膜炎、鸭病毒性肝炎。导致鹅死亡的主要疫病是高致病性禽流感、小鹅瘟、雏鹅痛风和鹅患鸭瘟。禽沙门氏菌、大肠杆菌病、禽霍乱等细菌性疾病对禽类也造成一定危害。

3. 牛

耕牛死亡原因以巴氏杆菌病、产气荚膜杆菌病为主，农药和毒鼠药中毒导致耕牛死亡也时有发生。结核病、布鲁氏菌病和乳房炎是造成奶牛被淘汰和经济损失的主要原因。新出现的牛结节性皮肤病对肉牛、奶牛均可造成较大危害。

【畜禽疫病新动态】

1. 高致病性禽流感

禽流感疫情在全球尤其是在欧洲和亚洲多国持续蔓延，形势严峻。禽流感疫情随着野鸟迁徙持续扩散，在全球性的疫情威胁以及国内病毒变异的双重影响下，广东省 H5 亚型禽流感发生风险较大，H7 亚型禽流感发生风险依然存在。中国野鸟中检出全球正在爆发流行的 H5N8 亚型禽流感病毒，说明 H5N8 亚型禽流感已传入中国，在中国和广东省流行的可能性也较大。

2. 口蹄疫

2020 年，广东省报告发生猪口蹄疫疫情 1 起，全国发生 5 起，以家畜移动发生疫情为主。目前，中国口蹄疫防控的压力较大，多毒株流行，疫苗保护效力逐渐下降，且境外毒株传入的风险很大。冬春季节广东省口蹄疫疫情发生的风险较大，风险点主要在免疫薄弱环节，如屠宰场、活畜异地调运环节和免疫不到位的养殖场。

3. 高致病性猪蓝耳病

广东省临床上猪繁殖与呼吸综合征仍然是多毒株流行，且欧洲型毒株和经典变异株有扩大趋势。猪繁殖与呼吸综合征病毒重组毒株和高致病性猪蓝耳病减毒活疫苗株会进一步加剧病毒的演化，在一些继续使用减毒活疫苗的规模化猪场，不排除出现返强毒株或新的流行毒株的可能。

4. 猪瘟

猪瘟抗体合格率为 89.98%。监测结果表明，抗体合格率较高，建立了较好的免疫屏障，处于较好的控制状态，猪群发生猪瘟流行的风险不大，但仍存在零星散发的可能。

5. 布鲁氏菌病

广东省属人间布鲁氏菌病病例散发区，动物布鲁氏菌病以隐性感染为主，很少出现临床发病病例。发生的主要风险点依然是布鲁氏菌病高风险地区输入的牛羊。在牛羊肉消费旺季，外省输入的牛羊明显增多时，发生动物布鲁氏菌病输入性疫情的可能性较大。

6. 非洲猪瘟

非洲猪瘟病毒已在中国定植，污染面较大，疫情点状发生的态势将在较长时期内存在。非洲猪瘟防控形势越来越复杂，疫情发生和传播的风险较大。如防控措施落实不到位，不排除出现区域流行的情况，主要风险在雨水较多的春季，雨水助长环境中非洲猪瘟病毒的传播，引起疫情发生的可能性很大。

7. 牛结节性皮肤病

2019 年 8 月，中国首次在新疆伊犁州的察布查尔县、霍城县、伊宁市等地发生牛结节性皮肤病疫情，其后通过牛只运输传播到多个省份。该病不传染人，不是人畜共患病。2020 年，潮州市饶平县排查出 1 起疫情，按有关规定进行处置后疫情得到有效控制。广东省发生输入性牛结节皮肤病的风险仍然较大。

林业灾害

【森林火灾】

2020 年，广东省共发生森林火灾 114 起（其中一般火灾 79 起、较大火灾 35 起），火场总面积为 1002.49 公顷，其中受害森林面积为 591.26 公顷。与上年同期相比，火灾起数下降 9.5%、火场总面积下降 51.1%、受害森林面积下降 47.1%。特别是清明节期间，实现“零火情”的历史最好成绩，确保全国两会、五一假期和国庆、中秋节期间森林防灭火形势安全平稳。

【林业生物灾害】

1. 灾害概况

2020 年，全省主要林业有害生物总体轻度发生，发生面积 51.52 万公顷，与上年同比上升 50.13%。其中，轻度发生面积 47.46 万公顷，中度发生面积 3.36 万公顷，重度发生面积 0.69 万公顷；全省实施防治作业面积 53.22 万公顷次，成灾面积 2.19 万公顷，成灾率为 2.32‰。主要危害种类有松材线虫病、薇甘菊、松褐天牛、红火蚁、松突圆蚧、湿地松粉蚧、油桐尺蛾、马尾松毛虫、黄脊竹蝗等 50 多种。具体表现如下：一是检疫性林业有害生物扩散危害加重，松材线虫病在粤北传统松树种植区暴发蔓延，发生面积和致死松树成倍增加；薇甘菊在粤东西沿海桉树种植区、新造林区攀援覆盖，桉树折倒，新造林不成林；红火蚁点状快速蔓延。二是松突圆蚧、湿地松粉蚧、椰心叶甲等外来有害生物危害逐步减轻，基本不成为灾害。三是马尾松毛虫、竹蝗、黄野螟等经济林有害生物未出现重大灾害。四是尺蛾、梢枯病等桉树病虫害在局部区域成灾。五是广州小斑螟、木麻黄青枯病等在沿海出现零星灾害。六是朱红毛斑蛾、绿翅绢野螟、樟巢螟等危害绿化景观的害虫呈上升态势，导致交通沿线部分行道树叶片几乎被吃光。

2. 主要有害生物

• 松材线虫病

总体重度发生。全省共 19 个地级以上市、75 个县（市、区）、615 个乡镇发生，发生面积 29.56 万公顷，病死树 83.41 万株。比上年同期增加 2 个市、16 个县（市、区）、389 个乡镇，发生面积增加 17.02 万公顷，病死树增加 40.32 万株。受暖冬和夏季少雨高温影响，发生范围扩大，危害程度增加，发生面积超万亩的县有 54 个，其中河源、梅州 2 市发生面积达 100 多万亩。全年全省实施防治作业面积 29.68 万公顷次，清理病死松树 64 万多株，飞防面积 3.77 万公顷，同时，严格疫木监管，加强防治质量核查，阻截疫情传播，减轻灾害损失。

• 薇甘菊

总体中度发生。除韶关市外，全省共 20 个地级以上市、117 个县（市、区）有分布，发生面积 5.51 万公顷，与上年同比增加 1.35 万公顷。其中，粤西中部地区发生比较严重，特别是在湛江、茂名、阳江、江门、汕尾等市部分地区发生严重。薇甘菊主要在弃耕农田、果园、高速沿线、征用待建设区、村庄四旁、沟渠湿地周边等区域孳生，呈现出点多、面广的特点。薇甘菊对人为干扰较多的新造林、桉树林生产影响较大，对封育生态林和耕种管护良好的农田影响较小。

• 松突圆蚧

总体轻度发生。全省均有分布，发生面积 4.32 万公顷，比上年同期下降 27.73%，其中发生面积万亩以上的县有 11 个。本地寄生蜂天敌种群稳定，有效抑制松突圆蚧，发生区林间虫口密度低，基本不成灾害。

• 湿地松粉蚧

总体轻度发生。全省除汕头、梅州、潮州三市外，其余地区均有分布，发生面积 1.27 万公顷，比上年同期下降 34.87%。主要在粤西的江门鹤山市，茂名市电白区，肇庆市高要区、四会市、怀集县，阳江市阳东区、阳西县，云浮市云城区、云安县、新兴县等湿地松种植区发生，发生区虫口密度低，不影响松树生长。

• 其他外来有害生物

红火蚁全省均有分布，林地主要在林业苗圃、森林公园、林缘周边、草坪等区域发生，发生面积 260 公顷。主要危害是叮咬人畜，对植物影响较少，未发生伤人致死事件。红棕象甲仅在湛江市徐闻县和中山市局部加那利海枣种植园中有危害；肇庆市广宁县发现有企业个人养殖食用红棕象甲，当地政府重拳出击，立即采取行动，清理取缔，防范化解生物灾害风险。

• 马尾松毛虫

全省松林均有分布，发生面积 1.35 万公顷，与上年持平。主要发生在江门的台山市、恩平市，肇庆市的德庆县，梅州市的五华县，河源市的连平县、新丰江库区，阳江市的阳东区、阳西县，云浮市的云安区等，发生面积均达万亩，通过抓监测预报和采取生物、仿生物防治措施，全省未出现大面积成灾。

• 竹林害虫

黄脊竹蝗发生面积 4500 公顷，与上年持平，单位面积跳蝻数量明显减少，主要发生在肇庆市广宁县，韶关市仁化县、始兴县、南雄市、乐昌市和曲江区，清远市清新区，梅州市丰顺县、平远县。竹笋禾夜蛾发生面积 1873 公顷，主要危害茶杆竹，轻度发生，与上年持平，主要分布在肇庆市怀集县和广宁县。环斜纹枯叶蛾发生面积 413 公顷，主要危害青皮竹，危害较轻，局部地区虫口密度可能较大，主要发生在韶关的南雄市、仁化县。

• 松褐天牛

全省松林区普遍有分布，发生面积 7.46 万公顷，单独发生影响小。主要是在松材线虫病发生区，传播疫病，造成松树枯死。危害严重的地区主要有：珠海市斗门区，肇庆市封开县、怀集县，惠州市惠城区、博罗县、惠东县、龙门县，河源市源城区、连平县、东源县、紫金县、和平县，梅州市五华县、兴宁市、平远县，清远市阳山县、英德市。

• 松树其他病虫害

萧氏松茎象轻度发生，发生面积 393 公顷，发生面积下降，主要发生在韶关市始兴县、乐昌市。松茸毒蛾发生面积 593 公顷，主要发生在阳江市阳东区、阳西县，阳春市和茂名化州市。

• **桉树病虫害**

油桐尺蛾发生面积2万公顷，比上年同期下降1.61%。主要发生在韶关市翁源县、新丰县，江门鹤山市、恩平市，茂名高州市、信宜市，肇庆市怀集县、高要市、封开县、德庆县，河源市东源县、连平县、紫金县，清远市清新区，云浮市云城区，未发现大面积成灾。桉扁蛾发生面积273公顷，主要发生在茂名高州市、化州市。桉树枝瘿姬小蜂发生面积146公顷，主要发生在湛江市麻章区、遂溪县和徐闻县。桉树紫斑病、褐斑病和青枯病等桉树病害发生面积282公顷，比上年同期增加29.36%，主要发生在韶关市新丰县，江门台山市、恩平市、开平市，肇庆市广宁县、怀集县、德庆县，惠州市惠东县，阳江市阳东区、阳春市。

• **其他有害生物**

黄野螟发生面积653公顷，在茂名市电白区、信宜市、化州市，中山市的土沉香和莞香种植区，虫口密度大造成叶片被虫全部吃光。广州小斑螟发生面积180公顷，主要发生在湛江市麻章区、廉江市，茂名市电白区，阳江市高新区、阳西县白骨壤种植区，零星危害。肉桂枝枯病发生面积100公顷，云浮罗定市轻度发生。肉桂双瓣卷蛾发生面积640公顷，云浮罗定市局部危害。油茶尺蛾发生面积193公顷，主要发生在中山市和云浮罗定市。油茶褐斑病发生面积40公顷，主要发生在云浮罗定市。朱红毛斑蛾在深圳市、东莞市和茂名电白区等，吃光行道树小叶榕叶子，呈火烧状，毒毛造成皮肤过敏。绿翅绢野螟危害城市绿化的盆架子，虫口密度高，造成叶片卷曲，大量枯萎。

2020年广东省主要林业有害生物危害程度及发生情况如表16所示。

表16 2020年广东省主要林业有害生物危害程度及发生情况

类别	危害程度评估[①]	发生面积（公顷）	主要寄主树种	发生及危害情况
松材线虫病	+ + + + +	295600	马尾松、黑松	大部分区域有分布，发生范围和危害程度较往年大幅度增加，河源、梅州、韶关、清远4市灾害严重，惠州、肇庆等市呈爆发趋势
薇甘菊	+ + + + +	55100	植物	大部分区域有分布，弃耕农田、果园、高速沿线、征用待建设区、村庄四旁、沟渠湿地周边灾害明显
红火蚁	+ + + + +	260	植物、人畜	普遍发生，林业主要在苗圃、森林公园、自然保护区等，叮咬人畜，影响林业生产
松突圆蚧	+ + + +	43200	马尾松	普遍发生，阳江、茂名、肇庆、云浮等市有灾害
湿地松粉蚧	+ + + +	12700	湿地松	普遍发生，灾害较轻
马尾松毛虫	+ + + +	13500	松属	普遍发生，韶关、河源、梅州、阳江、肇庆、云浮6市局部区域有零星灾害
松褐天牛	+ + + +	74600	马尾松	普遍发生，广州、汕头、韶关、河源、惠州、肇庆、云浮7市局部区域灾害较重

（续上表）

类别	危害程度评估[①]	发生面积（公顷）	主要寄主树种	发生及危害情况
黄脊竹蝗	＋＋＋＋	4500	竹类	竹产区普遍发生，梅州市和肇庆市局部区域有零星灾害
广州小斑螟	＋＋＋＋	180	白骨壤等红树林	主要在阳江市、湛江市零星有灾害
萧氏松茎象	＋＋＋＋	393	湿地松	局部发生，韶关市发生较重
竹笋夜蛾	＋＋＋＋	1873	竹类	主要在肇庆市的怀集县和广宁县局部发生
椰心叶甲	＋＋＋＋	161	棕榈科	局部发生，珠海市和湛江市局部区域灾害较重
木麻黄青枯病	＋＋＋＋	368	木麻黄	主要在湛江市和阳江市局部区域灾害较重
桉树青枯病	＋＋＋＋	1516	桉属	惠州、江门、阳江、湛江 4 市局部区域发生
金钟藤	＋＋＋＋	305	乔木	主要在广州市天河区、白云区和阳江阳春市局部发生
桉蝙蛾	＋＋＋＋	273	桉属	主要在茂名化州市局部发生
云斑天牛	＋＋＋＋	0	桉属	主要在肇庆市怀集县局部发生
肉桂双瓣卷蛾	＋＋＋＋	640	肉桂	主要在云浮罗定市局部发生
肉桂枝枯病	＋＋＋＋	100	肉桂	主要在云浮罗定市局部发生
桉树焦枯病	＋＋＋＋	1134	桉属	桉树种植区普遍发生，韶关、河源、惠州、阳江、云浮等市局部发生
松茸毒蛾	＋＋＋＋	593	松树	主要在阳江市阳西县、阳东区局部发生
桉树枝瘿姬小蜂	＋＋＋＋	146	桉属	局部发生，阳江市、湛江市局部区域有零星发生
刺桐姬小蜂	＋＋＋＋	7	刺桐属	局部发生，湛江市局部区域灾害较重
乌桕黄毒蛾	＋＋＋＋	651	红椎	主要在韶关市新丰县局部发生
黄野螟	＋＋＋＋	653	沉香	主要在茂名市电白区局部发生
油茶尺蛾	＋＋＋＋	193	杂食	主要在中山市和云浮罗定市发生
桉树叶斑病	＋＋＋	0	桉属	主要在肇庆市怀集县局部发生
杉叶小卷蛾	＋＋＋	0	杉木	主要在云浮罗定市发生
桉树紫斑病	＋＋＋＋	50	桉属	主要在云浮罗定市发生
阔叶树花叶病	＋＋＋	0	阔叶树	主要在广州市局部发生
阔叶树藻斑病	＋＋＋	0	阔叶树	主要在广州市局部发生
油茶褐斑病	＋＋＋	37	油茶	主要在云浮罗定市发生

（续上表）

类别	危害程度评估[①]	发生面积（公顷）	主要寄主树种	发生及危害情况
桉树梢枯病	+ + +	122	桉属	主要在河源市紫金县发生
多纹豹蠹蛾	+ + +	13	桉属	主要在湛江雷州市零星发生
星天牛	+ + +	7	木麻黄	主要在湛江雷州市零星发生
小小蠹	+ + +	3	桉属	主要在韶关市新丰县零星发生，造成桉树枯死
合计		508878		

注：①“危害程度评估”一列中，+ + +表示“为害中等，需防治”；+ + + +表示“为害严重，需紧急防治”；+ + + + +表示“为害极为严重，需紧急防治”。

城乡火灾

【火灾概况】

2020 年，全省消防工作稳中求进，火灾形势保持持续稳定。全省共发生火灾 5. 46 万起，其中，死亡 117 人（含放火案件死亡 27 人），受伤 109 人，造成直接财产损失 5. 60 亿元。发生较大火灾 8 起（其中 1 起定性为放火案件，2 起为安全生产事故），造成 29 人死亡。连续六年未发生重大以上火灾事故。

【火灾特点】

1. 从地区风险看

广州、深圳、东莞、湛江、惠州、佛山 6 市火灾起数排全省前 6 位，云浮市连续 3 年未发生亡人火灾，珠海、茂名 2 市年内未发生亡人火灾。东莞、深圳、广州、佛山、揭阳、湛江 6 市火灾亡人数排全省前 6 位，东莞、深圳、广州、佛山 4 市共发生 35 起亡人火灾事故，死亡 50 人，占亡人总数的 43. 4%，是广东省亡人火灾高风险区域。其中，东莞市火灾死亡 16 人，深圳市火灾死亡 13 人，广州市火灾死亡 11 人，佛山市火灾死亡 10 人。8 起较大亡人火灾分别发生在广州、深圳、汕头、佛山、湛江、东莞、中山、潮州 8 市。

2. 从区域风险看

集镇和农村地区发生火灾起数和亡人数最多，其中火灾起数占总数的 54. 6%，共发生 52 起亡人火灾，造成 77 人死亡，亡人火灾数和死亡人数分别占总数的 64. 2% 和 65. 8%。城市发生火灾 13282 起，占总数的 24. 3%。县城地区发生火灾 6953 起，占总数的 12. 7%。8 起较大火灾中，发生在集镇 6 起、城市 1 起、县城 1 起。

3. 从场所风险看

发生在住宅、宿舍等居住类场所火灾最多，共接报 19325 起，占全部火灾总数的 35. 3%，占建筑物火灾总数的 68. 3%，发生亡人火灾 57 起（其中 48 起亡人火灾、5 起较大亡人火灾发生在村民自建房），造成 81 人死亡，亡人火灾起数和死亡人数分别占总数的 70. 4% 和 69. 2%。老旧居民住宅、村民自建房的火灾风险一直处于高位，建筑结构陈旧、耐火等级低、杂居人员安全意识淡薄是该类场所火灾多发的主要原因。工厂、仓库等工业企业场所共发生火灾 3166 起，占 5. 7%，发生亡人火灾 8 起，造成 11 人死亡，亡人火灾起数和死亡人数分别占总数的 9. 9% 和 9. 4%；工厂、仓库火灾造成的火灾起数仅占火灾总数的 6. 5%，但损失占火灾全部损失的五成。有影响火灾时有发生：惠州博罗“8·8”药厂仓库火灾、深圳龙岗“11·1”厂房火灾、佛山顺德“11·17”海绵厂火灾，过火面积均超过800平方米。随着经济转型和各地村级工业园的快速发展，广州和肇庆的物流仓库火灾、东莞等地的分租式厂房仓库火灾、佛山和揭阳等地的工业园火灾风险较高。商业场所（含商业、餐饮、“三合一”“多合一”等场所）发生亡人火灾5起，死亡9人，亡人火灾起数和死亡人数分别占总数的6.2%和7.7%。

4. 从行为风险看

已完成调查的54693起火灾中：因电气原因起火最多，有15836起，占29.0%；因用火不慎起火12317起，占22.5%；因自燃起火6795起，占12.4%；因遗留火种起火5227起，占9.5%；因吸烟起火2554起，占4.7%。8起较大火灾中，5起为电气原因起火，2起为生产作业（分别为电焊、静电）原因起火，1起为放火火灾。疏散楼梯、消防车通道不畅和违规住人、电动自行车违规停放或充电、群众紧急避险意识不强是导致“小火亡人”的主要原因。

5. 从时间风险看

从火灾季节特点看，1月火灾起数最多，占总数的13.9%；12月亡人数最多，占总数的16.2%；第三季度火灾起数和死亡人数占比均最低，分别占21.6%和17.1%；第四季度火灾起数和死亡人数占比最高，分别占总数的27.6%和40.1%。从火灾发生时段看，超三成火灾发生在14时至20时，但该时段火灾亡人最少，仅占14.5%；0时至6时火灾是亡人火灾高发时段，死亡人数占总数的59.8%，8起较大火灾中，有5起发生在该时段。

【较大火灾】

2月1日，广州市海珠区石溪石岗路候王庙街39号9楼901房发生火灾，造成3人死亡。经公安刑侦部门调查，为放火案件，移送公安机关处理。

2月23日，深圳市宝安区航城街道三围社区雅居苑统建楼东侧一楼临街商铺青藏手工酸奶店发生火灾。火灾造成4人死亡，过火面积40平方米，直接财产损失117.83万元。火灾原因系酸奶店阁楼东北角电气线路短路。

3月16日，汕头市潮南区仙城镇柏翘大道95号一栋两层砖混结构住宅发生火灾。火灾造成4人死亡，过火面积约30平方米，直接财产损失0.5万元。火灾原因系首层前厅吊顶处的电气线路短路引燃下方可燃物。

6月4日，佛山市顺德区伦教街道常教社区承恩里六巷3号居民自建住宅楼发生火灾。火灾造成3人死亡，过火面积约22平方米，直接财产损失12.98万元。火灾原因系二楼客厅木质天花吊顶内部电气线路故障引燃可燃物。

7月2日，湛江市遂溪县遂城镇友谊新村二横路113号居民自建楼房发生火灾。火灾造成5人死亡，过火面积240平方米，直接财产损失49.98万元。火灾原因系一楼夹层客厅东墙插座电气线路短路引燃下方沙发等可燃物。

9月25日，位于东莞市松山湖高新技术产业开发区阿里山路的华为技术有限公司一在建工地（G2厂房建筑）发生较大安全生产事故，造成3人死亡，过火面积约4100平方米，直接财产损失3945.42万元。事故原因系工人违章电焊。

11月13日，中山市小榄镇绩西庆丰一路31号一违章搭建小作坊发生较大安全生产事故，造成 3 人死亡，过火面积约 130 平方米，直接财产损失 10 万元。事故原因系工人违章操作，静电引起爆燃事故。

12 月 16 日，潮州市潮安区庵埠镇一民宅发生严重火灾。火灾造成 4 人死亡、1 人受伤，过火面积约 80 平方米，直接财产损失 10.7 万元。火灾原因系住宅第二层客厅东南角电气线路短路引燃周边可燃物。

省直部分单位
防灾减灾工作

广东省应急管理厅

【防汛防旱防风措施】

2020 年，全省应急管理部门始终坚持以人为本，认真贯彻落实国家防总、应急管理部和省委、省政府工作部署，不断完善防汛防旱防风指挥体系，压实工作责任，扎实做好各项防御措施，全力开展抢险救援，三防工作取得阶段性成效。省防总先后共启动Ⅳ级应急响应 7 次、Ⅲ级 2 次、Ⅱ级 1 次，成功防御 23 场强降雨和 4 个台风等灾害影响。全年未发生群死群伤事件，因灾死亡人数同比上年下降 73.44%，特别是防台风工作实现“零伤亡”，有力保障了人民群众生命财产安全，把灾害损失降至最低程度。

1. 抓统筹聚合力，在构建三防指挥体系上见成效

一是树立“统”的权威。不断深化“统”的认识，加大“统”的力度，省三防办、省应急管理厅充分发挥综合优势、信息化优势和常设常备的队伍优势，主动牵头、主动协调、主动监管、主动抓总，确保 46 个省防总成员单位和各地有力有序有效开展三防工作。

二是规范“统”的机制。严格执行《广东省防汛防旱防风条例》《广东省防汛防旱防风总指挥部工作规则》《省防总成员单位职责规定》，落实应急处置“四个一”、应急指挥“四合一”、值班值守“五个一”机制；应急响应期间，成员单位落实联合值守和厅内工作组制度，强化应急响应和灾害预警归口发布，横向协同、纵向指挥体系扎实推进。

三是提升“统”的能力。牢固树立“没有信息化就没有应急管理现代化”的理念，积极推进应急指挥平台建设。构建贯穿全省 21 个市、146 个县（市、区）、1675 个镇街的指挥系统，在省应急指挥中心统一整合接入 24 个成员单位共 57 个相关业务系统以及 16486 路视频信号，形成监测预警一张图、指挥协同一体化、应急联动一键通。

2. 抓责任强落实，在责任网上见成效

一是省领导带头履责。省委、省政府高度重视三防工作，主要领导多次对三防工作做出批示（指示）。中共中央政治局委员、省委书记李希多次主持召开省委常委会会议，专题研究三防工作，省长马兴瑞亲自担任全省防汛抗旱行政责任人，常务副省长林克庆担任省防总总指挥，张硕辅、叶贞琴、张虎等省领导率先垂范，带头履行三防责任。

二是全面落实三防责任人。重新梳理党政机关、部门、企业、学校、村（居）等三防责任人，加强基层责任人网络化管理，开展责任人履职培训。同时，针对城市每个内涝点均建立健全行政首长负责制，逐一落实区（县）、街道（镇）行政责任人，并向社会公布。全省落实三防责任人共 101 万人，并通过“应急一键通”“责任人管理系统”等实现数字化管理，确保责任无盲区。

三是强化基层临灾转移责任。进一步完善“县领导联系镇、镇领导联系村、村干部联系户”责任对接制度，细化对接任务与时机，明确落实橙色预警责任人与群众对接、红色预警立即上

门视情转移群众等工作。针对独居老人、留守儿童和伤残人士等特殊群体，制定临灾转移“四个一”工作机制，要求“每户一对接、每村一台账、每镇一张网、每灾一行动”，确保特殊群体安全转移。年内，全省共提前转移危险区域群众约 80 万人。其中，清远市清城区源潭镇迎咀村临灾前 4 小时及时转移 57 人，韶关市曲江区乌石镇流坑村提前转移 42 人，广州市花都区梯面镇西坑村提前转移 84 人，成功防御山洪地质灾害，避免人员伤亡。

3. 抓创新解难题，在适应新形势提升实战水平上见成效

一是创新短临预警、精细化预报和夜间重点提醒三项机制，解决“防得准不准”的问题。会同气象、水文部门，逐时将未来 1 小时雨量超过 50 毫米的预警信息（预报到镇）靶向发布到受强降雨影响的乡镇、村。“龙舟水”期间，共发布 125 期《短时临近强降雨天气预告》，成功避免多起群死群伤事件发生。同时，对受影响县（市、区）降水过程的起始时间、过程雨量、强降水时段及最大雨强等进行精细化滚动预报。在夜间加密发布强降雨可能发生的重点区域，提醒基层做好夜间至凌晨的风险防范。

二是创新应急通信和科技支撑保障，解决“连得通不通”的问题。充分发挥无人机 VR 和 AR 技术、卫星通信、自组网技术、窄带通信、一键通等信息化手段，实现省、市、县、镇、村五级即时连接零距离、场景即时传播零时差、指令即时下达零延误，为抗洪抢险救灾赢得黄金时间。攻克了视频多媒体指挥调度、LTE 宽带远距离音视频传输等多项通信技术难题，实现灾区道路、电力、公网中断条件下的通信畅通。

三是创新“五立足、五结合”实战推演模式，解决“贴得紧不紧”的问题。推动“演为看”向“练为战”转变，着眼实战目标，构建实战环境，按照实战要求，研究实战打法，解决实战问题。先后组织开展基层防汛工作实战推演、“龙舟水”防范应对复盘演练等针对性演练。立足全灾种、全链条，做到平时预防与战时抗救相结合；立足规范应对，做到情景复盘与流程再造相结合；立足上下联动，做到上级指挥协调与基层落细落实相结合；立足问题导向，做到固化长效机制与解决突出问题相结合；立足以练促建，做到演练培训与能力建设相结合，切实提升各级防汛抢险救灾能力。

4. 抓基层打基础，在提升镇村防灾减灾救灾能力上见成效

一是出台《关于加强全省乡镇街道应急管理能力建设的意见》。在乡镇机构改革关键时刻，及时提供政策指引，推动构建每个乡镇街道“有一个负责应急管理工作的机构、有一支负责应急救援的队伍、有一个启动应急响应的平台、有一个储备应急物资的仓库”的“四个一”基层应急管理体系。

二是推进乡镇应急管理（三防）规范化建设。从指挥机构、责任体系、预案制度、物资储备、队伍建设、工作场所和信息化保障七个方面，按照统一标准建设，确保镇镇均有应急指挥中心、落实 24 小时值班和领导带班制度、配备应急指挥会商系统，确保预警信息直通基层、决策指令直达末梢、督促指导直插一线。全省 1675 个乡镇（街道）均已全部完成建设任务。

三是推进行政村防灾减灾“十有”标准建设。落实村村有组织体系、有大喇叭、有警报器、有避难场所、有风险地图、有明白卡、有应急值守、有应急照明、有小册子、有宣传栏十项防灾减灾措施。同时，成功创建 470 个综合示范社区，不断提升基层防灾减灾救灾能力。

四是推进村村有气象观测站建设。开展 15852 个村级自动气象站和水文（雨量）站站网建设，织密全省气象观测站网，实现广东村村有气象观测的目标，不断提升小尺度预报精准度。

5. 抓预防快处置，在灾害应对上见成效

一是及时排查隐患。始终把隐患排查贯穿于防汛防旱防风全过程。严密组织汛前检查，对全省11.36万处削坡建房、危房、泥砖房、山洪地质隐患、内涝黑点、水利工程、交通沿线地质灾害隐患等重点环节逐项排查登记，并落实整改措施。对9682处重点防护对象、40272艘渔船、44815艘“三无”船舶全部登记造册，实行台账管理。严格落实临灾排险“八个再查一遍”，每次临灾前组织对海上风险、防风隐患、水利工程、在建工程、山洪地质灾害隐患点、中小河流、城市易涝黑点、旅游景区八个重点环节进行再检查、再落实。

二是精准调度科学防御。在台风和强降雨期间，坚持“预判重大雨情水情到哪里，调度指挥就到哪里，工作检查就跟进到哪里”，精准指导督促基层落实防御措施。印发《强降雨和台风防御工作指引》《地质灾害群测群防体系建设工作指引》《农村削坡建房地质灾害风险管控工作指引》，细化防台风“五个百分之百”关键措施，制定“防汛四张表”，指导基层有序开展防御工作。

三是预置力量快速抢险。统筹消防救援国家队、专业抢险地方队伍、社会应急力量三支队伍，科学研判风险，提前向重点区域预置队伍和装备，抢抓抢险救援主动权。全年全省共应对险情1580起，出动抢险救援人员76540人次、救援艇3342艘次，投入机械设备9933台套、土石方量65.75万立方米、编织袋47.05万条，消耗物资总价值6629.52万元；减少受灾人口102.19万人，减少受淹耕地2.78万公顷，抢险救援成效显著。

四是未雨绸缪防旱抗旱。做到早研判、早部署、早准备、早落实。在后汛期，一手抓防汛防风，一手抓防旱抗旱。省三防办、省应急管理厅与省水利厅、省农业农村厅、省气象局、省水文局等部门建立防旱抗旱联动机制，实行旱情动态研判、每旬报告机制。根据实际情况对水库实行汛限水位动态管控，抓住台风降雨等有利时机，在保证安全的前提下，科学蓄水保水。针对揭阳、梅州、潮州三市部分地区供水紧张问题，采取延伸管网、另辟水源、限时供水、水车送水等措施，积极主动应对解决群众因旱饮水受影响问题，加强城市供水基础设施建设，提升供水保障能力。积极开展人工增雨作业，共实施飞机作业13架次、地面火箭作业247次，发射增雨火箭弹共1005枚。在自然降水与人工增雨共同作用下，共增加降水4.12亿立方米。

五是跨省支援抗洪抢险。7月起，长江、淮河流域发生严重洪涝灾害。广东迅速启动全国“一盘棋”应急响应机制，紧急抽调省三防物资储备中心和广州、深圳、珠海、佛山市的抗洪抢险队员91人、11台抢险排水车、11台保障车，组成广东省支援江西抗洪抢险队，赶赴江西省九江市永修县三角联圩开展抗洪抢险工作，连续奋战40多个昼夜，抽排涝水合计1452.6万立方米。

【减灾救灾】

1. 切实做好灾害救助准备

一是提前部署。2月下发《关于做好2020年自然灾害救助工作的通知》，指导各地做好自然灾害救助准备。二是科学开展救灾物资前置。根据2020年广东省自然灾害年景会商研判，综合考虑地理位置、往年灾情特点以及当地防灾减灾救灾能力等因素，分别于前汛期和后汛期前开展省级救灾物资前置工作，共向40个多灾易灾县（市、区）前置救灾帐篷、折叠床、衣被等救灾物资（价值1143万元）。三是科学编制省级救灾物资购置计划。4月，会同省粮食和物资储备

局编制省级救灾物资年度购置计划，新增睡袋、移动厕所、手摇应急灯、救灾应急包、雨衣等救灾物资，采用实物储备与协议储备相结合的储备方式，有效提高省级救灾物资应急保障能力。

2. 及时有效开展灾害应急救助

一是及时启动救灾应急响应。针对6月“龙舟水”灾害，加强灾情趋势研判，及时启动省Ⅳ级救灾应急响应，组织开展救助工作，最大限度保障受灾群众基本生活。二是及时下拨救灾款物。6月，会同省粮食和物资储备局向肇庆市紧急调拨帐篷200顶、毛巾被2000张、夏装2000套、折叠床500床等救灾物资一批；向清远市紧急调拨矿泉水约1万支、八宝粥2400罐等生活必需品。会同省财政厅下拨1600万元省级救灾资金，用于受灾群众生活救助及恢复重建，确保受灾群众有饭吃、有衣穿、有干净水喝、有地方住、有病得到及时医治。三是指导开展恢复重建。及时下发通知，部署开展全省因灾倒损住房恢复重建；派出3个工作组到惠州、韶关、河源、梅州、清远等受灾地市检查指导开展恢复重建。下拨省级恢复重建补助资金455万元，用于帮助受灾地市开展因灾倒损住房恢复重建。至12月25日，全省198户因灾“全倒户”和152户因灾“严损户”房屋重建工作全部完成。四是部署开展冬春救助工作。12月7日，会同省财政厅下拨1000万元冬春救助资金；至2021年1月26日，全省（需救助人员13653名）冬春救助资金已全部及时拨付到位。

3. 强化应急物资保障

一是强化部门协同。与省粮食和物资储备局建立省级救灾物资应急保障联动机制，与省水利厅健全完善省级三防物资调用流程，确保省级应急物资调用调运高效。二是强化央地合作。与国家粮储局广东局建立应急物资保障联系机制，建立信息共享、沟通交流、应急联系等工作机制，积极争取中央支持，共同推进应急物资保障体系建设。三是强化社会联动。与省红十字会建立防灾减灾救灾联动工作机制，在加强信息共享、强化应急联动、提升应急能力、加强区域合作、强化保障措施等方面开展深度务实合作，建立数据共享共用、信息通报、统一指挥调度、资源协同保障、救灾捐赠协调等工作机制，不断提升全省防灾减灾救灾能力和水平。四是引入社会机制。发挥现代物流和仓储体系优势参与应急物资保障，先后与顺丰集团、京东集团建立应急物资保障战略合作机制，加强应急物流保障、应急物资筹措、应急物资仓储、智慧物流运用等方面的合作，推进应急物资科学储备、有序调度、快速运输、高效配送，进一步提升应急物资保障水平。

4. 加快推进应急物资信息化平台建设

大力推进全省应急物资综合信息平台建设，实现各级各类应急物资（主要包括三防物资、救灾物资、森林防灭火物资等）信息共用共享，以及应急物资线上申请、轨迹跟踪、线路规划、联动运输等功能，提高应急物资调拨时效。

5. 稳步推进灾害信息员队伍建设

一是扎实推进灾害信息员队伍建设。3月会同省民政厅、省财政厅下发通知，要求各地有力有序有效推进灾害信息员队伍建设，确保至2020年底全省每个城乡社区至少有1名灾害信息员。二是提高灾情报送时效。在全省灾害信息员统一安装广东应急“一键通”App，第一时间掌握现场情况，为突发事件处置提供第一手信息。目前约3万名灾害信息员的“一键通”安装率已达到97%。三是加强灾情统计业务指导。印制《自然灾害情况统计调查制度》3.5万册，发至每一位灾害信息员手中，提升灾情报送水平。四是组织开展灾害信息员网络视频培训。共组织培训 1105 场，16909 人参训。五是加强应急值守，及时统计上报灾情。临灾时各级灾害信息员执行战备状态，保证 24 小时值班值守，第一时间统计上报灾情信息。先后开展了年初低温冷冻和粤北气象干旱、“3·23”韶关风雹、“4·9”河源紫金崩塌和清明暴雨洪涝、“5·15”强对流降雨、“龙舟水”暴雨洪涝（“5·20”洪涝、“6·2”阳江洪灾、“6·6”暴雨洪涝）、台风“森拉克”和“海高斯”等灾害灾情统计上报工作，为各级开展应急救援、抢险救灾提供及时可靠的决策依据。

6. 认真开展救灾物资储备清查

一是强化部门协同。会同省粮食和物资储备局联合印发《广东省应急管理厅 广东省粮食和物资储备局关于开展应急资源管理平台推广应用工作及救灾物资储备清查工作的通知》，要求各地应急管理部门、粮食和物资储备部门加强沟通合作，形成工作合力，全面查清查实各级救灾物资储备数量和质量底数。二是强化内部协同。会同厅内应急支援和预案管理处、汛旱风灾害救援处、火灾防治管理处、科技和信息化处推进应急资源管理平台推广应用工作。三是强化技术支持。组织开展视频培训，及时解决填报技术问题。同时，建立 2 个微信群交流推广技术，为各地市提供全天候技术答疑支持。四是强化督促检查。会同省粮食和物资储备局建立定期通报机制，及时检查各地救灾物资储备清查与应急资源管理平台推广应用情况，并于 9 月下旬派出工作组，采用“双随机、一公开”方式，对清远、惠州 2 市重点救灾物资库的自查情况进行抽查。全省救灾物资仓库共 160 个，其中，省级库 5 个，市级库 20 个，县级库 135 个。

7. 做好新冠肺炎疫情联防联控工作

一是紧急调拨省级救灾物资。充分发挥应急管理部门综合优势，服务全省疫情防控大局，及时会同省粮食和物资储备局启动疫情防控期间应急物资联动保障机制，协同做好应急物资储备及运输能力保障等工作。会同省粮食和物资储备局连夜调拨 760 顶帐篷支持高速公路收费站、港口码头疫情防控工作，先后向韶关、河源、汕尾、茂名、清远、云浮 6 市累计调拨帐篷 1020 顶、棉大衣 1100 件、折叠床 900 张、棉被 200 床等省级应急物资。二是组织全省应急管理部门做好物资保障工作。及时印发《广东省应急管理厅关于做好疫情防控期间救灾物资保障工作的通知》，要求各地应急管理部门积极为设置疫情防控检查站、监测点等提供帐篷、衣被等物资支持。至 2 月 21 日，全省各级应急管理部门累计发放帐篷 9024 顶、棉大衣 2.7 万件、棉被 1.04 万床、折叠床 5150 张、毛毯 1782 床、毛巾被 2500 床、冬衣 2479 套等应急物资。

此外，24 小时内连夜筹集物资，分两批将 1000 顶帐篷、2000 套防护雨衣、1000 套监管防护服和 500 个应急包，价值共约 242 万元的应急物资紧急运往湖北省荆州市，全力支援疫情防控。

8. 夯实基层基础，全面提升基层防灾减灾救灾综合水平

创新开展行政村（社区）防灾减灾救灾能力“十个有”建设，在全国率先提出全省每个行政村（社区）必须达到的标准。组织编制“十个有”建设模板，明确“十个有”建设内容，统一规范建设要求和标准。重点针对农村地区分区域选择 5 个行政村（社区）打造省级“十个有”建设样板村；选择部分雨窝点、地质灾害点等多灾易灾地区共 285 个行政村（社区）建设应急值班值守系统省级样板，实现省、市、县、镇、村五级指挥调度“一键通”。至年底，全省共有 15572 个行政村（社区）开展了“十个有”建设，有效弥补了基层防灾减灾救灾工作的薄弱环节，为基层第一时间应对处置灾害事故发挥了重要作用。

扎实开展全国综合减灾示范县创建工作。汕头市南澳县被国家列为首批全国综合减灾示范县创建试点单位，通过省、市、县三级联建的方式，统筹各方资源，把南澳县全国综合减灾示范县打造成广东综合减灾“名片”，推出“广东范本”。省应急管理厅副厅长钟友国率队到南澳县开展调研，形成《汕头市南澳县创建全国综合减灾示范县试点工作调研报告》。年内，深圳市盐田区、珠海市金湾区、江门市江海区、肇庆市端州区、清远市阳山县5个县（区）开展示范县创建工作，已向国家减灾委申报第二批示范县创建试点单位。

全面开展全国综合减灾示范社区创建工作。2020年，全省共766个社区开展综合减灾示范社区创建工作，创历史纪录。经省应急管理厅、地震局、气象局、消防救援总队实地抽查核查和联合审核推荐，2020年度广东省成功创建全国综合减灾示范社区120个，数量居全国首位。至年底，全省成功创建示范社区1366个，占全省行政村（社区）总数的5.1%，占全国示范社区总数的9.4%，居全国首位。对全省示范社区组织开展调查评估工作，全面摸清示范社区现状，查找短板弱项，并总结经验做法。

深入开展防灾减灾知识“五进”活动。推进防灾减灾知识进企业、进农村、进社区、进学校、进家庭，有效提升社会公众防灾减灾意识和自救互救能力。组织编印《广东省防灾减灾手册》，采用手工绘制的方式，图文并茂普及23类自然灾害以及火灾、交通事故、电气水事故、危险化学品事故等常见事故的科普知识和避险自救技能。全国防灾减灾日活动期间，举办线上有奖答题活动，参与人次达42.7万人；录制防灾减灾一堂课，全省近600万中小学生、77.9万幼儿参加学习；制作主题教育片和主题海报，通过广东电视台和商场、社区电子屏等媒介高频次宣传；组织全省在各地地标建筑和城市广场电子大屏幕开展“防灾减灾日主题点亮”活动。制作防灾减灾知识系列小视频，并荣获第一届全国应急管理普法作品征集展播活动一等奖。举办消防专家线上访谈，新华社、央视新闻、百度、今日头条等客户端同步直播，推文点击量为7万，在线直播收看终端27.8万个。

【森林防火减灾】

1. 领导重视，高位推动

省委、省政府高度重视森林防灭火工作，中共中央政治局委员、省委书记李希，省长马兴瑞对森林防灭火工作多次做出批示（指示）。3月29日，省委书记李希主持召开全省清明期间疫情防控和安全防范工作视频会议，研究部署清明节期间森林防灭火工作。进入秋冬季以后，省委常委会会议、省政府常务会议多次就做好森林防灭火工作提出明确要求。省森防指总指挥、常务副省长林克庆两次召开全省森林防灭火工作视频会议，及时传达全国春季、秋冬季森林草原防灭火工作电视电话会议精神，分析研判形势，统筹做好疫情防控和森林防灭火工作。每季度召开森林火险形势研判会，多次召开厅党委（党组）会议研究落实森林防灭火工作举措。针对四川省凉山州西昌市经久乡“3·30”森林火灾，迅速启动全国全省“一盘棋”应急响应机制，全力抓好春季森林防灭火工作的落实。全年全省市、县级党政主要领导累计召开1206次专题会议或常委会、政府常务会议，研究落实森林防灭火工作。

2. 完善体制机制，形成工作合力

一是理顺防灭火指挥体系。至4月底，全省三级森林防灭火指挥部办公室以及108支专业森林消防队伍全部调整到应急管理部门，市县两级指挥长由当地政府主要领导担任，有防灭火任

务的镇（街）森林防灭火指挥部指挥长由镇委书记或镇长担任。二是衔接好“防”与“救”责任链条。制定出台《广东省森林防灭火指挥部工作规则》，明确指挥部各成员单位防灭火职责，形成工作合力。经省政府同意，印发《广东省森林防灭火工作职责事项划分意见》，进一步细化明确省应急管理厅、省林业局在森林火灾“防”与“救”的责任，全省各地均参照此做法明确责任。三是建立森林火灾应急预案体系。修订省本级森林火灾应急预案，指导各市、县级森林火灾应急预案修订，重点是修订早期火情处置流程及现场应急指挥部的设置要求。四是规范森林火灾调查。制定出台《广东省森林火灾调查工作规范》，明确森林火灾调查依据、人员组成、调查步骤、调查报告编写等工作标准。五是建立风险研判机制。每季度召开一次森林火险形势分析会，组织省林业局、森林公安、气象局等部门负责人以及有关地市、省森林防灭火专家和气象预报专家及时会商研判，提出森林火灾防范措施，累计召开会商研判会510多次；每月编发《森林火险趋势分析报告》，高火险天气每日研判，及时预警。

3. 紧盯三个重点，压实防范举措

一是紧盯重点时段。针对春节、清明、中秋、国庆、重阳等重点时段，对基层森林防灭火工作进行“一日一研判、一日一报告、一日一调度、一事一处理、一日一抽查”。在特别防护期高森林火险天气时段，每天电话抽查30名县长、70名镇长（书记），督促落实防灭火措施。二是紧盯重点区域。在清明、国庆节前夕或高火险天气，省森防办、省应急管理厅联合有关成员单位累计派出32个工作组，全省各地市、县累计派出7862个工作组，赴防火重点地区直插镇村一线，开展督导检查和明察暗访。对河源市和平县“2·1”、惠州市惠城区“7·23”、博罗县“7·26”、汕头市南澳县“10·23”发生的影响较大森林火灾，联合省林业局第一时间派出工作组，督促做好火案调查和责任追究。三是紧盯野外火源。在高火险天气、清明节、国庆中秋双节期间，全省有105个县发布禁火令，各地严格落实“包山头、守路口、盯重点、签责任、打早小”工作举措。累计设立临时检查站4.76万个，安排执勤人员32.18万人，劝返集中进山祭祖20.37万人次，将烟花爆竹、香烛纸钱置换鲜花、礼炮26.17万份，设立烟花爆竹集中燃放点10035个，从源头上减少火种进山。

4. 开展专项行动，消除火灾隐患

一是开展森林火灾风险隐患大排查行动。5月下旬至8月，全省开展重点部位火灾隐患排查整治专项行动，累计排查隐患11220个，整改隐患9120个，整改率达80%以上，主动化解风险，切实消除火灾隐患，把好“防”第一道关口。二是开展违法用火专项打击行动。联合省公安厅、省林业局在全省范围组织开展为期3个月的打击森林违法用火行为专项行动。据统计，全省各地各有关单位共成立森林防灭火督导检查组1497个、出动人员5560人次，发现整改隐患1288处；出动森林公安等执法人员4.6万多人次，发现查处、制止违法用火4780多起；开展森林防灭火巡查5.1万多次、出动人员10.5万多人次，设立路卡、岗哨点1.3万多个，收缴火种8万多个。三是规范农事用火行为。指导镇村严格规范农事用火制度，严厉打击随意烧荒、烧田埂、烧垃圾等违规用火行为，切实减少农田火灾风险点。

5. 加大宣传教育，增强防火意识

在节假日等森林火灾高发时段，通过三大电信运营商向全省手机用户发送短信达8.34亿条，提醒公众平安过节、安全用火、文明祭扫；在省应急管理厅网站开设“坚决打好清明节森林防灭火攻坚战”宣传专栏，制作“春暖花开，森林防火不放松”公益广告。联合省教育厅共同设

计中小学生“森林防火”网络课件，全省1.5万多所中小学530.85万名学生参加安全宣传教育，推动实现“教育一个孩子，影响整个家庭”的目标。完成“人民网”访谈、“民生热线”、“南粤行”、三次“新闻发布会”、“云宣讲”、“大比武”等多项活动宣传任务，通过主流媒体、新媒体报道“森林防灭火工作”的文章达百篇。各地在地方电视频道每天早晚滚动播出森林防灭火提醒字幕、播放公益宣传广告；在进山路口、坟墓区、防火检查站设置警示标语、乡村喇叭、防火小旗帜等，用群众喜闻乐见的方式进行防火宣传，全省累计开展“五进”宣传活动18.2万多次，发放宣传资料1264.6万多份，形成群防群治的良好氛围。

6. 夯实基层基础，增强防控能力

一是加强业务培训。8月，组织两期全省火灾防治管理干部业务培训班，全省应急管理局分管领导、火灾防治科负责人约300多人参训，切实提高应急管理部门森林防灭火工作人员的业务能力。二是持续推进基层火灾防治规范化建设。推广清远连州市保安镇森林火灾防治“六有”建设模式，即有机构、有预案、有机制、有队伍、有物资、有演练，进一步标准化推行镇村森林防灭火工作管理模式，细化“包山头、守路口、盯重点、签责任、打早小”工作举措。三是开展火灾隐患排查试点建设。在韶关市浈江区、清远市连山县开展火灾隐患排查试点建设，调查隐患数据信息，分析隐患数据特征，积累隐患排查工作经验和技术支持，为全省开展隐患排查提供技术支撑。四是统一全省森林防火视频监控系统。联合省林业局将广州、深圳、珠海、佛山、东莞、中山等市已建成的森林防火视频监控与省森林防火视频监控云平台进行联网，实现对已建成的森林防火视频监控系统进行实时调阅，做到森林火灾早发现、早处置。五是提升航空消防救援能力。春防、秋冬防期间，省财政厅安排专项资金3860万元，用于租用6～7架大中型直升机，靠前驻防梅州、河源、云浮、韶关、清远、惠东6个森林航空消防基地。按照应急管理部要求，4月1日上午首次开展跨区增援任务，调派3架直升机驰援四川省西昌市扑救森林火灾。六是加强防灭火科技研究。依托省林业科学研究院共同建设森林防灭火研究试验基地，开展森林防灭火基础理论、监测预警、隐患排查、技术装备和教育培训等方面研究，为森林火灾防控提供技术支撑。

7. 强化队伍建设，提升救援水平

一是举办首届大比武活动。9月20—22日，举办全省首届森林消防技能大比武活动，全省33支专业森林消防队伍330名队员，围绕油锯、风力灭火机、消防水车、水泵操作进行竞赛，开展的比赛项目有3000米负重跑步体能比赛、防灭火理论知识考试等，达到“以赛促练、以赛促建、以赛促变”的目的。二是加强队伍规范化建设。在全省现有108支专业森林消防队伍中开展应急值班值守指挥调度系统建设，统一全省各级专业森林消防队伍名称，统一标准建设营房值班会商区。三是加大财政投入。省财政厅安排1000万元经费专项用于省级防火物资储备和地方专业队伍装备建设。全省各地累计投入约1.6亿元用于地方专业森林消防队伍装备购置和建设。四是创新开展“桌面推演+现场处置”演练模式。清明节前夕，在清远连州市保安镇开展“桌面推演+现场处置”森林火灾演练，检验各级责任人森林防灭火工作责任落实情况和基层森林防灭火工作措施落实情况，对森林消防队伍进行扑火实战演练。五是积极参与灾害救援行动。全省108支专业森林消防队伍主动适应“全灾种、大应急”工作格局，累计出动620多次、1.5万多人次投身到森林火灾扑救、抗洪抢险救灾、地质灾害处置等综合应急救援任务中。联合省交通运输厅为全省884辆森林消防车辆安装免费通行ETC，全力保障应急救援通道畅通。

广东省气象局

2020 年，全省气象部门坚持以习近平新时代中国特色社会主义思想为指导，认真贯彻落实习近平总书记关于防灾减灾救灾的重要论述和对气象工作的重要指示精神，在中国气象局和省委、省政府的正确领导下，加强党的领导，加快气象现代化建设，坚守人民情怀，统筹做好新冠肺炎疫情防控和气象服务等各项任务，为防汛救灾、“六稳”“六保”“一核一带一区”建设等工作提供坚实气象服务保障。

【灾害性、关键性天气预报服务】

1. 重大气象专项服务

在春节、“五一”及国庆等节假日天气预报服务过程中，预报准确、服务主动。提前对节日期间的逐日天气做出具体预报，通过重大气象信息快报系统、电子政务系统、决策服务短信等形式发送给各级党政部门和有关服务单位。圆满完成高考、中考等重大活动专项服务，服务单位包括省委、省政府及省应急管理厅、公安局、教育局、体育局等 20 多个部门。针对新冠疫情每日提供《广东省重大突发公共卫生事件专项气象报告》，针对红火蚁防控、虎门大桥、南澳和肇庆森林火灾等提供专项气象保障服务。此外，省气象局累计向省委、省政府等部门发布《重大气象信息快报》35 期、《重大气象信息专报》15 期、《天气报告》366 期、《最新气象信息》420 期，局领导和首席专家参加省防总天气会商超过 30 次，提供专项服务近 1000 份，举办新闻发布会 3 次。

春运期间（1 月 10 日至 2 月 18 日）历时 40 天，天气复杂，气象服务任务艰巨。省气象局制定《广东省气象局 2020 年春运气象服务实施方案》和《2020 年春运气象应急保障预案》，从组织安排、技术力量、网络通信保障等方面做足充分准备，将各项服务任务细分，并具体落实到各科室和业务岗位，主动为公众出行提供优质服务，为实现“高效春运、平安春运、智慧春运、温馨春运”提供强有力的气象保障。1 月 22 日，省气象局举行春节天气新闻发布会，详细解读春运天气，并通过媒体及时向公众发布。实行全天 24 小时无间断值班，预报值班人员密切监视天气动态，加强全省天气会商和对各地市气象局的业务指导，做好天气监测预报预警工作。除每天制作《天气报告》外，逐日滚动制作《春运气象保障服务专报》，内容包括全省天气实况、未来 3 日天气预报、未来 4～5 日天气趋势展望、对春运可能产生的影响及相关应对措施和服务建议等，并根据实际需求增加京珠北高速交通气象预报，琼州海峡及湖南、江西等省天气信息。共发布强风警报和强风消息 128 份，发布低温消息 45 份，发布暴雨消息 3 份，发布寒潮警报 10 份。首席预报员接受新闻媒体（气象频道除外）采访 43 次。向政府等职能部门和中国气象局汇报《重大气象信息快报》2 期、《重大气象信息专报》2 期、《最新气象信息》20 期、《春运气象保障服务专报》41 期、《广东省重大突发公共卫生事件专项气象报告》28 期。

2. 汛期灾害天气服务

2020 年，汛期共出现 19 次强降水过程，有 4 个热带气旋登陆或严重影响广东省。其间，省气象局派出预报员和业务技术骨干先后到省应急厅、省水利厅参与灾害天气应急值班，加强预报服务联动，为政府决策部门提供更及时、细致和准确的预报服务。

6月5—9日，广东省出现年内最强降水过程，也是2005年（“5·6”特大暴雨洪涝）以来最强一次“龙舟水”降水过程；全省除湛江市以外，大部分地区均出现暴雨以上降水。其间，共制作《重大气象信息快报》2期、《重大气象信息专报》1期、《最新气象信息》38期、《每日天气报告》7期、《广东省重大突发公共卫生事件专项气象报告》7期。

8月19日，台风“海高斯”正面袭击珠三角，给广东省带来明显风雨影响。18日夜间到20日，深圳、珠海、惠州、中山、汕尾、江门、阳江、肇庆、云浮9市出现暴雨到大暴雨、局地特大暴雨，广州、佛山、东莞、茂名、揭阳5市出现大雨到暴雨。其间，共制作《重大气象信息专报》1期、《重大气象信息快报》4期、《最新台风信息》10期、《每日天气报告》4期，制作全省分区、县定量降水预报3期。

3. 灾害性天气预警信号发布

年内全省各级台站共发布灾害性天气预警信号36403次，其中台风预警2338次（白色预警1159次、蓝色预警795次、黄色预警263次、橙色预警77次、红色预警44次），暴雨预警12440次（黄色预警9558次、橙色预警2486次、红色预警396次），雷雨大风预警7611次（黄色预警7337次、橙色预警263次、红色预警11次），高温预警3507次（黄色预警2824次、橙色预警652次、红色预警31次），大雾预警624次（黄色预警483次、橙色预警139次、红色预警2次），寒冷预警2554次（黄色预警1432次、橙色预警1005次、红色预警117次），冰雹预警138次（均为橙色），道路结冰预警54次（均为黄色），森林火险预警7137次（黄色预警3041次、橙色预警2392次、红色预警1704次）。其中，广州市各级气象台站发布的预警信号包括台风预警358次、暴雨预警1900次、雷雨大风预警1549次、高温预警581次、大雾预警33次、寒冷预警379次、冰雹预警17次、森林火险预警1200次，共计6017次。

【气象业务与现代化建设】

1. 提高政治站位，推动习近平总书记重要指示精神落地落实

扎实推进学习贯彻工作。通过第一议题、中心组学习、“三会一课”等多种形式，深入学习贯彻党的十九届五中全会和中央经济工作会议精神，深入贯彻落实习近平总书记出席深圳经济特区建立40周年庆祝大会和视察广东重要讲话、重要指示精神，认真贯彻落实习近平总书记关于防灾减灾救灾的重要论述和对气象工作的重要指示精神，形成闭环落实措施。中共中央政治局委员、省委书记李希批示要奋力推进气象防灾减灾第一道防线示范省和世界气象中心粤港澳大湾区分中心建设。省长马兴瑞要求运用工程科学思维解决预报工作难点。省气象局党组确立以“六个必须”为贯彻落实抓手。

开启第一道防线先行示范省建设。签署新一轮省部共建合作协议，强化政策支持力度。“平安海洋”工程立项建设，完成气象科技制高点“攀登工程”年度建设任务，编制“互联网+气象服务”工程立项方案。与3个地级市政府签署合作协议，与6个地级市共商局市合作。

基本完成“十四五”规划气象发展战略谋划。编制广东气象发展“十四五”规划并推动与省发改委联合印发。初步构建起由国家区域专项规划、省和21个地级以上市气象发展规划、业务发展专项规划组成的“十四五”规划体系，整体协同推动全省气象事业“一盘棋”发展。

支持“双区”建设举措有力。组织实施《粤港澳大湾区气象发展规划（2020—2035年）》，推动中国气象局与广东省政府联合印发《粤港澳大湾区（广东部分）气象发展三年行动计划（2021—2023年）》。建成粤港澳大湾区气象监测预警预报中心并启动业务运行。完成“世界气象中心（北京）粤港澳大湾区分中心”筹建方案论证、建设协议签署及项目前期选址等工作。

2. 坚持人民至上生命至上，做好全方位气象服务保障

全力以赴做好汛期气象服务。2020年，广东旱涝并存，极端天气频发，遭遇近15年来最强“龙舟水”。全力做好23次强降水、4次登陆或严重影响的台风过程预报预警服务，获省领导批示58次，未发生群死群伤事件，防台风实现“零伤亡”，因灾死亡人数同比去年减少73%。建立台风、暴雨预警信号与市县镇村四级防御行动挂钩机制，开展分县灾前影响预报和分镇临灾阈值预警业务。人工增雨有效增加降水7.3亿立方米。巨灾气象指数保险助14个地市获赔超3.6亿元。

慎终如始抓好疫情防控。认真履行省政府联防联控机制成员单位职责，报送疫情防控保障专报340多期，多渠道权威发布防疫信息。安排980名党员干部支援疫情防控一线。全省气象部门无确诊或疑似病例。1名同志获评“广东省抗击新冠肺炎疫情先进个人”。

做好重大活动保障与气象科普。圆满完成习近平总书记出席深圳经济特区建立40周年庆祝大会和视察广东行程气象保障工作。做好虎门大桥异常抖动应急气象服务。主动周到为春运、国庆、高考等专项活动提供气象服务。举办“云直播”参观气象科普馆、“云课堂”讲解气象知识等线上科普活动。新增4个“全国气象科普教育基地”。深圳、东莞2市获评首批国家气象科普基地。健全高级专家参与科普教育工作机制。

服务生态文明建设与应对气候变化。积极参与省政府大气污染防治攻坚攻关工作，为打赢大气污染防治攻坚战贡献气象力量。联合省自然资源厅等6部门印发区域评估操作规程，开展40多项大型工程项目和区域性气候可行性论证。发展宜居宜业宜游气候生态评估技术和开展标准建设。成立气候标志评价工作领导小组，印发气候标志评价工作管理办法。发布粤港澳大湾区气候监测年度公报。编制《华南区域气候变化评估报告·2020》。参与广东省应对气候变化规划编制工作。

扎实推进脱贫攻坚。助力9个县域和景区完成“岭南生态气候标志”等品牌认定，助力新增4个“中国天然氧吧”地区。持续实施《乡村振兴 美丽广东气象行动计划》，在13个县开展乡村振兴专项建设，助力粮食生产丰收增产。试点开展花期果期预报服务，助力乡村旅游发展。帮扶110个贫困村2763户贫困户脱贫。

3. 紧扣气象强国建设目标，持续提升气象现代化水平

提升创新驱动发展能力。印发落实全国气象科技创新工作会议精神实施方案、激励气象科技人才创新发展的若干措施和相关建设方案。牵头科技部项目2项，首获省“珠江人才”计划支持。获科研经费5313万元、专利9项、计算机软件著作权63项，完成科技著作3部，发表论文297篇（SCI 32篇）。“借力地方资源做大科技体量　助力广东气象事业高质量发展”项目获评全国气象部门创新工作奖。

提升综合监测能力。全面实现地面观测自动化。启动上川岛国家天气雷达、新丰国家大气本地站建设，完成86个国家站视频智能观测仪等新型设备部署。实现从化等5个国家新迁站探测环境优化，电白、深圳国家气候观象台建设发展方案被评为优秀。深圳启动智慧城市观测和服务试点，广东气象观测质量管理体系获 ISO9001 认证。

提升预报预测水平。持续推进 GRAPES 区域数值预报模式发展，实现华南区域短临模式（分辨率 1 公里）业务准入，建成台风模式集合预报系统并开展业务试运行。推进无缝隙智能网格预报业务发展，台风大风风圈半径预报、雷暴大风和龙卷风自动监测预警、臭氧预报等技术取得新进展。深化多维度、全覆盖的主客观智能网格预报实时检验业务。气候预测质量名列全国前茅。

推动气象服务向智慧化迈进。编制重大气象灾害新媒体服务指南。制定智慧气象服务体系建设实施方案，发展“行业 + 气象”智慧化场景服务。优化服务供给，研发智能决策服务助手“粤小天”，第一时间发布智能适需服务信息，开展基于大数据挖掘技术的分众化服务。

提升信息化水平。建成新业务网试运行，实现基础气象数据 60 年在线、1 公里网格化气象实况场服务，建成大数据云平台“天擎”系统，制定一体化“天镜”对接方案，逐步实现全省业务系统集约化管理。基本完成广州、深圳数据备份中心建设，存储能力达 10P。全年未发生网络安全事故。

4．深化重点领域改革，不断增强事业发展动能

持续优化政务服务。落实行政审批制度改革，制订办事指南、业务手册，推行告知承诺制。制订失信行为信用归集办法，推动建立防雷减灾服务诚信管理制度。受理资质认定 19 宗、资质信息变更 7 宗、公示登记 122 宗、年度报告 110 宗、检测报告登记 49728 宗。

推动研究型业务发展。开展基层研究型业务深调研，印发 2020 年建设实施方案，分层次分重点有序推进，一市一策组织实施，开展科研人员与业务人员双向交流。成立业务技术体制改革领导小组及其办公室，印发业务技术体制改革试点实施方案并开始试点探索。

稳妥推进事业单位改革与企业改革。稳步推进省、市、县级气象局事业单位分类改革，全省副高以上职称技术岗位有较大幅度增加，改善高级职称岗位不足的现状。按中国气象局要求稳步推进企业改革，企业改革完成率达 84%。

着力推动专业气象服务。建立专业气象服务联动发展“一办法、二制度、三清单”制度体系，出台促进专业气象服务发展的若干举措，引导适需创新和差异化发展，做好重点工程项目的气象服务有效对接。

5．实行全面开放与合作，健全优化事业发展环境

推进气象法治建设。修订《广东省防御雷电灾害管理规定》。推行行政执法“三项制度”。印发 2020—2025 年气象标准化发展规划，获行业、地方标准立项 5 项，公布 2 项。开展重点单位气象安全提升行动和重点单位联合执法检查。

深化各领域交流。召开粤港澳气象业务合作会议，落实 7 大领域共 45 项任务。继续组织泛珠三角区域数值天气预报联合攻关，召开华南区域暨粤港澳数值天气预报技术交流会。

【农业气象服务】

1．积极主动做好气象决策服务

一是做好灾害风险评估。针对 2 月中旬和 12 月底的寒潮、汛期 5 次强降水及台风“鹦鹉”“海高斯”等，及时开展重大气象灾害风险评估。全年完成气象灾害风险评估、预评估报告共 26 期，为省政府、省防总及省国土厅、农业厅等提供决策参考。二是开展农用天气预报和直通式气象服务。全年共完成农业气象周报 52 期、农业气象月报 12 期、农业气象灾害监测预警评估 3 期、广东省气象干旱监测预报 19 期，并在省气象局业务网、省农业农村厅官网、省决策气象信息网以及手机微信等平台发布，有力提升气象为农服务能力和水平。

2. 粮食生产安全全方位服务

一是做好春耕春播、秋收秋种等关键农事活动气象保障服务。制作发布《春耕春播气象服务专报》8 期、《秋收秋种气象服务专报》6 期，做到服务及时主动，产品具有针对性及时效性。二是开展粮食作物产量预报，提前对粮食产量做出研判。5 月 25 日、6 月 25 日先后对早稻产量趋势及早稻产量定量做出预报；7 月 25 日、8 月 25 日先后对全年粮食产量趋势及产量定量做出预报；8 月 25 日、10 月 10 日先后对晚稻产量趋势及产量定量做出预报。2020 年，广东省粮食产量预报质量年度综合评分为优秀。三是超前研判旱情、冷害发展，提醒做好防御工作。

3. 开展智慧农业气象服务

一是构建省、市、县一体化“乡村振兴气象服务业务管理及展示平台”，并在省、市、县（市、区）三级推广应用，为全省气象为农服务提供优质方便的业务平台，形成的服务产品在省气象局业务网、省农业农村厅官网和手机微信等平台发布。二是开展“赏花摘果一张图”业务服务。结合珠江三角洲中小尺度气象灾害监测预警中心建设项目和 2019 年广东“平安珠三角”气象保障工程项目，在全省建立 18 套特色农业气象观测站，观测内容包括信宜三华李、高州荔枝、新会新会柑、丰顺高山茶、大埔蜜柚等广东特色作物。研发桃花、木棉、三华李等观赏花卉的花期预报模型，研发荔枝、三华李等成熟期预报模型，初步开展“赏花摘果一张图”服务。

4. 推进基层气象灾害预警服务基础支撑系统建设

完成广东省气象防灾减灾业务支撑“一平台”的建设、防灾减灾部门大数据“一张图”升级以及气象灾害预警信息雨情监测分析系统的开发；完成 8 个县大喇叭预警广播系统入云建设、广东省气象灾害预警信息互联网双向服务网建设、基层信息员管理平台预警靶向发布功能升级、广东气象省市县预警服务监管平台建设等，实现广东省基层防灾减灾信息发布能力有效提升。

5. 继续推进巨灾指数保险

一是继续推进台风、暴雨巨灾指数保险。全年共出具暴雨指数保险报告 22 份、台风指数保险报告 3 份，清远、韶关、广州、肇庆等市共获得巨灾保险赔付超 3 亿元，有效提高财政资金救灾效益。二是采用“一市一方案”做法，为韶关、茂名、汕尾等 14 个市制定 2021—2023 年台风强降雨巨灾指数保险方案；积极推动东莞、中山、佛山等市巨灾指数保险工作。三是广东省巨灾保险平台已通过等保测评，在 2021 年对外发布。

6. 农业气象科研成果

省气象部门共有 6 项科研成果获 2019 年度广东省农业技术推广奖。其中，“广东省作物气候适应性评价技术的集成应用与推广”（广东省气候中心）获一等奖，“广东省部门资料维护管理系统在农业防灾减灾中的推广应用”（广东省气象探测数据中心）和“珠海市专业气象精细化服务系统”（珠海市公共气象服务中心）获二等奖，“全序列数值预报产品气象服务集成应用研究与开发”（广东省气象探测数据中心）、“广东气象灾害对水稻产量影响评估研究与应用”（广东省气候中心）和“基于 GIS 技术的河源地区精细化农业气候资源的研究与应用”（龙川县气象局）获三等奖。

广东省水利厅

2020年，全省水利部门认真落实水利部和省委、省政府工作部署，紧紧围绕“水利工程补短板，水利行业强监管”的水利改革发展总基调，聚焦防范超标洪水、水库失事、山洪灾害“三大风险”，强化工作职责，理顺工作机制，夯实工作基础，狠抓防御重点，科学防控，高效处置突发险情灾情。有力有序防御23场强降雨、4个台风登陆或严重影响以及西江、北江编号洪水；及时做好蓄水保水，防抗局部旱情，有效减轻水旱灾害损失，保障了人民群众生命财产安全。同时，狠抓水土流失治理，有效改善了治理区人民群众的生产生活环境，有效控制了生产建设项目人为水土流失。

【水旱灾害防御】

1. 强化组织领导，统筹做好疫情防控和水利防汛备汛工作

一是领导高度重视。中共中央政治局委员、省委书记李希，省长马兴瑞多次就做好暴雨洪水防御工作做出批示（指示）。省委常委张虎、常务副省长林克庆等省领导先后到省水利厅检查部署水旱灾害防御工作。水利部、珠江委给予及时指导和大力支持。坚决按照省委、省政府决策部署和水利部工作要求，提前部署有关防御工作。3月中旬全面进入汛期24小时值班值守工作状态，并密集召开全省水旱灾害防御工作会议、水库安全度汛会议、超标准洪水防御工作会议、“龙舟水”防御会议和贯彻落实中央领导重要指示精神会议等全省水利系统视频会议，并安排落实防御措施。

二是提前开展汛前检查。年初，组织全省开展汛前检查。3月下旬，派出9个由厅级干部带队的检查组，对全省21个地级以上市开展抽查。同时，统筹推进疫情防控和水利工程施工度汛设施建设，积极开展水利设施水毁修复。至4月底，完成1166宗水毁修复任务。

三是压实防汛抗旱工作责任。组织各级水利部门认真履行主体责任，督促各级防汛责任人到岗检查、巡查。举办全省小型水库防汛“三个责任人”视频培训班，提高责任人的责任意识和履职能力。据统计，全省2万名小型水库防汛责任人参加培训；至3月中旬，已落实2.3万宗水利工程防汛责任人。

四是完善预案编制和演练。组织各地开展水库、堤防、山洪灾害等各类预案修编工作；完成15条主要江河、21个地市超标洪水防御预案以及16个蓄滞洪区运用预案编制工作。5月12日，组织广东省流域性超标洪水防御演练。

2. 突出防御重点，抓细抓实防御关键环节

一是强化水雨情监测预警。水文部门加强业务能力建设，努力延长洪水预见期，探索中小河流洪水预报，准确预报西江、北江、永汉河、漠江河、小金河、七拱河等多条河流洪水，大江大河洪水预见期达到20～40小时，中小河流洪水预警时间达到2小时以上、部分达到10～12小时，为地方及时撤离群众争取了宝贵时间。据统计，全年省水文局发布水情预报、简报、

快报共5117期，全省水情部门共向社会公众发布洪水预警信号90次，发送预警短信162万多条。同时，强化山洪灾害预警信息处置，及时将山洪灾害预警信息发送到镇、村。至年底，共处置山洪灾害预警2944次，向责任人发出预警信息115.95万条。

二是强化水利抢险技术支撑。成立由13名高级别专家和126名专家组成的省级水旱灾害防御专家库，规范5支水利机动抢险队、1支潜水队和1支水文应急监测大队等7支省级抢险队、36支抢险小分队的日常管理。在永汉河堤发生漫堤险情期间，组织省水文应急监测大队驻场应急监测，派出专家组现场指导修复水毁工程。先后8次调运物资装备支援清远、肇庆等地抢险救灾，出动抢险车辆20车次、抢险技术人员20人次。据统计，全省共处置大小险情210处。

三是强化水工程防洪抗旱调度。"龙舟水"期间，科学调度全省近100宗大中型水库预泄控泄，拦蓄洪水35亿立方米，充分发挥水工程防灾减灾作用。经珠江委协调，不断完善与福建、广西两省（区）流域水安全联络会议机制，科学调度广西合面狮水库、福建棉花滩水库，保障全省防洪安全。同时，加强农业、气象、环保等部门协作，组织相关地市全力以赴开展防旱抗旱行动，下拨抗旱设备100多台套，支援湛江、茂名、汕头、揭阳、梅州等市引提水源，动态监控江河来水、水库蓄水保水情况，实施抗旱调度，其中8月全省大中型水库累计增蓄7.5亿立方米。至9月上旬，各市水利部门共投入抗旱资金7477.6万元。

3. 聚焦重点难点，强化重点环节监管

一是强化水利工程风险管控。汛前，全面梳理病险水库、险工险段、在建工程、中小河流、城乡积涝区、山洪灾害易发区等防汛风险，建立隐患台账，在系统上标注，实行"挂图作战"。

二是成立工作专班。改进工作方式，成立2个省水旱灾害防御工作专班，紧盯小水库、中小河流洪水和山洪灾害等风险，提前监控韶关芙蓉河拦河水电站险情，监控受影响区水库运行工况，有效控制风险。

三是强化水库调度运用和汛限水位监管。汛前组织各地重新复核8411宗水库的汛限水位数据，修订水库汛期调度运用计划，严控水库违规超汛限水位运行，对非调洪期间连续5天超汛限水位运行的水库责令整改。

四是加强明督暗查。加强小型水库运行安全监管，采取"四不两直"暗访的方式，对全省范围内未检查的5579宗小型水库进行全覆盖检查。同时结合水利部督查工作有关部署，组织省水利督查队伍对60宗防洪工程设施水毁修复项目、24座水库防洪调度和汛限水位执行、4个县的9个乡镇16个行政村山洪灾害防御情况开展暗访检查。据统计，省、市、县共派出2476个督导检查组共11951人次赴全省各地检查督导。

【水土保持措施】

根据规划开展水土流失治理。2020年，广东省水土保持率达90.12%，共治理水土流失面积956.32平方千米，其中种植水保林335.77平方千米，种植经果林106.32平方千米，种草12.34平方千米，封禁治理447.79平方千米，其他措施治理54.10平方千米。水土流失强度逐年减轻，有效改善了治理区人民群众的生产和生活环境。

广东省地震局

2020年，全省地震系统深入学习贯彻中共中央总书记、国家主席、中央军委主席习近平关于防灾减灾救灾重要论述和防震减灾重要指示批示精神，贯彻落实习近平总书记视察广东重要讲话精神，按照全国应急管理工作会议和全国地震局长会议部署要求，聚焦核心职能，细化工作措施，强化改革创新，全力推进新时代广东防震减灾事业现代化试点建设，统筹做好疫情防控和防震减灾各项工作，并取得明显成效。

【防震减灾措施】

1. 突出重点，引领事业改革发展

加速推进防震减灾事业现代化试点建设。把防震减灾事业现代化试点建设作为各项工作的总抓手，多措并举，加快推进重点项目实施，全年完成投资9894万元。一是强化组织领导。印发年度工作计划，领导小组加强调度、现场推动，召开13次各层级的现代化项目协调部署推进会，紧盯关键环节，细化项目方案，聚焦问题化解，优化工作流程，落实建设条件，全面推动重点项目实施。二是强化协同推进。联合省应急管理厅向各市局印发《协同实施防震减灾事业现代化建设试点三年行动方案》，汕头市将落实三年行动方案纳入政府绩效考核，汕尾市印发落实三年行动方案的实施意见。8月3日，召开全省地震系统下半年重点工作推进视频会，对现代化试点建设工作进行再动员再部署，各市按要求协同配合有效实施。三是强化督查考核。实行工作动态月报制度，建立项目推进效果与年度考核挂钩考评机制。配合中国地震局发展研究中心开展广东省防震减灾事业现代化试点建设评估，达到“以评促建、以评促改、以评促进”目的。至年底，18个重点项目建设方案已全部完成论证；3个项目完成验收；15个项目正在实施，进入招标采购和野外工作密集期。率先建立省市两级防震减灾现代化指标体系。四是强化经验总结和谋划“十四五”规划。及时总结广东试点经验，全面梳理建设成果，相关文章先后刊载在中国地震局《现代化建设情况交流》第2期和第4期。在实施现代化项目的同时，着手开展省防震减灾“十四五”规划编制工作，各市同步推进规划编制，东莞市地震局编制完成《东莞市国土空间总体规划——防震减灾专项规划大纲（2020—2035年）》。

扎实推进全面深化改革。印发实施《广东省地震局2020年全面深化改革工作要点》。全年召开5次全面深化改革领导小组会议，推动机构改革和地震安全性评价改革取得阶段性进展。一是印发广东省防震减灾工作联席会议工作规则和组成人员名单，理顺防震减灾和抗震救灾工作机制。二是落实中国地震局“三定”规定，印发机关事业单位、地震监测中心站“三定”方案，优化调整业务布局，科学分配职责任务。将10个处室合并为7个，7个事业单位合并为5个，18名参公人员轮岗，即将实施地震监测中心站“三定”方案。三是贯彻落实深化“放管服”改革决策部署，落实《广东省工程建设项目区域评估操作规程》《广东省地震局推进和规范区域性地震安全性评价工作的实施意见》，制定省区域性地震安评结果审查工作指引，组建评审

专家库，率先完成区域性地震安全性评价技术审查信息化平台，已委托第三方机构完成9个区域性地震安评项目的技术审查。佛山市出台《地震安全性评价诚信管理办法》。四是完成《广东省地震重点监视防御区防震减灾工作管理办法》修订工作，并于5月12日正式发布。《广东省地震预警管理办法》被列入省政府2020年制定规章计划，已形成送审稿报送省政府，即将出台。广州市地震局、汕头市地震局针对地震监测设施和地震观测环境保护开展行政检查。

2. 聚焦主责主业，提高防震减灾综合能力

全面提升地震监测预报预警水平。一是坚持震情第一。印发实施《2020年广东省震情监视跟踪和应急准备工作方案》，推动重点地区全面参与震情监视跟踪，组织粤桂琼、粤闽赣湘交界地区联合会商，全年现场核实异常9项。二是推进重点项目。国家地震烈度速报与预警工程广东子项目台站土建工程完工率超过95%，完成预警中心和一体化机房建设，自行采购设备全部上架，按进度布设地震预警终端，深圳市初步构建预警信息发布工作机制。“一带一路”地震监测台网项目已完成3个综合台改造方案，基本落实5个岛礁台用地，完成信宜、硇洲岛、西连深井低噪声阵列的地勘工作。“水库地震监测与预测实验场—大容量气枪主动源探测系统”项目完成方案论证，在新丰江水库、阳江月亮湾布设2套大容量气枪主动源探测系统。“粤港澳大湾区与粤西地区地震监测能力提升工程”完成全部40个台站勘选工作，正在开展土建和设备招标工作。三是升级完善运维管理。建成综合地震观测业务智慧运维管理平台，实现全省地震台站运行远程监控及调度管理业务。国家地震速报灾备中心相关业务系统持续稳定运行。对接国家地震站网规划，启动广东省地震监测站网建设方案的编制。广东台网2016—2019年度连续4年获得地震编目全国评比第一名。“粤港澳大湾区智能化地震监测预警系统”获省市直机关“先锋杯”工作创新大赛优秀作品奖。

扎实实施地震灾害风险防治重点工程。联合省直相关部门印发《广东省地震易发区重要公共建筑物加固工程实施方案》，向各市减灾委转发《地震易发区房屋设施加固工程总体工作方案》并提出工作要求，选取河源、汕头2市作为试点，加快推进工程实施。联合6个部门开展建设工程地震安全监管检查工作，先后到佛山、东莞等地实地抽查；中国地震局督导组先后2次到广东实地督查阳江、东莞、肇庆等地检查抗震工作；全省99.4%的学校、医院均按要求提高抗震措施，东莞市严格执行学校和医院抗震措施及地震作用“双提高”的规定。印发实施《广东省地震灾害风险普查总体实施方案》，指导3个试点县（区）的地震灾害风险普查工作有序推进。与中国地震灾害防御中心签署业务交流与合作框架协议，共同推进现代化地震灾害风险防治体系建设。深圳市政府发布《深圳市自然灾害防治能力提升行动方案》。河源市地震局会同有关部门对全市441座桥梁进行安全隐患排查。

有力有效做好地震应急响应保障。一是完善与应急管理部门协调联动机制。在与省应急管理厅联合印发《建立紧密协调联动机制的若干意见》和《地震应急处置联动工作指引》的基础上，进一步实现指挥系统的互联互通，建立实时地震监测数据和地震灾害损失预评估图件和报告的共享渠道。二是扎实开展地震应急准备。配合省应急管理厅修订《广东省地震应急预案》，修订印发《广东省地震局地震应急预案》。印发实施《疫情防控期间地震应急响应准备情况及工作流程》《广东省地震局3.0级以下地震应急处置工作方案》。编制《广西灵山至广东信宜5.5级地震重点危险区地震灾害预评估和应急处置要点报告》，主动为地方政府决策提供服务。升级“地震快速评估与辅助决策系统”。三是积极开展地震应急演练。组织地震应急指挥中心、地震现场工作队经常性地开展应急演练。联合省应急管理厅组织抗震救灾指挥部开展广东省应对省外特大地震应急救援桌面演练。湛江市组织举行2020年地震应急救援综合演练。四是应对处置和地震安保有力有序。及时稳妥处置珠海3.5级、梅州3.7级、河源2.8级和梅州2.9级地震事件。圆满完成全国两会、党的十九届五中全会、深圳经济特区成立40周年等特殊时段地震安全保障服务工作。

主动拓宽防震减灾公共服务渠道。编制实施《广东省地震局防震减灾公共服务行动计划和分工方案》，内部试行《公共服务事项清单管理办法》和《公共服务事项清单》。与广东移动和中科院广州电子公司签署“粤港澳大湾区暨广东省5G+智慧地震监测预警服务合作框架协议”。进一步规范速报信息服务，更新全省地震速报手机短信接收人员信息库1983人。自主研发的重大工程地震安全在线监测与健康诊断系统在“5月5日虎门大桥振动事件”处理中有效发挥作用，得到省政府及有关部门的肯定。“广东地震信息服务”小程序在微信“城市服务”平台上线。积极为军民融合项目备选厂址进行地震安全风险评估，服务国家重大战略项目。广州市地震局为全市224宗地块提供抗震设防标准。珠海市地震异常报告、地震目录查询等5个事项全部纳入珠海市“全城通办”事项清单。东莞市地震局对2020年度369项市重大建设项目和228项重大预备项目开展“地震安全咨询”服务。

结合疫情防控开展防震减灾科普教育。组织形式多样的线上线下科普宣传活动，全省21个地级以上市开展200多场次防震减灾科普宣传活动和应急演练，共发放防震减灾宣传材料50多万份。举办防灾减灾周系列科普宣传活动线上发布会。联合省教育厅在双方官微同步推出《疫情期间中小学生地震安全知识图解》挂图和视频。制作科普动画《地震局在干什么》系列，该动画获全国地震系统“科普优秀作品”奖；微视频《地震与广东》获“广州市优秀科普微视频”奖。广州市地震局和佛山市地震局签署防震减灾合作协议，联合开展一系列防震减灾宣传活动。

3. 建好建强科技创新平台

充分发挥广东省防震减灾科技协同创新中心作用，目前有在研基金项目4个，申报省科技厅重点专项2个，获得国家发明专利1项。成立具有广东特色的城市地震安全研究所。2个重点实验室分别通过中国地震局和广东省科技厅组织建设运行考核评估。与华为公司等开展地震预警服务终端研发、特殊环境下地震信息5G传输和地震科普场景展示等合作，研发地震预警终端样机。与福建省地震局签署科技合作框架协议，在地震观测数据互联互通与资源共享、地震监测预警和烈度速报等领域优先合作。推动防震减灾科技与产业深度融合，佛山、东莞2市选定5个项目作为试点工程推广减隔震技术。

广东省自然资源厅

【地质防灾减灾措施】

2020 年，全省各级自然资源主管部门进一步加强领导，落实责任，深入贯彻落实汛期地质灾害防御要求，强化预警预报、隐患排查、群测群防等工作，全面提升地质灾害防御能力。

1. 强化组织领导，及时传达贯彻部署

高度重视地质灾害防御工作，全年先后召开 8 次厅党组会、9 次厅长办公会和多次专题会议，研究部署地质灾害防御工作。针对“龙舟水”期间大范围强降雨形势，省自然资源厅先后组织召开 4 次全省视频会商会，研判天气形势，部署工作任务。派出 10 个调研指导组，分别由厅领导带队赶赴重点防御地区开展实地指导。

2. 加强监测预警，及时启动预警响应

多次与省应急管理厅、水利厅和气象局等单位会商，加强分析研判，及时发布预警信息。联合省气象局印发《关于进一步加强地质灾害气象风险预警联动工作的通知》，强化部门联动，增强工作合力。2020 年，联合省气象局共发布地质灾害气象风险预警信息 664 次，其中三级及以上预警 179 次、短信 25.01 万条，覆盖全省 21 个地级以上市；二级预警短信 1 次、共 1308 条，覆盖广州、河源、惠州、清远 4 市。组织与市、县（市、区）多次会商，督促落实各项防御措施。对发布二级、三级预警的地市及时发出提醒函，督促有关市、县迅速启动预警响应，迅速开展地质灾害巡排查和人员转移。此外，加强对全省 41 个大型及以上专业监测点的监测监视，对其中 35 处监测点出现四级（含）以上预警的情况，及时发出提醒函，并组织技术人员核实情况，落实预警响应措施。

3. 加强巡查排查，严格落实群测群防措施

抓好基层群测群防体系建设，健全以村干部和骨干群众为主体的群测群防队伍，落实隐患点监测责任人，及时发放防灾避险明白卡，树立警示牌。部署全省群测群防人员信息核对及更新工作，组织电话抽查，切实做好群测群防人员信息管理和责任落实。年内，全省共安排巡查员 1.8 万多人，出动巡排查人数 10.5 万人次；结合预警分级重点巡查地灾隐患点、风险点 6.2 万处次，组织转移避险 1.57 万人。

4. 及时转移人员，成功避让多起地质灾害

为全力做好地质灾害防御，加强与市县会商调度，及时发布地质灾害预报预警信息，要求各地切实落实群测群防，做好地质灾害隐患巡查排查，建立险情快速报告制度，做到一有险情立即报告，并迅速分析研判和处置，坚决转移受威胁人员。全年全省共成功避让 4 起地质灾害（广州市增城区 1 起崩塌，清远市清城区 2 起泥石流、清新县 1 起滑坡），避免人员伤亡 95 人，避免直接经济损失 105 万元。其中，发生在清远市清城区的 2 起泥石流因成功预警，群测群防措

施落实到位，提前组织68名受威胁人员转移，避免了人员伤亡，央视新闻还专门对此进行了报道。从4个成功避险案例来看，“加强监测预警，落实群测群防，及时巡查排查发现险情，果断转移受威胁人员”是成功避险关键，最大限度减少灾害损失，有效地避免人员伤亡。

5. 组织技术人员，全力做好技术保障

联合省应急管理厅印发《关于建立完善地质灾害灾情信息共享机制的通知》，实现工作联动，不断提升对突发情况的快速反应能力。在上年组织省地质局等6个地勘单位与21个地级以上市137个县（市、区）建立技术支撑保障体系的基础上，迅速组织地勘单位近300名技术人员进驻市、县，落实好人员、车辆和设备等应急准备，开展雨前巡排查以及应急抢险工作，确保出现灾情时第一时间赶到现场开展应急调查和处置。特别是6月8日12时30分，广惠（济广）高速龙溪—博罗段发生2处山体滑坡地质灾害，迅速组织省地质局第七地质大队技术人员于13时赶赴现场开展应急调查，快速对2处地质灾害的类型、规模、成因和发展趋势做出准确研判，指导相关单位落实排险措施，防止次生灾害发生。同时，迅速形成调查报告，并提出下一步防治措施。

6. 加强宣传教育，提高避险防灾意识

全省各级自然资源部门紧紧围绕《广东省地质灾害防治三年行动方案（2020—2022年）》和省民生实事“加强地质灾害隐患点综合治理”目标，通过动员部署、规范解读、技术培训等方式进行广泛宣传，积极营造全省上下联动、群众积极参与的良好氛围。充分利用世界地球日、全国防灾减灾日等活动，以通俗易懂、接地气的方式，从大众科普的角度，通过电视、广播、网站和报纸等新闻媒体广泛开展地质灾害防治知识宣传活动。年内，共制作地质灾害防治公益科普宣传片4集，并在广东卫视、广州地铁等媒体发布；在省自然资源厅微信公众号连续开展地质灾害知识有奖问答58期，有效提升社会公众防灾减灾意识，宣传效果明显。

7. 推动全省地质灾害综合防治体系建设

2019年12月30日，省政府办公厅印发《广东省地质灾害防治三年行动方案（2020—2022年）》。建立领导干部挂点负责制度。印发《关于建立健全地质灾害防治工作责任制的通知》，进一步明确各市、县（市、区）政府地质灾害防治责任，明确各地要建立市、县（市、区）、镇领导挂点制度。至年底，全省479处大型以上隐患点已落实337名市、县（市、区）政府领导挂点，其中有13名市政府主要领导、44名县（市、区）政府主要领导参加挂点。加强资金保障。省财政厅明确三年共安排地质灾害防治专项资金17.18亿元用于省三年行动方案实施，2020年共下达9.1亿元。21个地级以上市计划安排近27亿元用于地质灾害综合治理。目前，全省各级财政计划安排三年行动资金已达44亿元，为三年行动铸造了坚实后盾。同时，统筹近1.2亿元专项资金用于地质灾害详细调查。加强调研指导，成立10个由厅领导任组长的调研指导组，多次赴各地开展实地调研指导，督促各地加快落实三年行动和省民生实事计划。联合省地勘单位开展工程治理项目飞行检查，推动解决工程治理项目施工过程中出现的技术和质量问题。

【海洋防灾减灾】

1. 成立海洋预警监测工作领导小组

为深入贯彻落实中共中央总书记、国家主席、中央军委主席习近平关于“海洋强国”和

“提高自然灾害防治能力”重要指示精神，发挥海洋预警监测在“两统一”和海洋灾害应对等工作中的基础性、先行性、服务性和保障性作用，2 月 14 日，省自然资源厅成立由厅领导任组长、相关处室单位为成员的海洋预警监测工作领导小组，并设立领导小组办公室。

海洋预警监测工作领导小组履行贯彻落实省委、省政府和自然资源部有关海洋预警监测决策部署，审议全省海洋预警监测工作的中长期发展规划、计划，组织开展全省海洋预警监测工作重大行动，研究解决全省海洋预警监测工作中的重大问题，参与协调全省自然资源系统重大海洋灾害预警监测工作。领导小组的成立，对加强全省海洋观测预报和海洋科学调查领域的政策设计和落实，提升海洋观测、预报、监测、调查等基础能力，完善海洋预警监测业务体系具有重要作用。

2. 印发《广东省自然资源厅海洋灾害应急预案》

为切实履行海洋灾害防御职责，提高应对海洋灾害预警报能力，最大限度地减轻海洋灾害造成的人员伤亡和财产损失，4 月 30 日，省自然资源厅结合自然资源部新修订的《海洋灾害应急预案》和《广东省人民政府办公厅关于统一规范省自然灾害预警信息发布和启动（或结束）应急响应工作的通知》等有关法律法规，制定《广东省自然资源厅海洋灾害应急预案》。预案适用于省自然资源厅组织开展影响广东省管辖海域范围的风暴潮、海浪灾害的观测、预警和灾害调查评估等工作；海啸灾害的观测、预警工作由国家组织实施，省自然资源厅转发国家海洋环境预报中心的海啸预警信息。预案的出台，符合《中共中央、国务院关于推进防灾减灾救灾体制机制改革的意见》和《中共广东省委、广东省人民政府关于推进防灾减灾救灾体制机制改革的实施意见》精神，有利于对突发性的海洋灾害及时做出预警、响应和处置，最大限度地减少突发性的海洋灾害造成的损失，切实保障广东省沿海地区经济社会的持续健康发展。

3. 开展广东省典型海洋生态系统调查

为适应机构改革后履行新职能的需要，同时为做好广东省海洋生态预警监测工作顶层设计，省自然资源厅组织开展旨在摸清海洋生态家底的珊瑚礁、红树林、海草床等典型海洋生态系统的调查工作。通过遥感监测和现场调查等方式，基本掌握广东省红树林、珊瑚礁、海草床的空间分布现状，对重点区域评估其生态状态及受到围填海等人为因素的胁迫风险，制作全省典型生态系统分布一张图和重点区域典型海洋生态状态分布图。通过调查，准确获取广东省典型海洋生态系统分布数据，掌握生态状态，为全省生态评估和生态修复以及海洋生态预警监测工作的全面开展奠定基础，推动全省海洋生态文明建设。

4. 为核电企业的冷源取水安全提供海洋环境保障服务

随着广东省核电事业的不断发展，海洋环境预报在核电企业生产安全中发挥着越来越重要的作用。省自然资源厅组织海洋预报机构、海洋生态监测队伍形成团队合力，共同为阳江、岭澳核电企业的冷源取水安全提供精确的海洋环境保障服务，切实提升核电企业对冷源取水口海洋生物富集的防控能力，避免核电站停堆造成较大经济损失。此项工作为海洋环境预报技术在核电生产中的应用提供了全国推广新思路，以实际行动落实了党中央提出的“统筹推进疫情防控和经济社会发展”指示精神。

5. 推进粤港澳大湾区减灾行动

为统筹做好粤港澳大湾区海洋防灾减灾工作，6 月 2 日，省自然资源厅根据自然资源部下发的《粤港澳大湾区海洋灾害防治能力提升行动计划》，制订并下发《粤港澳大湾区海洋灾害防治能力提升行动计划实施方案》，要求各地市按照《粤港澳大湾区海洋灾害防治能力提升行动计划》的指示，优化大湾区海洋观测站点布局，提升海洋灾害预警监测水平，摸清海洋灾害风险隐患家底，切实提升大湾区海洋灾害风险防御能力。2021 年起，将落实《粤港澳大湾区海洋灾害防治能力提升行动计划实施方案》的要求，逐步构建大湾区“四基”观测网，建设海洋数据中心，开展大湾区海洋灾害风险普查工作，制定海洋灾害风险区划，划定海洋灾害重点防御区。

6．开展海洋观测基地科普功能建设

为发挥海洋观测站点一站多能的作用，同时为更好地科普海洋预警监测知识，10 月 28 日，协调珠海市自然资源局与国家海洋局珠海海洋环境监测中心站，在珠海海滨浴场的海洋潮位观测站挂牌成立共建珠海海洋观测科普教育基地。建设海洋观测科普教育基地为广东省乃至华南地区拓展海洋观测站点的功能提供了经验，同时也为海洋预警监测工作深入社会提供了平台。

7．开展海洋灾害科普宣教工作

为营造海洋预警监测事业蓬勃发展的良好氛围，组织开展多类型、分类别的海洋防灾减灾宣传工作。一是结合“5·12”防灾减灾日，组织全省自然资源系统开展法律法规、防灾减灾知识、预警监测等海洋防灾减灾宣传周活动，进一步提高工作人员应急水平和群众自救互救能力。二是结合“6·8”世界海洋日，发布《2019 年广东省海洋灾害公报》，积极营造关心海洋、认识海洋、经略海洋的良好社会氛围。三是结合《广东省自然资源厅海洋灾害应急预案》的实施，组织全省自然资源系统开展海洋灾害应急演练，指导各级自然资源部门修改海洋灾害应急预案，提升应对海洋灾害的能力。四是解决海洋预警报信息传递“最后一公里”问题，升级广东省海洋预报台网站页面，并在省自然资源厅机关网站建立衔接。不仅在网站内容上有海洋预警报信息，而且增添了海洋预警监测领域的法律、海洋灾害科普等知识，让社会公众及时掌握海洋环境信息。五是结合构建广东特色海洋预报体系，安排深圳、茂名自然资源部门和厅属事业单位相关人员参加国家海洋局南海预报中心举办的海洋预报减灾技术人员跟班学习。

广东省农业农村厅

2020年，全省农业部门按照省委、省政府总体工作部署，全力抓好农业防灾减灾工作，成功防御云浮、阳江等市干旱以及汛期暴雨洪涝、“海高斯”“浪卡”热带气旋，在作物救灾复产、生物灾害防治、畜禽防疫免疫、渔业灾害防治等方面均取得明显成效。

【作物救灾复产措施】

1. 加强组织领导

7月27—31日，先后2次召开抗旱工作和农业抗旱调度会议，省委常委叶贞琴出席会议，并亲自部署农业抗旱工作。8月4日，省农业农村厅召开全省种植业抗旱保丰收座谈会。印发《关于抓好今年晚稻生产的紧急通知》，要求各地农业农村部门加大力度抗旱、促耕、保晚稻面积，加强与气象、水利等部门沟通联系，根据天气变化和可利用水情况，合理安排育秧移栽进度，尽一切手段抗旱保苗，全力确保晚稻生产面积不减少。派出6个工作组和专家组，先后赴韶关、河源、梅州、惠州、汕尾、阳江、清远、云浮8个市开展农业三防安全生产工作检查和抗旱工作指导，由厅分管领导带队前往旱情较重的云浮、阳江等市指导抗旱。安排专家组、科技驿站技术人员到受旱重点市、县（市、区）现场指导农业抗旱。

2. 政策性农业保险

2020年，广东省全面落实中央关于农业保险“扩面、提标、增品”的总体要求。全省纳入省级以上财政补贴的涉农保险补贴品种超过40个（类），其中种植业类包括水稻、玉米、油料作物（花生）、糖料作物（甘蔗）、水稻制种、马铃薯、特色水果、蔬菜、花卉苗木、茶叶等。种植业类保费规模（不含产粮大县）为5.39亿元，产粮大县三大粮食作物保费规模为3.64亿元，中央财政对地方优势特色农产品保险奖补试点岭南水果保费规模为3.47亿元，分别占中央财政农业保险险种保费总规模的27.3%、18.4%和17.6%。

3. 开展农业救灾复产

向受旱较重的市、县（市、区）下拨农业抗旱救灾资金2000万元，用于紧急抽水、引水保插保苗、渠道维修等。全省各地在灾后改种补种粮食作物6万多亩，挽回粮食损失6万多吨。

4. 加强防灾减灾宣传

为打通农业防灾减灾知识宣传“最后一公里”，省农业农村厅加强与新浪广东等新闻媒体交流合作。制作农业三防防灾减灾短视频，在新华网、《南方都市报》、新浪网页、南方+、省农业农村厅公众号及微视等多个平台同时发布，并对农业生产者进行定向推送。短视频上线后，社会关注度高，仅12小时点击量高达95万次，农业防灾减灾宣传效果较好。

【生物灾害防治措施】

2020年，全省各级植保部门坚持以农业供给侧结构性改革为主线，聚焦乡村振兴硬任务硬指标，积极践行新发展理念和现代植保理念，以农药使用量零（负）增长为抓手，全面推进农作物病虫害监测预警、重大病虫应急防控、病虫绿色防控、专业化统防统治和农药减量控害等重点工作，及时有效控制农业有害生物爆发为害，确保农业生产安全。全省农作物病虫草鼠螺害防治面积 2311.78 万公顷次，挽回作物损失包括粮食 349.45 万吨、水果 157.61 万吨、蔬菜 291.13 万吨、茶叶 1.36 万吨、油料 16.67 万吨、其他经济作物 41.84 万吨。

1. 构建重大病虫监测网络，持续提升预报预警能力

全省设立省市共建重大病虫监测站 87 个、监测点 236 个，监测对象涵盖 22 种作物 80 多种重大病虫，实现粮食作物、果菜茶和特色作物病虫监测预警协调发展。推进草地贪夜蛾联合监测预警，设立联合监测试验站 13 个，并在 13 个重点县开展“三区四带”布防，设置高空测灯、性诱装置 3000 多台（套）。严格落实重大病虫调查规范和信息采集上报制度，举办测报技术培训班，强化病虫信息采集上报，全年采集病虫数据 7.8 万多条。完善广东农业有害生物数字平台，增加视频会商功能模块，开展水稻、荔枝、蔬菜病虫和草地贪夜蛾发生趋势研判专题视频会商；适时发布水稻、蔬菜、荔枝、柑橘、玉米等作物病虫以及草地贪夜蛾、蝗虫、鼠害发生的预报预警信息。省级发布病虫情报 22 期、编制周报 86 期，全省发布病虫情报 703 期，预报准确率达 91.5%。

2. 抓好重大病虫防控，确保农业生产安全

积极做好《农作物病虫害防治条例》宣传贯彻，推动各地落实重大病虫防控属地责任，健全防控指挥体制机制。围绕稳产保供的粮食生产目标，实施水稻生育期全程防控技术支撑，发布水稻种子处理技术、水稻重大病虫防控技术方案、水稻中后期重大病虫防控通知。科学利用中央财政农业生产和水利救灾（水稻病虫和草地贪夜蛾）资金和省级乡村振兴专项资金，开展水稻病虫统防统治、草地贪夜蛾监测调查与应急防控，确保资金使用安全和绩效目标完成。落实农业农村部《全国草地贪夜蛾防控预案》及工作部署，制定草地贪夜蛾防控技术方案。举办全省草地贪夜蛾防控技术培训班，全面落实带药侦察、点施点防等应急防控措施。草地贪夜蛾全年累计发生面积 7.60 万公顷、防治面积 8.66 万公顷，防治效果达 86% 以上，确保了发生区域不大面积成灾。加强鼠害蝗虫监测防控，印发春季农区鼠害防控工作的通知、农区蝗虫绿色防控技术方案，指导各地实施春季“全方位，五统一”农区灭鼠行动，建设农田鼠害 TBS 绿色防控技术示范区 5 个，带动各地科学高效灭鼠。采取日常联系远程指导和关键时期现场指导相结合的方式强化病虫防控督导指导，在水稻中后期等病虫防控关键时期，派出 10 多个专家组深入实地开展调研指导和督促检查，推动防控措施落实。全省防治面积达 2311.8 万公顷次，挽回农作物损失 858.07 万吨。

3. 践行绿色发展理念，扎实推进病虫绿色防控

积极对接“一县一园、一镇一业、一村一品”项目建设，制定水稻、柑橘、荔枝、茶叶、蔬菜等作物病虫绿色防控技术方案，扎实推进病虫绿色防控示范区建设，大力推广种衣剂应用、生态调控、性诱控虫、生物防治、生物药剂等绿色防控技术措施，开展绿色防控指标评价，推动形成了一批可复制可推广的技术模式。承办昆虫信息素智能缓释防治农作物害虫技术培训班，组织开展全国绿色防控示范县创建工作，加大病虫绿色防控技术应用主体培育，推动新型生产经营主体打造具有市场认可度和影响力的绿色防控产品，增强绿色防控发展内生动力。开展蔬菜、荔枝、三华李、柑橘、茶叶、中草药等作物病虫发生及绿色防控情况调查，编制中草药种植和病虫害发生防治情况报告，建立健全果菜茶及特色作物病虫绿色防控数据库。全年共建设各类绿色防控示范区 1129 个，带动全省实施病虫绿色防控面积达 103.47 万公顷，绿色防控覆盖率达 35.8%。

4. 推进专业化统防统治，促进小农户与现代农业有机衔接

推动病虫害统防统治作为高标准农田科技示范建设内容列入“十四五”规划，在所有实施高标准农田建设的地区推行统防统治。加大统防统治宣传培训力度，开展统防统治专题调研，举办全省农作物病虫统防统治培训班，指导各地举办形式多样的现场观摩会、培训班。全省共举办培训观摩活动 30 期，1450 人参训。强化统防统治组织管理，提供服务合同范本，协助制定管理规定，指导基层植保部门和服务组织做好信息登记工作，提升统防统治规范化管理水平。做好全国“统防统治百县”创建和“统防统治星级服务组织”申报工作，指导做好材料编写，组织专家审核，及时上报材料。全省统防统治组织有 709 家，日作业能力达 201 万亩，水稻病虫统防统治面积达 274.87 万公顷次，覆盖率达 42.5%。

5. 推广农药减量控害技术，巩固农药使用量零（负）增长成果

召开全省农药减量控害技术交流推进会，总结交流近几年减量控害成效经验，研究部署下一步工作。开展“全省农药安全科学使用百场培训”和“农药使用安全生产月”活动，举办全省绿色发展能力提升行动项目培训班，有效提升全省基层技术人员和新型职业农民的安全科学用药水平。全省全年开展农药安全科学使用技术培训活动 780 期，5 万多人次参训。依托 5 个新农药试验示范培训基地，大力开展玉米草地贪夜蛾、水稻稻瘟病和细菌性条斑病等防治药剂试验。全年共开展试验示范 12 项，举办新农药推广现场观摩活动 19 场；全省推广高效低风险新农药 57.3 万公顷次，比上年增加 6%。组织开展稻飞虱、稻纵卷叶螟、甜菜夜蛾、草地贪夜蛾等害虫抗药性监测，编制上年度农业有害生物抗药性风险评估报告。组织开展农药和植保机械专项调查，抓好全省 2020 年农药使用量、利用率调查统计和 2021 年农药使用量预测工作。全省农药使用量达 5.15 万吨，连续五年实现负增长，水稻农药利用率提高到 40.28%。

6. 强化预警防控技术研究，夯实预警防控技术基础

一是推进“药肥精准施用跨境跨区域大数据平台”“植物重大病虫害监测预警及防控技术研究与示范”“植物重大灾害预警与综合防控共性关键技术”“草地贪夜蛾迁飞规律与监测预警技术研究与示范”“中越、中韩迁飞性害虫国际合作项目”等重点项目实施。二是组织专家团队开展病虫预报建模研究，积极推进病虫智能预报。三是做好稻瘟病菌生理小种鉴定，发布上年稻瘟病监测结果和风险预警。四是做好新型测报工具、防控产品等试验示范和推广应用，开展马铃薯晚疫病监测预警系统、稻纵卷叶螟性诱和食诱测报、二化螟性诱测报、白叶枯病和稻曲病监测预报、荔枝蒂蛀虫信息素诱杀、氨基寡糖素对荔枝诱导免疫技术、金龟子绿僵菌（CQMa421）可分散油悬浮剂防治茶树小绿叶蝉、“真希”补硒提质增效等多项试验。

【畜禽防疫免疫措施】

1. 高度重视，狠抓部署落实

省委、省政府高度重视重大动物疫病防控工作。省委、省政府领导多次就重大动物疫病防控工作作出重要批示（指示）。全省认真贯彻农业农村部全国重大动物疫病防控工作部署，通过召开视频会议、下发文件、举办培训班等方式，对重大动物疫病防控进行全面部署。为加强组织领导，实行重大动物疫病防控定点联系制度，由省农业农村厅相关处室（单位）处级干部任组长，分片包干，网格化管理，督促检查指导各地防控工作扎实有效开展。

2. 保障经费物资落实到位

省财政大力支持动物防疫工作。2020 年，省级财政投入强制免疫疫苗、非洲猪瘟等重大动物疫病防控工作经费等约 2.22 亿元。全省各级均按要求全额配套强制免疫疫苗经费，并落实相关经费的发放管理工作。

3. 持续强化非洲猪瘟关键措施落实落细

开展规模猪场和重点场所非洲猪瘟病毒全覆盖监测。对年出栏 2000 头以上的规模猪场，全部要求入场检测；对年出栏 500～2000 头的规模猪场，按 2% 比例随机抽检；对屠宰场、无害化处理厂、生猪运输车辆等进行定期抽检。全省共对 2632 个场点实施入场检测 4279 场次，检测病原学样品 13.33 万份。从检测情况看，阳性率总体较低。所有阳性场点均按规定进行处置，有效阻断非洲猪瘟病毒的扩散。

建立网络化排查机制，及时消除风险隐患。全省各级动物卫生监督机构、动物疫控机构和乡镇兽医机构按照网络化管理要求，严格实行包村包场网格化疫情排查工作机制，对生猪养殖场户进行全面排查。全省共排查场点 101 万个（次），排查生猪 2.1 亿头（次），及时消除风险隐患。加强生物安全管理技术宣传，提升养殖场（户）生物安全管理意识和管理水平。

持续开展“大清洗、大消毒”活动，不断净化养殖环境。持续推进“大清洗、大消毒”活动，将动物防疫清洗消毒行动常态化、制度化、责任化，组织各地以定期集中消毒和日常程序消毒相结合的方式，聚焦养殖、运输、屠宰、无害化处理等关键环节、重点场所，不断净化养殖环境。全年省级给各地级以上市（珠三角除外）下拨消毒药物 380.5 吨，发动 82.77 万人次，清洗消毒风险场所 7.3 亿平方米。

4. 突出重点，狠抓防控落实

狠抓强制免疫，确保全覆盖。年初，印发《2020 年广东省动物疫病强制免疫计划》，部署规模化养殖场做好程序免疫，指导散养户落实春秋季集中免疫和定期补免，确保口蹄疫、高致病性禽流感等重大动物疫病“应免尽免，不留空档”，全面组织做好免疫接种。全省禽流感、猪蓝耳病、口蹄疫、猪瘟、新城疫等主要动物疫病免疫密度均在 95% 以上，构筑起较为安全有效的疫病防控屏障。

加强监测预警，确保免疫效果。全省按照《2020 年广东省动物疫病监测与流行病学调查计划》要求，认真开展重点场所、重点环节的疫情监测与流行病学调查。全年全省累计检测血清学样品 41.10 万份、病原学样品 26.32 万份。禽流感 H5 抗体合格率为 93.00%，H7 抗体合格率为 93.21%，猪、牛、羊 O 型抗体合格率分别为 86.09%、92.19%、87.80%，牛 A 型抗体合格率为 81.40%，小反刍兽疫抗体合格率为 85.08%，均超过国家标准（70%）。总体上，主要动物疫病的免疫抗体维持在较高水平，达到能抵抗相应疫病的效果。

持续开展狂犬病、血吸虫病等人畜共患病防治工作。坚持不懈，连续多年狠抓狂犬病防控，取得显著成效：2020 年，全省报告狂犬病人间病例 6 例，较 2011 年的 202 例下降了 97%，是近十年人间病例最少的一年。省农业农村厅密切配合有关部门消灭韶关、清远 2 市钉螺疫情，扎实做好家畜血吸虫病监测防治工作。印发《关于加强布鲁氏菌病防控工作的通知》，督促指导各地以县为单位持续推进布鲁氏菌病稳控区和净化区建设。狂犬病、布病、血吸虫病等主要人畜共患病继续保持有效控制状态。

5. 狠抓基础，应急管理到位

强化应急储备。省、市、县（市、区）均落实应急储备制度，储备应急防疫物资。省农业农村厅设立动物防疫技术服务中心，专门负责应急防疫物资储备、调拨和管理。省级常态储备消毒药 200 多吨，防护服 1 万多套以及动物扑杀器械、消毒设备、无害化处理袋等应急物资一批，管理制度和进出记录完善。各级农业农村部门定期或不定期对辖区内防疫物资贮存、供应、使用以及报废防疫物资处置等情况进行检查。组织有关地市业务骨干举办非洲马瘟等重大动物疫病应急处置培训班，进一步提升各地动物防疫应急管理水平。

疑似重大动物疫情核查情况。强化应急值守，省级设立 24 小时值班电话，各地各级在网络或媒体上公布动物疫情举报电话。规定一有疫情举报，接话员按程序要求记录电话，立即上报值班领导，并派员进行核实，确保不漏一起疫情。年内，国务院“互联网 + 督查”平台反映的 11 条线索，全省均进行主动核查和妥善处置，并将核查情况及时上报农业农村部；省内三农热线 12316、疫情举报电话、群众上访等其他途径未收到疑似重大动物疫情线索。

规范疫情处置。对年内发生的 1 起口蹄疫疫情、1 起牛结节性皮肤病疫情，均在第一时间对相关市、县农业农村部门就处置工作进行专业指导、检查和评估，确保及时拔点灭源，严防发生扩散蔓延。

6. 创新模式，动物卫生监督到位

加强调运环节监管。印发《关于进一步加强指定道口管理工作的通知》《转发农业农村部畜牧兽医局关于启用国家生猪运输车辆备案系统的通知》《转发农业农村部办公厅关于强化收购贩运管理的通知》。部署强化指定通道监管，推广使用“中南运猪通”App，全面落实生猪运输车辆备案制度，对生猪收购贩运单位和个人开展基础信息登记，对发现涉嫌违法违规调运的车辆立即取消备案。至年底，共有生猪运输备案车辆 5196 辆，取消运输车辆备案 10 辆；有 1251 个生猪贩运主体进行了信息登记。省际动物卫生监督检查站（指定道口）共检查生猪运输车辆 9.65 万辆、运输或携带有生猪产品车辆 10531 辆，计生猪 1060.94 万头、生猪产品 13.15 万吨。

扎实做好畜禽产地检疫。印发《关于进一步加强动物检疫监管工作的通知》，要求各地按照《国家畜禽遗传资源目录》中所列入的 33 种畜禽，依照相关检疫规程、规范开展畜禽产地检疫工作。全年全省产地检疫生猪 2811.38 万头、牛 76.08 万头、羊 66.49 万头、家禽 15.6 亿只；屠宰检疫生猪 2746.84 万头、牛羊 135.96 万头（只）、家禽 2.19 亿只。

规范动物检疫证明出证工作。先后下发《关于规范动物检验验讫证章和相关标志样式等有关要求的通知》《关于完善我省动物检疫出证有关事项的通知》，全省启用新版动物检疫证章标志和检疫验讫章，对电子检疫出证工作予以全面规范和强化。同时，举办全省动物防疫检疫信息化管理培训班，对电子检疫出证等内容作了专题培训。全面实行检疫合格证明电子出证，全省共出具电子检疫证明 1132 万份，日均出证数量超过 3.10 万份。

加强入粤生猪和生猪产品监管，推动实施入粤生猪和生猪产品备案管理制度。按中南区分区防控政策要求，对省外调入的生猪产品和生猪实施调运备案管理。推行供粤生猪屠宰企业按一定资质要求由相关省份推荐进行备案管理，供粤生猪养殖企业由企业自主申请，经输出地和输入地县级以上动物卫生监督机构（农业农村部门）审核进行“点对点”备案调运。目前已公布十批供粤生猪屠宰企业名单，公布中南区和河南等非中南区省份供粤生猪“点对点”调运企业备案名单各一批。

强化从化无疫区管理。持续抓好从化无规定马属动物疫病区维护管理及功能拓展，通过与海关部门联合创新审批制度，创建马匹跨境运输便捷通关检疫体系，对香港赛马会全部马匹实施备案管理，以马匹个体为单位给予进境许可，使其在1年内可不受次数限制往返马会粤港两地马场。全年香港赛马会已进行53次马匹跨境运输，共有1889马次往返，从化马场常驻约400匹赛马进行日常训练。香港特别行政区行政长官林郑月娥表示，从化“无疫区”与马场的落成和持续运行，是粤港澳大湾区马场建设的一个成功例子。

7. 大力推进，无害化处理体系建设成效明显

继续加强对各病死畜禽无害化处理中心示范项目的督促指导，推动做好收尾工作。至年底，有8个项目正式运营或试运行。同时按照实事求是的原则，推动各地根据本地区动物养殖、屠宰等情况，合理规划、设立或指定区域性无害化处理场，着力构建全省病死动物和病害动物产品跨区域无害化处理体系，建立养殖保险和病死动物无害化处理联动机制。

8. 加强建设，防疫能力得到提升

高位谋划推进动物防疫机构队伍体系建设。一是积极推动省政府先后制定出台《关于加快推进生猪家禽产业转型升级的意见》和《关于加强生猪和生猪产品质量安全全程监管推进屠宰产业高质量发展的意见》，部署要求各地采取切实有力措施，稳定基层机构队伍，配备与工作任务相适应的防疫检疫等专业技术人员，特别提出各地要明确动物防疫检疫具体工作的承担单位。二是研究制定《广东省签约兽医管理办法（暂行）》，积极实施动物防疫专员特聘计划，补齐基层防疫力量不足的短板。三是通过开展官方兽医资格审查、放宽执业兽医考试报考范围、实施乡村兽医备案管理等一系列措施，全面加强兽医队伍管理和建设，并以推进强制免疫“先打后补”改革为抓手，鼓励单位和个人组建动物防疫服务团队，大力推进兽医社会化服务发展，充实社会防疫力量。

大力推进兽医实验室能力建设。通过培训、比对试验、考核等方式切实提升兽医实验室能力，目前，省、21个地级以上市以及20个县级兽医实验室（占18.52%比例）具备禽流感、口蹄疫等重大动物疫病病原学（PCR）检测能力，全部县级兽医实验室具备动物疫病常规鉴别诊断能力，为防控动物疫病提供了强有力的技术支撑。一是加强动物疫病防控技术培训，先后举办《主要畜病流行情况及防控技术》《主要禽病监测与防控》《动物疫病强制免疫计划解读》《水生动物疫病检测技术和防控技术》等线上线下培训，逐步提高各地兽医实验室监测诊断能力。二是组织开展全省市、县级兽医实验室检测能力比对。全省21个地级以上市和60多个县的实验室参加比对，市级、县级实验室样品检测符合率分别达97%、93%。三是省疫控中心项目于2020年5月29日正式动工建设，将建成设备先进、条件一流的省级动物疫病预防控制中心，为全省动物疫病防控提供更加有力的技术支撑。

加强兽医实验室生物安全管理。印发《广东省动物病原微生物实验室生物安全水平提升三年行动方案》《关于开展2020年度全省动物病原微生物实验室生物安全专项检查的通知》，落实动物病原微生物实验室生物安全管理制度，组织开展交叉检查，全面提升动物病原微生物实验室生物安全水平。

推进无疫区和无疫小区建设。印发《2020年广东省非洲猪瘟无疫小区建设方案》《关于做好无非洲猪瘟区评估工作的通知》《广东省农业农村厅关于同意开展非洲猪瘟无疫小区建设的批复》等，建立常态化防控机制，分区域、分场群控制和净化非洲猪瘟，积极推动非洲猪瘟无疫小区建设。经层层遴选和精心指导，广东3家规模化猪场于2020年10月通过全国动物卫生风险评估委员会专家组现场评估，成功创建非洲猪瘟无疫小区。此外，持续抓好从化无规定马属动物疫病区维护管理及功能拓展，连续11年通过农业农村部年检，持续维持无疫状态。

【渔业防灾减灾】

1. 保障水产品稳产保供

2020年，省农业农村厅围绕“抗疫保供”中心工作，主动作为，统一部署，保障水产品稳产保供。率先出台收储政策，解决水产品“压塘难卖”问题，突出抓好春季渔业生产，推动渔业企业复工复产。在新冠疫情防控期间，一些地方水产品生产运输销售受阻，部分养殖企业饲料、苗种供应短缺，给水产养殖业带来较大影响。2月14日，厅领导主持召开渔业口会议，部署抗疫期间渔业工作，制定《广东省农业农村厅关于建立“点对点”工作机制帮助渔业企业复工复产工作方案》，建立渔业相关处室（单位）副处级以上领导干部全覆盖对接各地级以上市工作联系机制，帮助渔业企业解决实际问题。发挥行业协会作用，建立信息共享机制，充分利用现有平台、资源和渠道，开展产销对接，打通水产品供需渠道，保证产区产品产得出、运得走、不积压；销区主动对接产区，保证产品调得进、供得上、不脱销、不断档。同时，配合市场监管严格执法，明确打击范围，加强正面宣传，主动辟谣，提升水产品市场消费信心。印发春季水产养殖技术指南、水产养殖动物疫病防治技术指南，组织专家点对点下乡指导，加强春季水产育苗培苗投苗及疫病防控，积极防范因不能及时出塘、养殖密度变大产生的风险。帮助企业安排车辆、出具证明，积极采取措施解决外地工人回厂难问题，有序推动渔业企业复工复产。制定全省水产品收储补贴方案，2月14日，印发《关于做好家禽水产品收储工作的紧急通知》。至6月16日，全省收储水产品9万多吨，减少了大宗水产品的压塘量。同时通过创造性搭建广东农产品“保供稳价安心”数字平台，开展网红直播带货、社区团购等水产品专项营销活动，为水产品销售在数字经济背景下开辟新天地。

2. 抓好渔业安全生产工作

进一步加强渔业安全生产，防范遏制重特大事故发生。印发《广东省农业农村厅关于进一步加强渔业安全生产工作的指导意见》，制定《水上交通和渔业船舶安全专项整治三年行动实施方案》，发出《关于加强渔业安全生产专项整治宣传工作的通知》，安排专人坐班，加强安全生产工作。3月30日，召开全省农业农村安全生产工作视频会议，要求全省各级农业农村部门牢固树立安全发展理念，弘扬生命至上、安全第一的思想，严格落实“管行业必须管安全，管业务必须管安全，管生产经营必须管安全”的“三个必须”部门监管责任；完善制度、健全机制，严格落实安全生产责任制，坚决强化生产安全事故防范措施，确保完成安全生产各项工作任务，特别是进一步推进渔业安全生产工作。4月20日，召开全省海洋伏季休渔暨渔业安全生产警示工作视频会议，动员部署渔业安全生产以及海洋伏季休渔工作，开展渔船安全生产整治百日攻坚行动、渔船安全监督大检查、全省渔业安全生产宣传月等活动，从严从实从细抓好渔业安全生产工作。6月16日，省农业农村厅联合茂名市人民政府在博贺渔港举办2020年渔船“安全宣传咨询日”现场活动，通过开展海上救生消防应急演练、救生设施设备使用演示、播放渔业安全宣传片、渔船安全现场咨询、展览优质船用产品等，进一步宣传贯彻国家安全生产法律法规，推动落实渔船安全生产责任，普及渔船安全生产知识，提高从业人员安全生产意识、突发事件应对处置水平和自救互救技能，着力提升渔业安全治理能力和“依港管船、管人、管安全”工作水平。开展第19个全国“安全生产月”活动。

农业农村部把渔业安全生产作为重点工作。3月18日，召开全国渔业安全生产工作视频会议。5月，印发《渔业安全生产专项整治三年行动工作方案》，明确13项主要任务和50多项具体工作。7—11月，先后4次到广东调研渔业安全生产情况。7月29—31日，应急管理部安全协调司和农业农村部渔业渔政管理局组成联合调研组，实地调研深圳蛇口渔港、深圳湾禁渔区、珠海洪湾渔港，深入了解渔船渔港安全生产情况和港澳流动渔民疫情防控落实情况，要求全面落实渔业安全生产三年专项整治计划，加强渔船进出渔港的监管，重点加强防台防汛工作。9月18—20日，全国渔业安全生产专项治理工作交叉排查组到珠海、江门等市检查，实地调研江门崖门渔港、珠海洪湾渔港，考察新会区渔船安全定位系统和珠海市洪湾渔港应急指挥中心等项目，建议加强立法工作，推动责任落实，包括地方政府的属地责任、部门的监管责任、船东船长的主体责任，把渔业安全生产工作抓实抓细。10月20—23日，农业农村部渔业渔政管理局督导组到茂名、阳江市督导检查渔业安全生产工作。11月11—12日，由农业农村部渔业渔政管理局和应急管理部安全协调司联合组成调研组，深入阳江市闸坡渔港，了解并分析当前渔业安全生产面临的形势，充分肯定广东渔业安全生产工作，尤其是“不安全、不出海”专项行动方案，以问题为导向，理清各部门、船东船长等责任，具有推广意义；同时要求加强对渔船进出渔港的监管，打通信息化数据结节；强化隐患排查整改工作，多开展明察暗访；加大渔民安全生产培训力度，推广免费培训计划，把安全生产工作落实到人。

3. 应对台风洪涝灾害

为切实做好汛前防汛防风准备工作，深入排查渔船渔港安全隐患，防止渔业重特大事故发生，3月25—27日，省农业农村厅领导带队赴江门、阳江、茂名、湛江4市检查指导渔船渔港安全生产工作情况，深入台山市广海渔港、阳江市闸坡渔港、阳西县溪头渔港、茂名市滨海新区博贺渔港，实地查看渔业防台应急准备、渔港建设及避险能力、渔船日常安全监管等，强调要切实加强渔港设施设备建设与升级改造，加强安全隐患排查整治，确保渔港渔业生产安全。提升渔船安全适航水平，做实做细渔业防台各项措施，有效遏制渔船渔港安全生产事故发生。7月1—3日，省农业农村厅领导与省气象局、省海洋综合执法总队相关负责人，前往茂名、湛江开展农业气象防灾减灾调研，主要调研海上养殖生产、渔船安全设备配备、休渔渔船及乡镇渔船停泊以及了解湛江市抗旱救灾情况等。面对台风影响，提醒水产养殖户务必提前做好防灾减灾工作：下雨前及时给养殖动物补充多维、多糖等抗应激产品，同时提升养殖动物的体质；雨中注意监测池塘的溶解氧量，一旦发现缺氧，提前使用增氧产品或者及时开启增氧机，避免高温夏季缺氧事故的发生；台风过后做好抑菌工作，避免有害细菌大量繁殖导致养殖动物死亡带来损失。10月11日晚，省农业农村系统召开全省农业农村防台工作紧急视频会议，对加强渔船安全监管工作进行专项部署，严格落实24小时带班值班制度，加强渔船渔排管理，确保台风前渔船全部回港避风。

5. 渔船安全生产监管

6月23日，全省海洋综合执法工作会议在广州召开。会议要求做好渔船安全监督工作，落实渔业安全生产专项整治三年行动要求，加强海洋渔船安全监管，坚持人防、物防、技防并举。为强化渔船安全设备监督检验，提升渔船安全监管能力，11 月 10—11 日，省海洋综合执法总队联合汕尾支队在汕尾城区举办渔船安全设备（AIS 及北斗终端）监督检验业务培训班，汕尾支队、各大队共 54 名执法人员参训。

实现渔船安全检查全覆盖。全省共实施渔港安全检查 1300 多次，渔船安全检查 1.7 万艘次；发现安全隐患 735 项，至年底，已完成整改 713 项。大部分地区已提前启动“宣教攻坚”有关部署，全省共开展各类宣传活动 600 多次，派发宣传材料 4 万多份。10 月 15 日，省委农办、省农业农村厅印发《关于开展“不安全、不出海”专项行动构建渔船安全生产长效监管机制的通知》。

6. 水产养殖病害防治

按照农业农村部实施水产绿色健康养殖“五大行动”的要求，结合广东实际制定《广东省 2020 年水产绿色健康养殖“五大行动”实施方案》，由省渔业技术推广总站主办的“水产绿色健康养殖‘五大行动’云课堂”，于 6 月 29 日在南方报业传媒集团演播厅正式开班授课，各地市组织相关从业人员通过线上线下同步学习，首次开课超 6 万人次围观。通过实施水产绿色健康养殖“五大行动”，全年全省建立了 20 个水产养殖用药减量模式推广点，推广点兽药使用量同比减少 5% 以上，抗生素类兽药使用量同比平均减少 10% 以上。开展水产养殖规范用药宣传和培训工作，落实《关于发布〈水产养殖用药明白纸 2020 年 1、2 号〉宣传材料的通知》要求，进一步开展水产养殖规范用药普法工作，强化产地水产品兽药残留监控。

印发《关于全面推进实施水产苗种产地检疫制度的通知》，各地将水产苗种产地检疫纳入重点工作，确定水产苗种产地检疫工作具体实施机构，稳步推进水产苗种产地检疫监督检查，抓好水产苗种产地检疫和疫病防控体系建设，全面推进水产苗种产地检疫工作。省动物疫病预防控制中心在水产苗种生产重点市县建立产地检疫申报示范点，提升水生动物防疫检疫实验室能力。同时对渔业重点市县水生动物检疫检测技术员进行技术培训，组织各地级市水生动物防疫机构进行能力比对。

11 月 25 日，省动物疫病预防控制中心在江门市大鳌镇东升村举行 2020 年广东省水产绿色健康养殖科技下乡活动，大力宣传推广绿色健康养殖技术，吸引了当地对虾养殖户近 200 人参加。同时举办“2020 年广东省水产健康绿色养殖技术培训班”，推广对虾健康养殖技术，为当地打造对虾养殖专业镇提供技术支撑。

7. 水产品质量安全管理

省农业农村厅联合食药监、检验检疫等部门，开展“一月一行动、一月一联席会”活动，整治水产养殖违规用药行为。以鳜鱼、乌鳢、罗非鱼、鲤鱼等养殖水产品为重点品种，针对产地养殖、鱼塘出池和装车环节开展重点整治，打击使用违禁兽药及非法添加物行为。

制定《2020 年广东省海水贝类产品卫生监测和生产区域划型工作实施方案》，结合贝类养殖和水产品质量安全监管实际，对阳西县程村镇红光村贝类养殖区进行划型工作，全年共分三次进行监测，监测品种为牡蛎。完成全年海水贝类产品生产区域划型工作报告，并报送农业农村部。

根据农业农村部关于《2020 年国家产地水产品兽药残留监控计划》等要求，组织开展国家产地水产品兽药残留监控计划，全省共承担 248 个监控抽样任务，按照农业农村部确定的抽检名单负责组织实施本辖区国家产地水产品兽药残留监控计划。至年底，完成全部抽样工作，并函报农业农村部渔业渔政管理局。

广东重视水产品质量安全管理，通过重点扶持一批有一定规模、生产基础条件好、对增加水产品产量和提高质量有示范带动作用的健康养殖示范生产基地，改善其生产条件，进一步提高标准化、规模化水平，提高抗御自然灾害能力，提高水产品质量安全水平。“十三五”期间，水产品质量安全未发生重大事故，水产品抽检合格率连续多年保持平稳。

8. 渔业资源及环境保护

10 月，以“维护生态平衡，共建绿色生活”为主题的广东省鳗鲡人工增殖放流活动中，放流 2000 千克成鳗、3.5 万尾鳗苗。广东鳗鱼是国内为数不多具有出口定价话语权的农产品，“顺德鳗鱼”也成功入选第一批全国名特优新农产品名录。

“十三五”期间，广东高度重视渔业资源和生态环境保护，扎实开展增殖放流活动，严格落实海洋伏季休渔和珠江禁渔制度，强化水生野生动物保护工作，渔业资源养护工作取得了较好的社会宣传效果和生态经济效益。累计用于增殖放流资金逾 3 亿元，共增殖放流海水鱼、虾、蟹、贝等海洋经济物种以及鲎、海龟等海洋保护物种约 40 亿尾（粒、只）。每年举办濒危水生物种放流，先后组织放流中华鲟、大鲵、海龟、黄喉拟水龟、中国鲎、唐鱼等，有效补充了水生野生动物资源。“十三五”期间，广东省加强海洋渔船管控和海洋渔业资源总量管理，提高海洋渔业资源利用和管理科学化、精细化水平，实现海洋渔业资源的规范有序可持续利用。

9. 实施政策性渔业保险

2019 年，水产养殖保险首次纳入广东省政策性保险范围。8 月 1 日，政策性渔业保险和水产养殖保险（试点）工作正式开展。试点养殖模式为深水网箱、池塘（淡水鱼类）和苗种场，试点地区为湛江市和茂名市，试点期限至 2020 年 12 月 31 日。试点期间，符合条件的水产养殖户参保，可享受省级和市级财政保费补贴。其中，省级财政补贴比例为 50%，每年安排补贴资金 200 万元；市、县级财政补贴比例为 20%（湛江市）或 30%（茂名市）；养殖户自负保费比例为 30% 或 20%。

2020 年 6 月 8 日，经省委、省政府同意，省财政厅、省农业农村厅、地方金融监管局、广东银保监局、省林业局联合印发《关于大力推动农业保险高质量发展的实施意见》（以下简称《实施意见》），提出全面落实中央关于农业保险“扩面、增品、提标”要求的总体思路，将水产养殖保险试点推广到全省实施。推动提高规模化水产养殖产品等重要农产品保险覆盖面，将淡水养殖水产品、海水网箱养殖水产品纳入省级财政补贴型养殖险。根据《实施意见》，淡水水产品养殖保险，养殖户负担 30%，省级财政对 2 类地区（非珠三角地区）补贴 50%，对 1 类地区（珠三角地区）不予补贴；海水网箱水产品养殖风灾指数保险，养殖户负担 40%，省级财政对 2 类地区补贴 50%，对 1 类地区不予补贴；除上述省级财政保费补贴及农户自负保费外，其余由市、县（市、区）财政负担。《实施意见》鼓励在水产养殖等高风险领域和农民合作社组织开展相互制保险试点，稳步推广气象指数保险，探索在水产养殖等优势农产品领域建立农业保险防灾减损效果评价机制。

2020 年，省政策性水产养殖保险试点地区——茂名市和湛江市共有参保企业 12 家，保额 1415 万元，使用财政补贴资金 67.07 万元。全省政策性渔业保险参保渔民达 89040 人，参保渔船达 5133 艘，总保额为 429 亿元，使用财政补贴资金 4138 万元。

自然资源部南海局

2020 年，自然资源部南海局认真贯彻落实《2020 年全国海洋观测预报减灾工作方案》要求，积极开展海洋观测、监测和预警报，做好海洋灾害防御减灾工作并取得较好成效。

【海洋观测】

强化质控，加大海洋观测资料管理力度。落实观测数据审核制度，及时跟踪故障仪器观测数据溯源。积极开展海洋观测仪器设备计量检定工作，完善海洋观测仪器设备备品备件库建设。完成《南海区海洋观测网规划（2021—2025)》征求意见稿编写。

浮标、海上油气平台和志愿船观测。至年底，共有 16 个浮标站、2 个海上油气平台和 19 艘志愿船实行业务化运行，浮标数据接收率达 94%，油气平台数据接收率达 99.9%。全年完成春、夏季航次常规业务化运行浮标巡视维修维护 3 航次，浮标应急维修回收 3 航次，完成 1 套海啸浮标修复。完成 2 套完整的油气平台观测系统的采购。新增 6 艘志愿船，开展 6 艘次志愿船观测设备维修维护。开展 2 个新建油气平台建设。

开展汛前检查。2—3 月，组织局属各单位开展汛前观测设施的运行维护、应急观测准备、会商系统、预报警报系统、数据传输、灾害调查工作的自查。完成 3 个业务中心和 6 个中心站汛前准备工作和观测业务开展情况的交叉检查，对重点关注的台站进行现场巡查，编写检查意见，针对发现的问题即查即改，保障海洋灾害应急期间的各项工作正常稳定运行。

整改优化南海观测网。根据《国家基本海洋观测网优化整改方案》要求，2019 年，对盐田、西沙验潮井以及防城港验潮室进行维修，给珠海验潮井加装消波板，给乌场验潮井增加防撞围栏；对惠来、三亚、铁山港等容易淤积的验潮井进行定期清淤；为珠海验潮站增加北斗通信方式。

断面调查。完成南海北部冬季、春季和夏季 3 个航次的断面调查和资料处理、归档及秋季外业调查，完成南海中南部冬季和夏季 2 航次断面调查和资料处理、归档。

不断提升观测数据传输网的应用能力。自建的观测传输网已接入 59 个海洋站（点）、16 个浮标、2 套海上油气平台、15 艘志愿船、14 个 GNSS 观测点以及 8 个海啸预警观测台。开展海洋观测数据传输专网的常规性运行维护，采用远程巡检等方式进行 24 小时实时监控。持续开展新增观测站点的接入和调整，开发并完善观测数据共享交换平台建设。

积极拓展对外合作。与香港天文台在汕尾和香港东开展地波雷达建设项目，完成汕尾市湖东村阵列式高频地波雷达站建设并通过专家组验收；与广东南方实验室开展惠来—南澳、上川—大万山两对地波雷达的比测项目合作；与珠海市自然资源局签订海洋预警监测工作合作框架协议书，积极推进“珠海市海洋观测预报能力提升项目”建设；与地方部门的合作不断优化，完善广东省海洋预报台南沙办公区运行机制。

打通海南、广西地方海洋观测网与国家全球海洋立体观测网联接，配合推进地方网纳入国家观测网数据共享的数据汇交及数据格式规范化。开展海洋观测规范教学片制作，完成潮汐、温盐观测教学片初步制作。推进搭载船常态化调查专项。完成 20 艘远洋商船搭载船设备安装，并开展观测工作，获取观测数据 4. 2 万多条；推进岸基数据接收处理中心建设。

【海洋预报】

做好常规及专项海洋预报。通过电视、广播、报纸、短信、网上海洋科普馆、微博、微信、抖音等渠道，定期对外发布南海区及沿海各地各类海洋环境预报产品，受到地方政府和有关涉海单位的一致好评。

提升海洋预警报水平。推进风暴潮天文潮耦合模型研发与检验，建立广东省各海洋站经验预报公式与南海区增水模型，并对 1977—2018 年影响广东省的台风进行后报模拟，对模拟结果进行系统的精度检验；建立粤东、珠江口“风暴潮—天文潮”耦合模型，选取典型的台风过程进行增水和总潮位预报检验，为提升广东省风暴潮预警报能力提供有力支撑。实现海温网格预报产品的智能订正，并开展业务化试运行。完成基于经验公式的海浪网格预报产品模型开发及业务化运行。开展越浪量和波浪爬高预报技术研究，选择大梅沙为试点，完成实施方案的设计和内部评审，并开展剖面地形数据处理。联合河海大学，开展高分辨率中国海—全球海洋环流模式研发工作，完成模型系统搭建并部署；完成全球模式 10 年数据集的生成，项目成果可以为南海环流业务化预报模式提供预报边界数据。

规范化开展常规数值预报业务，按时上传数值预报结果用于开展第三方独立检验，定期巡检数值预报软硬件设备，完成 DELL 高性能存储系统升级，优化改造数值预报业务化系统。

开展海上搜救预报服务。全年全国海上搜救保障平台南海区节点运行稳定。全年开展搜救服务预报 49 次，发布《南海海上遇险搜救应急专报》67 期，海上搜救服务次数为历年最高。

积极为地方政府、三防提供决策服务。一是积极履行省三防成员单位职责。汛前，开展海洋灾害预警模拟演练，理清海洋预警报信息发布流程，提前部署好海洋灾害应急期间值班保障，加强数据传输专网的应急巡检和保障力度，确保应急期间网络及数据传输稳定。灾害应急期间，多次派人参加自然资源部、省应急管理厅（防总）及沿海地市的三防应急会商，及时汇报台风发生发展状况和海洋灾害影响预测结果，积极为地方三防提供海洋预警报产品。在台风过程影响华南沿海期间，与地方三防联合值守，实施 24 小时联合值班，每小时发布《海洋灾害信息快报》。二是全年发布风暴潮预（警）报 32 期（风暴潮消息 7 期、蓝色警报 13 期、黄色警报 5 期、橙色警报 1 期、解除通报 6 期），参与省防总应急值守 18 人次。发布海浪警报 61 期（海浪消息 11 期、蓝色警报 8 期、黄色警报 27 期、橙色警报 6 期、解除通报 9 期）。针对 3 月底阳江核电冷源生物（毛虾）致灾事件，发布海洋生态预警监测专报 15 期；针对 6—7 月大亚湾核电冷源生物（尖笔帽螺）致灾事件，发布海洋生态预警监测专报 5 期；针对深圳、珠海等海域 2 次赤潮事件，发布赤潮应急监测预警专报 5 期。

【海洋灾害防御】

开展海洋灾害风险评估与区划工作。完成南海区风暴潮、海浪、海啸、海平面上升 4 个灾种的风险评估和区划；基本完成深圳市海浪、海啸灾害风险评估和区划及深圳市风暴潮、海浪、海啸灾害重点防御区划定。启动广州市风暴潮灾害风险评估区划及隐患点排查，完成南沙区的海堤现状调查和承灾体补充调查并开展淹没情景模拟。

编制并发布《2019 年南海区海洋灾害公报》。修订印发《自然资源部南海局海洋灾害应急预案》，组织局属单位修编本单位的应急执行预案与响应程序。

积极为地方部门提供海洋防灾减灾技术支撑。完成《粤港澳大湾区海洋灾害防治能力提升行动计划》编制，由自然资源部预警司正式下发；完成《广东省推进粤港澳大湾区海岸带生态保护修复减灾三年行动计划（2020—2022 年）》编制；组织开展第一次全国自然灾害综合风险普查，编制南海局实施方案；完成汕头市东海岸新城示范区海洋灾害风险普查内审稿修改及承灾体数据库建设。

持续做好海洋防灾减灾宣传。编印《党中央、国务院领导同志关于防灾减灾工作重要指示摘编》，并下发到局属各单位学习，提高职工防灾减灾意识。结合疫情防控实际，采取“线上为主，线下为辅”的模式开展防灾减灾日宣传活动，制作特色短视频、台风风暴潮的数据可视化产品等，通过抖音、微视等新媒体平台向公众进行海洋灾害科普宣传，被学习强国、央视频、中国自然资源报、今日头条等多家媒体转发；海洋预报员化身“网红主播”开展揭秘海洋灾害“云课堂”，与观众进行良好互动；不断深化与媒体机构的合作关系，与海洋世界杂志社共同策划参与海洋公益音频节目“深蓝拾光”，由知名演员李晨讲述《礁岩上的观海人》的故事。

广东省生态环境厅

【环境保护措施】

2020年是“十三五”收官之年，全省环保系统深入学习贯彻中共中央总书记、国家主席、中央军委主席习近平生态文明思想，在省委、省政府的坚强领导下，全省一盘棋，上下一条心，部门协同发力，形成了众志成城、合力攻坚的工作格局和态势。广东在全省经济总量连续32年保持全国第一的情况下，高水平完成了国家下达的约束性指标，生态环境质量水平和改善幅度持续走在全国前列，为广东全面建成小康社会增添了绿色底色和成色。

1. 大气环境质量领跑先行

紧紧抓住空气质量指数（AQI）达标率，率先以臭氧污染防控为核心，从源头削减挥发性有机物和氮氧化物排放，整合院士团队力量强化城市大气污染防控研判和指导。开展夏、秋季挥发性有机物（VOCs）达标排放百日服务行动、蓝天保卫战百日冲刺行动和百小时应对攻坚行动，精准从实治理重点领域重点行业污染排放突出问题，精细从严强化污染天气应急应对措施，按最不利条件持续攻关攻坚。

大气环境质量继续领跑先行，实现连续六年全指标达标。2020年，全省AQI达标率为95.5%，PM2.5年均浓度达22微克/立方米，优于世卫组织第二阶段标准，比2015年下降30.3%。珠三角有6个城市空气质量位居全国168个重点城市前20，肇庆、东莞、佛山、中山4市空气质量改善幅度包揽前4。

2. 水环境质量重大改善

紧盯未达标国考断面，成立跨部门工作组下沉地市“一月一督导”，组建技术团队驻点精准帮扶，细化“一图一表”抓好控源截污，持续推动“大兵团作战、全流域治理”，全力实施水质达标攻坚。狠抓近岸海域污染防治工作，清理整治非法或设置不合理的入海排污口85个，组织开展“美丽海滩”清洁工作，联合省有关单位开展近岸海域污染防治联合行动。

全省国考断面水质优良比例达87.3%，比2015年提升9.8个百分点。就中共中央总书记习近平2018年视察广东指出的9个劣Ⅴ类国考断面已全部消除。云浮、河源、肇庆三市国考断面水环境质量状况排名全国前30位，东莞、茂名、惠州三市改善幅度位居全国前10位，地级以上城市建成区527条黑臭水体全面消除黑臭，521条实现“久清”，近岸海域水质优良比例达89.5%。

3. 土壤环境安全得到有力保障

圆满完成农用地详查和耕地质量类别划分，安全利用类实施面积311万亩任务全部完成。完成污染地块再开发利用情况摸底调查，建成全省污染地块土壤环境信息管理系统。完成涉镉污染源企业及工业固废堆场整治。

全省危险废物利用处置能力全面提升，茂名市循环经济示范中心等一批危险废物焚烧填埋处置和综合利用设施新建或扩建投产。升级优化全省固体废物环境监管信息系统，实现固体废物环境监管核心指标“一图式”展示，强化“全过程”智能化环境监管。稳步推进化学品环境管理，完成2020年度广东省持久性有机污染物统计、含多氯联苯电力装置地下封存点清理处置工作。

4. 疫情防控环保工作常态开展

科学分类做好集中隔离场所和定点收治医院的废物处置、污水污染防治工作，深入挖潜医疗废物处置能力，对其产生、运输、处置实施全过程监管，加密监测相关废气、废水，确保医疗废物100%及时收集处理和医疗废水100%监控到位。

主动服务重大项目和复工复产，出台“生态环境支持复工复产9条”和“统筹做好疫情防控和污染防控攻坚20条”，做好惠州美孚、湛江巴斯夫等重点项目环评“三服务三保障”工作，62个重点项目环评顺利通过审批。

创新环境管理手段，推行政务服务事项办理“零跑动”、建设项目环评审批“不见面”，将6783家企业纳入监督执法正面清单实施管理。利用遥感、无人机巡查等手段开展非现场检查2.4万次，对790宗案件实施减免处罚。召开服务企业“面对面”座谈会，建立企业接待日制度，“送服务上门”2万多家次。

5. 一批环境治理重点问题取得重大突破

持续高标准推进中央生态环境保护督察、“回头看”和固废专项督察反馈问题的整改，累计完成整改任务101项，交办的10480宗群众举报环境问题全部已办结。茅洲河、练江污染整治成为督察整改见成效的典型，督察整改工作得到中央督察办充分肯定。

完成各地级以上市饮用水水源保护区优化调整和一级饮用水源保护区内环境问题清理整治，实现供水安全和水源地安全“双提升”、城市发展和水源地保护“双保障”。“十三五”期间新增危险废物利用处置能力446万吨/年，增幅达136.72%，基本补齐全省处理处置需求缺口。茅洲河、练江、淡水河、石马河、东莞运河等重点污染流域通过强力整治，逐步恢复水清岸绿、鱼鸥翔集。

坚持主要领导带队上线“民生热线”，在线上问题现场反馈、现场解决的同时，加大线下群众反映问题解决力度，广州新塘环保工业园污染扰民、深圳比亚迪宝龙工业园废气扰民等一批信访积案、要案得到有效解决。

6. “大环保”工作格局有效构建

生态环境保护督察制度深入推进，环境治理从督企为主转向督政督企并重，推动习近平生态文明思想深入人心，“党政同责”“一岗双责”有效压实。

组建生态环境部门，生态环境行政体制改革实现“五个打通”。较好完成生态环境机构监测监察执法垂直管理制度改革和综合执法改革“前半篇文章”，建立“1+4”省级生态环境监察体系，省生态环境监测中心正式挂牌。省市县三级全面建立高规格的生态环境保护委员会，率先修订省级生态环境保护责任清单，生态环境管理体制运转更加顺畅。

7. 最严密法治全面贯彻

制（修）订大气、水、土壤、固体废物等领域的生态环境保护地方性法规约90件次。开展生态环境损害赔偿案例实践83宗，实现各地市案例全覆盖。建立健全环境信用评价、“双随机、一公开”、环境监管网格化全覆盖管理等制度，完善生态环境公益诉讼，在重污染流域试行污染举报重奖制度，持续多元有效开展普法宣传。开展大气和水专项督查及重点流域、区域交叉执法行动。全省整治“散乱污”工业企业10.7万家，处罚环境违法案件12108宗，移送涉嫌环境犯罪案件475宗，工作力度和成效居全国前列。

8. 监测能力建设成效显著

建成涵盖大气、水、土壤、海洋、噪声、生态、辐射、污染源等要素的生态环境监测基础网络，推动监测数据“真、准、全”。建成华南区域空气质量预测预报中心、土壤样品制备与流转中心和环境监测质量控制中心。在全国率先建成大气复合污染成分监测网，开展颗粒物和臭氧污染追因溯源。实现国考省考断面水质自动站全覆盖，在东江、韩江流域建成“生态视窗”。监测预报预警能力全国领先，全国第二届生态环境监测大比武中广东省包揽4个第一。加强第三方监测机构监管，查处一批弄虚作假案件，保障环境服务市场良性发展。

9. 生态环境安全有效保障

认真履行涉环保项目“邻避”化解工作联席会议牵头责任，将“邻避”工作责任纳入同级生态环境保护责任清单，出台相关工作指引，有效解决环保基础设施项目“邻避”问题，保障173个涉“邻避”重大项目落地建设。重点节假日、敏感时间节点未发生涉环保集体到省进京上访事件。

修订省突发环境事件应急预案，建立厅环境安全监督检查制度。会同省应急管理厅等5部门建立危险化学品生产安全事故消防废水应急处置联动机制，与省有关部门强化安全生产环境保护工作协调联动，与福建、江西、湖南、广西4省（区）签署跨省流域上下游突发水污染事件联防联控合作协议。

妥善处置24起一般级别突发环境事件，全省未发生较大以上突发环境事件，未发生二级及以上核电运行事件，核与辐射安全得到有效保障，生态环境安全形势总体平稳。

组织开展“环境安全月”“环境安全南粤行”活动。活动期间，全省执法人员共检查企业15.86万家次，发现环境安全隐患及问题12475个，责令整改企业3138家，处罚案件共4786宗、处罚金额6.27亿元，取缔关闭企业602家，涉嫌环境犯罪移交公安机关案件达367宗。

广东省林业局

【林业有害生物防治】

2020 年，全省各级林业主管部门坚持以保护森林资源和维护生态安全为中心，以全力服务乡村振新战略和林业生态建设为宗旨，严格按照“疫情就是命令，防控就是责任”要求，认真落实国家林业和草原局、省委和省政府工作部署。一手抓新冠肺炎疫情防控，一手抓生物灾害防控，进一步落实防治责任。严密疫情监测，及时灾害预警，测报准确率达 88% 以上；严格植物检疫，加大查处违规调运力度，阻截疫情传播，种苗产地检疫率达 100%；推进绿色灾害处置，减轻灾害损失，全省实施林业有害生物防治面积 37. 52 万公顷，无公害防治面积 33. 96 万公顷，无公害防治率为 90. 51%，成灾率控制在 2. 32‰，全面完成国家林业和草原局、省政府规定的“十三五”防治目标任务。

1. 全面加强制度建设，建立执行指引标准

深入学习贯彻《中华人民共和国森林法》《中华人民共和国生物安全法》，坚持以“最严谨的防治标准、最严格的疫木监管、最严厉的行政处罚、最严肃的问责机制”为工作标准，规范林业有害生物防治管理，启动广东省重大林业有害生物灾害应急预案修订，起草《广东省林业有害生物防治检疫条例（征求意见稿）》。出台《引进林木种苗检疫审批与监管办法》《广东省林业局关于松材线虫病疫区和疫木管理办法》，制定广东省松材线虫病、薇甘菊除治技术、防治项目绩效承包、成效抽查等工作指引。启动编制《广东省林业有害生物防治“十四五”规划》和《粤北生态发展区松材线虫病防控“十四五”规划》，与省住建厅、省交通厅、省水利厅、省农业农村厅、省农垦总局联合印发《薇甘菊防治行动方案（2021—2025 年）》，强化省级统筹。

2. 落实防治责任，健全质量核查考核

省委十二届十二次全会强调生物安全、外来入侵物种治理，省政府将重大林业有害生物防治纳入 2020 年省政府工作报告重点工作和各级政府财政绩效考核约束性指标，林长制试点将林业有害生物防治工作纳入各级林长监督巡查内容。制定《2015—2017 年重大林业有害生物防治目标责任书》履责发现问题整改方案，并督促各市按要求落实整改任务。召开全省防治工作座谈会、推进会，6 月、10 月、11 月分别组织开展全省防治工作核查，并向市、县政府和林业主管部门通报核查结果。省林业局局长陈俊光深入防治现场一线调研督导，配合省委巡视组约谈防治不力的政府主要领导，持续推动各地落实整改措施。

3. 统筹推进，及时处置突发灾害

及时下达年度防治工作要点和任务，建立并实施年度防治任务绩效考核，实行挂点联系和核查通报机制，开展灾害防控应急演练，集中采购应急防控物资，根据防控需求无偿调拨给市、县（市、区）。建立质量核查制度，委托第三方开展防治质量飞行检查。各地抓住防治关键节点，积极筹措防治资金，突出灾害治理重点。实施冬春季松材线虫病百日攻坚行动，坚持以及

时、就地、彻底清理病枯死木为核心，对春秋两季发现枯死松树实施相对集中全面清理，采用粉碎、火烧等方法就地彻底消杀。实施综合防治作业面积 37.516 万公顷次，清理枯死松树 65.04 万株。韶关、河源、惠州、肇庆、清远 5 市实施飞机防治松褐天牛，作业面积达 3.77 万公顷。及时处置 16 个新发县级疫情。大力推广生物、仿生物制剂绿色防控技术，全省未出现重大林业有害生物大面积连片成灾的情况。

4. 全面开展灾害监测，及时发布发生动态

健全测报体系和管理制度，健全护林员队伍建设和管理，开展从业技术培训，压实护林员林业有害生物防治责任，将监测责任落实到山头、地块、个人。加强 43 个国家级中心测报点管理，开展物联网监测试点，协助省发改委组织开展能力提升建设项目调研。组织全省开展松材线虫病和薇甘菊专项普查，重点区域采用无人机航拍判读，结合人工地面踏查，全省实施松材线虫病春秋两季专项普查监测 404.15 万公顷次，覆盖全省有松林区，新发现并上报 16 个县级疫情。联合海关建立国外引进林木种苗及其产品口岸重要疫情截获信息通报制度，联合广东气象部门在广东卫视天气预报节目发布林业有害生物预测预报信息。

5. 深化放管服改革，强化检疫监管

一是建立健全林业植物检疫员和兼职检疫员管理制度，统一编制培训教材，全省完成培训认定核发新增林业植物检疫员 400 人。广州、茂名、湛江、肇庆等市开展兼职检疫员培训，依法开展植物检疫许可，加强现场检疫指导，强化检疫复检环节，委托第三方提供检疫技术辅助。二是强化引进植物检疫审批监管力度，办理引进林木种子、苗木检疫审批申请 233 份，实施检疫监管林木苗木 373.59 万株、种子 176.2 万千克。完成 10 家普及型国外引种试种苗圃资格企业省级检疫审批事项随机抽查，主要检查引种植物隔离试种情况，形成检查记录档案，公开检查结果。三是强化检疫执法，推动市县按照“双随机一公开”监管模式，开展《植物检疫证书》核发、《产地检疫合格证》核发事项随机抽查。推进林业植物检疫执法。建立“双随机一公开”监管模式，探索委托第三方提供检疫技术辅助模式；全省经检疫调运的林木种子 0.93 万千克、苗木 1.32 亿万株、木材 255.97 万立方米、竹材 258.63 万根；复检种子 1.63 万千克、苗木 484.47 万株、木材 14.56 万立方米、竹材 2.2 万根。广州、深圳、佛山、河源、梅州、东莞、江门、汕尾 8 市建立抽查对象名录库，对辖区内的涉木涉苗企业开展随机抽查；惠州、湛江、茂名、清远 4 市联合其他部门开展行政检查。四是取消松材线虫病疫木定点加工企业（变性处理）资格认定，强化疫木山场就地处理工作，堵塞疫木下山。开展疫木专项检查监管活动，检查企业（单位或个人）223 个，查处违规案件 4 宗，涉及疫木 600 多立方米。

6. 构建联防联治，提高防治成效

一是以办理省人大建议和省政协提案为契机，落实国家和省防治有关法律法规要求。二是形成政府主导、各有关部门协动的机制，广州、河源、梅州、东莞、中山、江门、茂名、肇庆、清远、揭阳等地级以上市成立市级重大林业有害生物防治指挥机构，推动重大林业有害生物联防联治。三是加强省级统筹，市县联动，强化粤桂琼、粤赣等省际联防联治，继续深化珠三角城市群等市际、县际区域联防。广州、肇庆 2 市签订《粤港澳大湾区（广州—肇庆）林业有害生物联防联控合作框架协议》，构建联防联治机制。四是充分发挥科研院所作用，组建广东省松材线虫病防控专家组，召开部门、专家、处室座谈会，分析核查灾害爆发原因，找准问题症结，对症下药，委托专家开展防治成效跟踪核查，及时提供基层相关技术支撑。五是将林业有害生物防治员纳入省政府“广东技工”“乡村工匠”等重点工种范畴。全年培训 1305 人，其中院校学生 236 人，社会人员 1069 人，推进防治从业人员职业技能提升，实行防治政府向社会购买服务，进一步完善责、权、利明晰的承包防治机制和工程质量管理体系，形成防治合力。

7. 多管齐下，加强防治宣传

通过林业植物检疫执法专项行动、林业植物检疫检查、日常巡查、“双随机、一公开”随机抽查等，以检查带动宣传，边检查、边普法、边宣传。全年全省共派发宣传单张、法律小册子、执法手册 11 万多份，发放宣传袋 1 万多个、海报 1 万多张、挂图 6000 多幅、横幅 100 多条。充分利用主流媒体，融合新媒体，广泛宣讲林业有害生物防治知识；结合创建国家森林城市、森林小镇等项目，利用防灾减灾日、全国科普日、送科技下乡等活动，让林业有害生物防治知识走进寻常百姓家。

广东省卫生健康委员会

2020 年，广东省始终坚持围绕“一体两翼”推动卫生应急工作高质量发展。在省委、省政府的坚强领导下，认真做好新冠肺炎等突发急性传染病疫情防控工作，抓好疫情形势分析研判，加强突发传染病疫情动态监测、形势研判、风险评估。全省累计报告新型冠状病毒肺炎 3312 起，涉及确诊病例 2046 例（含外省及境外输入病例）、无症状感染者 1266 例（含省外及境外输入病例），死亡 8 例。省卫生健康委始终按照“坚定信心、同舟共济、科学防治、精准施策”总要求，坚持人民至上、生命至上，把人民群众生命安全和身体健康放在第一位，把疫情防控作为头等大事来抓，防输入、防扩散、防反弹，疫情防控阻击战取得重大战略成果。

【重大疫情防控】

扎实做好新冠肺炎疫情防控工作。新冠病毒肺炎疫情发生以后，广东省坚决贯彻落实中共中央总书记、国家主席、中央军委主席习近平重要讲话和批示（指示）精神，坚持人民至上、生命至上，将疫情处置作为当前最重要、最紧要的工作来抓。中共中央政治局委员、省委书记李希坐镇指挥，多次做出批示（指示），每天了解、掌握疫情防控和病例救治情况，及时做出指导，并先后 4 次主持召开省委常委会会议暨新冠肺炎防控领导小组会议，研究部署疫情防控处置工作。省长马兴瑞迅速作出部署，对重点人员排查、核酸检测和隔离观察等防控工作提出具体要求。常务副省长林克庆深入一线，靠前指挥，统筹协调各方力量，全力做好疫情防控工作。广东疫情防控主要经历四个阶段：

一是在疫情预警与应急准备阶段，牢记非典疫情经验教训，始终保持灵敏高效的监测预警。在武汉市发生不明原因肺炎疫情后，迅速分析研判、完善应急预案，全力做好应对准备。1 月 14 日，深圳市报告首起观察病例后，立即启动应急预案，边处理、边请示，为后续防控工作赢得先机和主动权。全省各地、各有关医疗机构迅速行动，全力做好应急准备、医疗物资保障等各项工作。

二是在防控湖北省疫情输入阶段，坚持“外防输入、内防扩散”策略，筑牢“两站一场一码头”联合检疫点、发热门诊全筛查、社区“三人小组”大排查等“三道防线”，全面落实核酸检测、隔离观察措施，及时发现和消除疫情输入扩散风险。

三是在防控境外疫情输入阶段，坚持“外防输入、内防反弹”策略，成立工作专班，形成全省“一盘棋”、部门“一张网”高效运作体系，强化对疫情重点国家和地区来粤人员的健康管理，对所有新入境人员全部纳入闭环管理，并对前期未纳入闭环管理的入境人员开展全面大排查，迅速扑灭由境外输入病例引起的本地疫情。

四是在常态化疫情防控阶段，围绕“预防为主、健全机制、完善措施、加强保障”策略，周密部署疫情防控措施。针对国内部分地区以及香港等地暴发的本地疫情，迅速采取相应措施，加强中高风险地区来粤人员健康管理，发挥核酸检测“排雷”作用，精准管控、精准施策，慎终如始巩固防控成果，坚决防止疫情反弹。针对汕尾陆丰市报告发生一起新冠肺炎疫情，第一时间启动应急预案，采取最坚决、最果断、最严格的防控措施，疫情得到及时有效控制，传播途径有效切断，传播扩散风险彻底消除，疫情波及区域生产生活秩序有序恢复。制定《广东省秋冬季新冠肺炎疫情防控工作方案》，从提前准备、及时发现、快速处置、精准管控、有效救治、加强领导 6 个方面提出 31 条具体措施，同时加强督促指导，确保冬春季疫情防控各项准备落实到位。

【突发急性传染病防控】

科学有效应对处置其他突发急性传染病疫情。2020 年，广东省快速有序应对并防控人感染禽流感、寨卡病毒病、诺如病毒病等突发急性传染病。除新冠病毒肺炎外，全省有 10 个地级以上市共报告一般及以上级别突发公共卫生事件 17 起（全部已结案），累计报告事件相关病例 1446 例，死亡 9 例。其中，寨卡病毒病 1 例（东莞），人感染 H9N2 禽流感 4 例（珠海 2 例、梅州和云浮各 1 例），人感染欧亚类禽 H1N1 亚型猪流感病毒 1 例（梅州），均得到快速有效科学处置。

广东省海上搜救中心

【海上人命救助简况】

2020年，省海上搜救中心共接报有关海难事故443宗，3669人遇险；协调组织派出参与救助船舶2099艘次、飞机77架次（其中港台地区飞机8架次）；救起遇险生还者3556人，搜救成功率为96.9%。

【搜救措施】

1. 加强“一案三制”建设

1月7—8日，广东海事局组织召开2020年广东海事工作会议。副省长、省搜救中心主任陈良贤到会指导并讲话。

3月18日，交通运输部召开解决疫情防控期间船员换班问题专题视频调度会议。副部长刘小明出席会议并讲话。

同日，国际海事组织（IMO）发布第4221号通函，向所有成员国、政府间组织和非政府间组织推荐由中国政府提交的《船舶船员新冠肺炎疫情防控操作指南（V1.0）》，指导全球航运业加强新冠肺炎疫情防控，为早日战胜疫情贡献中国智慧和中国方案。

5月9日，省长马兴瑞专程到广东海事局看望慰问参与虎门大桥应急处置的海事工作人员，充分肯定应急处置工作成效。其间他指出，广东海事局在虎门大桥通航水域交通组织工作中准备充分、组织有力，实现精准、科学决策，为确保人民群众水上安全做出重要贡献。

6月17日，2020年省海上搜救中心成员会议暨海上船舶海港防热带气旋工作会议在广东海事局召开。副省长、省海上搜救中心主任陈良贤出席会议并讲话，给获得荣誉的广州打捞局颁奖。

8月22日，交通运输部在广州召开海事服务粤港澳大湾区建设推进会，进一步深化粤港澳海事合作，研究细化、部署落实《推进海事服务粤港澳大湾区发展的意见》。交通运输部副部长刘小明、副省长陈良贤出席会议并讲话。会议由交通运输部海事局局长曹德胜主持，国务院港澳办交流司司长吴炜、澳门海事及水务局局长黄穗文出席会议，香港海事处王天予通过视频连线方式参加会议。

9月16日，共建“平安西江，平安北江”总结评估会在珠海市召开。副省长陈良贤，广东海事局局长陈毕伍，省交通运输厅、省生态环境厅、省水利厅、省农业农村厅、省文化和旅游厅、省气象局、南海航海保障中心相关领导，珠海、中山、江门、佛山、云浮、肇庆、清远、韶关等市政府相关领导及有关部门负责人，广东海事局机关相关部门主要负责人及各界媒体记者等共70人参加会议。

9月29日，中国规模最大、装备先进、综合能力强，具有世界领先水平的万吨级海事巡逻船“海巡 09”轮，在中船黄埔文冲船舶有限公司文冲厂区成功出坞命名。

10 月 14 日，广东海事局组织召开第三季度水上交通安全形势分析暨珠江口海事监管与协作视频总结会。局长陈毕伍出席会议并讲话，副局长林奎主持会议。

11 月 6 日，省人民政府办公厅印发实施《关于加强广东省水上搜救工作的实施意见》（粤办函〔2020〕283 号）。

11 月上、中旬，省海上搜救中心在福建厦门集美大学举办 2020 年海上搜救协调员第一、第二期培训班，来自应急管理、海事、救捞、渔政、海警等搜救成员单位和各市级海（水）上搜救中心人员、任务协调员以及搜救志愿者队伍骨干参加培训。

2. 做好热带气旋预防预警

2020 年，省海上搜救中心成功组织防抗“鹦鹉”“海高斯”等热带气旋。防台期间，组织各级海（水）上搜救中心共出动 1968 人次参与值班和一线执法及抢险工作，派出执法船艇 389 艘次，出动车辆 240 车次，组织和指挥船舶 21653 艘次进入安全水域避风，利用 VTS 系统（船舶交通管理系统）、AIS 系统（船舶自动识别系统）、海事网站、海岸电台等途径发出预警信息 10.29 万多条。

3. 强化沟通合作机制

1 月中旬，由交通运输部政策研究室、中国海上搜救中心主办的推选“最美搜救人”宣传活动中，共有 10 名个人（团队）被评为 2019 年“最美搜救人”。省海上搜救中心推选的珠海市金湾区海上救助协会会长曾张容荣获个人 2019 年“最美搜救人”称号。

1 月 23 日，交通运输部副部长刘小明致信副省长、省海上搜救中心主任陈良贤，对我中心对海上搜救应急工作的关心和支持表示感谢。

3 月 30—31 日，广东海事局局长陈毕伍带队开展珠江口水上交通安全集中排查整治暨巡航调研活动，重点巡航检查虎门大桥、川鼻水道、南沙港、深中通道施工现场、伶仃航道、港珠澳大桥、青州船舶定线制、桂山锚地、桂山风电场、大西水道和高栏港等珠江口重点水域。

4 月 17 日下午，广东海事局召开 2020 年粤港澳大湾区海上搜救应急综合演习推进会。副局长林奎、局机关相关部门、南海海巡执法总队和惠州海事局相关负责人参会。

4 月 20—24 日，广东海事局局长陈毕伍、福建海事局徐增福局长分别带队指挥联合巡航广东、福建沿海水域。

5 月 5 日下午，虎门大桥出现涡振上下抖动，引发舆论关注。广东海事局成立以局主要领导为组长的虎门大桥水域水上交通组织领导小组，负责统一组织指挥、协调水上交通组织工作。

7 月 30 日，广东海事局在江门市召开珠江口片区协同防台集中办公。林奎副局长，局指挥中心、通航管理处、安全管理处、南海海巡执法总队、局防台专家和深圳海事局、珠江口区域各分支局等相关负责人参加集体办公。

8 月 24—28 日，广东海事局局长陈毕伍带队，开展广东海事局、广西海事局 2020 年北部湾联合巡航。

9 月 1 日，广东海事局局长陈毕伍带队到南海第一救助飞行队走访慰问。

9 月 24 日，江门市大规模海上溢油应急综合演习在新会区银洲湖水域举行。演习由省海上搜救中心和江门市人民政府主办，江门市海上搜救中心、江门海事局、新会区人民政府联合承办。

10 月 12 日，东莞市水上搜救分中心在东莞港立沙岛作业区中海油码头前沿水域举行 2020 年水上搜救应急综合演练。省海上搜救中心副主任、广东海事局副局长林奎出席观摩指导。

10 月 20 日，省海上搜救中心、惠州市人民政府主办，惠州市海上应急搜救中心、惠州海事局承办的主题为“强化搜救能力建设，筑牢海上安全防线”的海上搜救应急综合演习，是粤港澳大湾区东部海域最大规模的综合演习活动。副省长、省海上搜救中心主任陈良贤出席并担任演习总指挥，中国海上搜救中心派出领导莅临指导。

【成功搜救典型案例】

1. 救助沉没船舶“港鸿 888”11 名遇险人员

5 月 21 日 10 时 28 分，珠海市海上搜救中心接到“港鸿 888”（船长 105 米、宽 17.2 米，载货量 5150 吨）报告，其船在珠海金湾三灶机场南 4.5 海里处即将沉没，11 人遇险，请求救助。珠海市海上搜救中心接报后，立即协调附近过往船舶“兴发 56”“建功 58”“德顺”“德穗”“顺兴拖 10”“兴航 668”等协助搜救，通过 VTS 播发应急信息，通知附近所有船舶加强瞭望，协助搜寻并注意避让沉船；同时协调海事、渔政、海警等单位派出力量前往搜寻，并请求省海上搜救中心协调派出救助直升机前往现场搜寻。

10 时 50 分，“兴发 56”救起 1 名落水人员；“建功 58”和“兴发 56”报告，发现“港鸿 888”轮露出水面，驾驶台上有人，且旁边有 2 艘救生筏。11 时 7 分，“顺兴拖 10”报告，在现场发现 1 名落水人员，未穿救生衣，并通报“兴发 56”；随后，“兴发 56”放出救生艇救起该名落水人员。11 时 42 分，“顺兴拖 10”报告，遇险船舶上 11 人全部被救起，其中遇险船舶上 8 人及其救生筏上 1 人被“德穗”轮救起，另外 2 名落水人员被“兴发 56”轮救起。最终 11 名遇险人员全部获救，其中 10 人生命体征正常，另 1 人生命体征微弱。

2. 在大风浪中成功救起触礁船上 12 人

7 月 10 日 11 时 50 分，茂名市海上搜救中心接报，“凯胜 2”轮（船长 87 米、宽 12.5 米，总吨 1850 吨）在茂名大竹洲岛附近避风时触礁搁浅，船体破损进水倾斜，船上 12 人，请求救助。当日风力 6～7 级，浪高 2.0～2.5 米；事发海域开阔，风大浪急，周边礁石遍布，水深约 10 米。

茂名市海上搜救中心接报后，立即协调附近过往船舶协助搜救，通过 VTS 播发应急信息；协调派出“海巡 09527”前往现场救援；并与船舶保持联系，要求 12 名遇险人员穿戴好救生衣，关闭船上油气阀门，采取自救措施。因现场风浪大，救助船舶小且距离远，情况紧急，并请求省海上搜救中心协调派出救助直升机。省海上搜救中心接报后，立即要求茂名市海上搜救中心与现场保持联系，继续协调派出救助力量；同时协调南海救助局派出救助直升机。15 时 7 分，第一次安全救起 6 人，并转移到湛江机场；17 时 39 分，第二次出动救助直升机救起另外 6 名遇险人员。最终 12 名遇险船员全部安全获救。

3. 成功救助走锚失控船舶“帆顺 11”

8 月 1 日 15 时 35 分，“帆顺 11”（连云港籍，干货船，总吨 2938 吨，船长 95.19 米、宽 21.8 米，船舶型深 5.2 米，船员 9 人，空载，船上存有轻质油 40 吨）轮在惠州市惠东县太平岭核电站施工作业现场海域出现主机故障、后锚锚链断裂，船舶失控，请求救助。当日事发海域开阔，风大浪急，周边礁石遍布，水深较浅。惠州市海上应急搜救中心接报后，立即指导“帆顺 11”轮船员开展自救，保持与遇险船舶密切联系；同时多方协调力量开展应急处置。协调深圳大铲湾拖轮有限公司所属拖轮“宝安拖 5”前往救助，协调海事人员乘坐海事执法车辆抵达事发现场指导，开展应急处置工作。在各方的共同努力下，19 时 10 分，“宝安拖 5”成功将“帆顺 11”轮拖离危险水域。22 时 56 分，抵达惠州港 12 号锚地抛锚；最终船舶状况稳定，人员平安，无海域污染。

4. “顺航 528”坐沉，5 名遇险人员全部获救

10 月 29 日 16 时 20 分，省海上搜救中心接湛江海上搜救分中心报告：16 时 15 分，“远强 6”在高频语音中报告，“顺航 528”（船长 52.8 米、宽 8.8 米，总吨 499 吨，船上 5 人，从东莞市开往海南省洋浦）在湛江新寮岛以东 7 海里处坐沉，船舶部分驾驶台及桅杆露出水面。因现场风浪较大，“远强 6”无法提供进一步救助，请求救助。当日风力 7 ～ 8 级，浪高 3.0 ～ 3.5 米；事发海域开阔，风大浪急。

湛江海上搜救分中心接报后，立即协调附近过往船舶协助搜救，通过 VTS 播发应急信息；并协调海事、救助、海警等单位派出力量前往现场救援。因现场风浪大，情况紧急，遂请求省海上搜救中心协调力量救助。省海上搜救中心接报后，要求湛江海上搜救分中心进一步核实情况，组织力量前往救援，要求继续协调“远强 6”在现场守护，以及过路商船“惠金桥 928”前往现场进行救助；通报南海救助局，要求派出力量前往救助；通报省海洋综合执法总队，要求协调附近渔船参与救助行动；通报海南省海上搜救中心，要求协助搜救。

南海救助局派出“南海救 112”“南海救 201”前往救助，同时派出直升机 B – 7358 从海口美兰机场前往现场搜救。17 时 10 分，“远强 6”在附近发现一艘救生筏，筏上 3 人被救起；18 时 24 分，直升机发现 2 人并救起。最终，5 名遇险人员全部获救，生命体征正常。

广东省消防救援总队

【防火减灾措施】

2020年，在省委、省政府和应急管理部、消防救援局的坚强领导下，全省消防救援队伍坚持以习近平新时代中国特色社会主义思想为指导，忠诚践行习近平总书记重要指示精神和关于应急管理工作的重要论述，主动参与粤港澳大湾区建设，全力支持深圳建设中国特色社会主义先行示范区，全面贯彻落实习近平总书记出席深圳经济特区建立40周年庆祝大会和视察广东重要讲话、重要指示精神，坚持“稳中精进、创新创优”总基调，瞄准“防风险、保稳定、走前列”总目标，察势驭势、担当作为，一手抓疫情防控，一手抓主责主业，打赢了一场又一场硬仗，为全省决胜全面建成小康社会、决战脱贫攻坚创造了良好的消防安全环境。广东省在国务院安委会安全生产和消防工作考核巡查中排名全国第二、获优秀等次。

1. 抢抓机遇、融入大局，消防发展环境更加优化

主动对标习近平总书记赋予广东的总定位总目标，始终将消防救援事业置于全省经济社会发展大局来审视、谋划和推进。省委书记李希亲自组织研究深化消防执法改革措施，省长马兴瑞、常务副省长林克庆等省领导6次研究部署消防工作，马兴瑞就全省石油化工企业调研报告做出专门批示。省政府和21个地级以上市全部将“十四五”消防规划列入编制目录，消防专业装备、攻坚装备、指挥中心建设等项目纳入广东省自然灾害防治9项重点工程。全省新建、改造消防站125个，7个支队级训练基地完成建设，国家陆地搜寻与救护基地（广东基地）1期投入使用、2期项目加快推进。积极推进战勤保障体系建设，新购消防车312辆、器材21.7万件套，装备结构得到优化升级。新增专职消防人员1538人，消防救援力量进一步加强。省政府在全国率先出台省级消防职业保障办法、较大以上火灾整改措施落实评估办法。各级党政领导实地调研消防工作、现场办公破解难题、带队走访慰问一线指战员，极大鼓舞提振了队伍士气。

2. 系统防控、精准治理，消防安全形势持续平稳

始终胸怀“两个大局”、树牢“两个至上”，秉持既严格执法又热情服务的工作理念，着力做到“防大火、控小火、遏亡人”，构建责任、重点、法制、基础、科技、全民六大火灾防控体系，大力推行“党政领治、行业联治、单位自治、专家诊治、社会共治”工作模式和“1 + N”联合监管机制，省委、省政府与21个地级以上市57个部门签订安全生产与消防工作目标责任书，持续深化行业消防安全标准化管理，消防安全责任链条更加紧实。坚决落实“六稳”“六保”任务，推进科学防范复工复产复学复市消防安全风险九项措施，对涉疫场所一对一服务指导，为重点企业送服务上门，确保全省3300多家涉疫场所零冒烟、零起火。

扎实推进国家部署的消防安全专项整治三年行动，持续深化“打通消防生命通道”“敲门行动”等十大工程和电动自行车治理、城中村治理等四项治理，各级政府挂牌整治火灾高风险区域188个、重大火灾隐患单位262个。联合住房和城乡建设部门摸排18447条消防车通道并

100%画线管理和标名立牌，联合公安交警查处占用消防车通道违停车辆74937辆次，联合城管部门拆除防盗铁栅栏12.7万多处、开设逃生口10万多处，拆除遮挡消防救援窗的户外大型广告牌7.7万多个，拆除违章建筑和乱搭乱建建筑3.7万多处。

大力实施消防宣传“五进”三年行动，将消防安全纳入党政干部培训内容，消防安全管理人等6类人群培训全部纳入全省安全技能提升工程，全年培训目标人群300多万人次。依托“数字政府”开展227万多家社会单位线上消防安全大承诺，全年检查单位10.85万家，督促整改隐患3.7万处，临时查封单位854家，责令“三停”单位1002家，罚款4399万元。圆满完成习近平总书记视察广东等系列重大消防安保任务，有力维护了全省社会面火灾形势整体平稳。

3. 练兵备战、提质强能，急难险重任务圆满完成

始终坚持战斗力标准，瞄准“全灾种、大应急”任务需要，深化全员岗位大练兵，狠抓作战训练安全，强化基本体能、技能、理论、专业技术“三基一专”训练，开展特勤业务、地震救援、装备操作三项技能会操，承办国际绳索救援大赛，举行总队级石油化工等“全链条、全要素、全过程”大型综合实战演练8次，导调式开展支队、大队级实战演练2600多次。全面推行“总队精训专业队、区域调训攻坚组、支队普训消防员”模式，创新“进企驻训、情景实训、区域联训”等形式；加强粤港澳大湾区及国际消防救援合作交流，分级分层开展指挥长、指挥员指挥能力大轮训，重点强化潜水、直升机等9类专业技术和安全助理履职能力轮训。

全年培养业务骨干2400多人，评选出“专业指挥员”“金牌教练员”和“工匠消防员”。着力打造“一专多能、专常兼备”的作战力量体系，组建中国救援广东机动专业支队、地震救援专业队及7个类型41支专业救援大队，新增政府专职消防队252支。与南海救助局等5家单位建立战时联动机制，创新重大灾害事故核心圈、影响圈、增援圈力量前置作战模式，在全国率先开展“高低大化”灭火救援作战编成试点并顺利通过验收。全年共接警出动13.6万次，营救、疏散群众2.4万多人，抢救挽回财产损失38.1亿元，出色完成珠海“1·14”长炼石化爆炸、4轮“龙舟水”强降雨抢险救援、揭阳“9·9”甬莞高速苯酚泄漏事故、汕头“10·23”南澳山火处置等急难险重任务。

4. 科技引领、创新驱动，智慧消防建设进档提速

利用广东科技前沿优势，用好云计算、大数据、人工智能“三驾马车”，率先融入“数字政府”发展战略。编制信息化发展三年规划并纳入省政府信息化“十四五”发展规划，“消防救援”模块列入省政府“粤治慧”五大示范建设内容。深度参与省政法系统“雪亮工程”建设，会同省公安厅研发“警情协作信息流转平台”，大力开展智能接处警、智能指挥系统建设，探索实战指挥、北斗导航、3D预案、无人机等四大系统集成应用，信息化服务能力不断提升。

承担全国消防救援队伍新型信息化架构和财务管理信息化试点任务，持续推进火灾防控、消防救援、队伍管理、政务服务、应急通信五大平台建设，为实现消防监督精准化、实战指挥智能化、队伍管理正规化、消防治理动态化、公众服务指尖化探索了新路径。深入开展“创新奖”评选，全省消防救援队伍申报创新项目287项，其中“心理健康阳光工程”“消防监督移动执法终端”项目分获全国消防救援队伍创新成果一、二等奖，“火灾信息采集平台”项目获科技创新三等奖。

中国人民解放军广东省军区

【防灾减灾工作】

2020年，省军区坚决贯彻中共中央、中央军委一系列指示精神，按照战区统一部署，组织全区官兵和民兵预备役积极参与支援地方防灾减灾等行动。先后参与6月上旬等多次强降水、台风“鹦鹉”“海高斯”等防御行动，累计出动人员4949人次、舟艇107艘（次）、车辆68台（次），投入装备2715件（套），共解救转移群众2307人，抢运物资64吨，有力支援了地方抢险救灾行动，保障了群众生命财产安全。

1. 注重紧前筹划部署

省军区党委高度重视抢险救灾工作，始终坚持未雨绸缪、有备无患的思想，紧密结合辖区可能发生的灾情形势，及时对抢险救灾工作作出部署。4月上旬，结合传达学习习近平主席关于四川凉山森林火灾重要批示精神，要求各级领导对可能发生的汛（灾）情思想上要高度重视，充分认识做好抢险救灾工作的重要性，切实做好“防大汛、抢大险、救大灾”的准备。7月上旬，及时转发中央军委联合作战指挥中心《进一步做好防汛救灾工作全力保障人民群众生命财产安全》，对修订完善抢险救灾方案、强化应急准备、抓针对性训练和物资器材准备等具体工作进行动员部署，有力促进了各项工作落到实处。

2. 注重军地协同合力

2020年，省军区各级加强与地方应急管理、气象等部门联系，完善应急响应机制，及时掌握辖区天气、交通等实时信息。一是组织领导有力。省军区本级先后2次参加战区、省政府组织的防汛救灾形势分析联席会议，军地共同研判可能发生灾情的重点地区，研究制定抢险救灾行动预案，做到预有准备。4月中旬，省军区领导会同省政府工作组赴三水北江大堤检查调研，军地双方现场研究部署北江安全度汛工作。二是方案预案完善。根据南部战区、东部战区非战争军事行动方案，重点围绕抗洪抢险、森林火灾扑救、抗震救灾等行动任务。4月底前，完成《广东省军区参加抗洪抢险应急预案》修订；5月底前，各军分区（警备区）、人武部依据民兵组织整顿情况和省军区总体方案，细化完善指挥机构编成、力量编组、任务区域划分、行动方法等要素，完成方案计划修订。三是力量建设稳固。在巩固既有建设成果基础上，按照“市建营、县建连、乡镇建排”的要求，严格按照出入队比例（每年不超过15%）展开全省10.5万名应急民兵分队组织整顿，增加党员、退伍军人比例，保留队伍骨干，补充新鲜血液，持续增强战斗力。4月初，清远军分区、佛山军分区共组织2批400多名民兵进行轻舟分队集训，不断提高民兵队伍水上应急救援能力。

3. 注重规范组织程序

一是严守制度规定。严格按照民兵动用规定，把好民兵动用审批关，不越权、不推诿，做到依法依规依程序用兵，确保行动合法合规。二是严密组织指挥。科学编组人员，配齐装备器材，领导带头、密切协同，周密组织抢险救灾行动，确保民兵队伍始终有序可控。三是严保信息畅通。进一步完善以省军区作战值班室为中心、21 个军分区（警备区）作战值班室为节点、动中通指挥车为一线的实时指挥通信体系。依靠三防指挥控制系统、汛情发布系统，实时掌握汛情、灾情，提高反应速度，确保遇有情况及时有效联络应对。四是注重抢险救灾实践。省军区各级加强与地方“三防”、防火、应急、气象、水文等部门的联系，及时掌握灾情动态，有针对性地采取安全防范措施。6 月上旬，粤北、珠三角地区遭遇强降雨，广州、惠州、清远等军分区（警备区）党委果断决策，坚持就近用兵、专业用兵、量情用兵、科学用兵的原则，严格按照指挥关系和指挥权限组织抢险救灾行动。6 月 7—11 日，各单位共出动民兵 2093 人次，出动各类救援船艇 107 艘、各类车辆 43 台，参加抗洪抢险。在抢险救灾行动中，各级领导干部加强一线指导，周密组织安全风险评估，严格机动、救援等全过程安全管理，杜绝盲目蛮干，确保抢险救灾行动安全有序。

各地级以上市灾情与防灾减灾工作

各地级以上市灾情

【广州市】

2020 年开汛以来，广州市降雨频繁集中，“龙舟水”期间连续遭遇强降水袭击，其中“5·22”“6·7”两轮特大暴雨影响严重；初台较晚，其中台风“鹦鹉”“海高斯”和“红霞”给广州市带来一定风雨灾害，总体影响较轻。

至 9 月 20 日，全市平均雨量为 1741.5 毫米，较常年同期偏多 3.6%。降水特点为时段集中、暴雨强。强降水主要集中在 1 月 25 日至 2 月 15 日、3 月 27 日至 4 月 7 日、5 月 10 日至 6 月 9 日、9 月 6—20 日。“龙舟水”期间，全市平均雨量为 643.7 毫米，为近 12 年最多，历史同期第四多，比常年同期偏多 83.8%；其间共发生 18 轮暴雨，5 月 21—22 日和 6 月 5—9 日分别为广州市历史上第二和第六强暴雨，致灾严重。全市受灾地区主要发生在黄埔、增城、花都、从化四区。

年内水情复杂，发生洪水场次较多，量级较大。洪水主要发生在“龙舟水”期间，最大洪水由上游西江、北江、东江洪水叠加区间强降雨引起。珠三角网河区潮位站最高潮位出现在龙舟水及台风“海高斯”期间。主要江河流溪河、增江干流及中小河流均出现不同程度的洪水。其中，流溪河出现 10 年一遇洪水 1 次，超 10 年一遇洪水 1 次；增江干流出现超 10 年一遇洪水。

受暴雨洪涝等灾害影响，全市共有 4 个县（市、区）、49 个乡镇、36.55 万人受灾，转移人口 2.19 万人，死亡 6 人，倒塌房屋 236 间，农作物受灾面积达 1.93 万公顷，直接经济损失 14.95 亿元。

【深圳市】

2020 年，深圳市于 3 月 31 日入汛，共出现 25 次强降水过程，强降水主要集中在 6—9 月。至 9 月 22 日，全市平均雨量为 1399.3 毫米，较近 5 年同期偏少 21%，较上年同期偏少 23%。全年有 4 个台风影响深圳市，分别是“鹦鹉”“森拉克”“海高斯”和“红霞”。

汛期天气主要特点：一是降雨前少后多，时空分布极不均匀，主要集中在 5 月下旬至 9 月，呈东南多西北少分布；二是强对流剧烈，9 月 12 日，出现微下击暴流；三是“龙舟水”强，6 月 6—8 日，出现近 10 年最强季风降水，短时雨强破纪录，其中深汕特别合作区最大 1 小时雨量达 153.7 毫米；四是后汛期暴雨多，受到 14 次强降水袭击，期间有 4 个台风影响深圳市，其中台风“海高斯”给深圳市带来一定的风雨灾害影响。

全市共接报内涝积水 34 处、暴雨山洪 2 处。5 月 19 日暴雨期间，龙岗区水径景元大厦段 4 名涉水施工人员被困。5 月 22 日暴雨期间，龙华区油松路引进加油站桥下 2 名在河道边散步的人员被困。6 月上旬出现最强龙舟水，3 天最大累计雨量位列全省第一（深汕特别合作区小漠镇站录得 665.3 毫米，深圳市大鹏区站录得 478.8 毫米）。8 月 12 日，全市黄色暴雨预警期间，光明区 11 名涉水施工人员被困于公路桥下。9 月 13 日暴雨期间，宝安区石岩街道石龙大道高速入口处、龙大高速祝龙田桥涵处，局地强降水导致较严重的地表径流，造成交通中断和 35 名群众受困、47 台车辆被淹等灾情。

【珠海市】

2020 年，珠海市气候态势复杂多变，强降雨场次多、持续时间长。台风“海高斯”正面袭击珠海市，给部分地区带来较大风雨灾害影响。至 9 月 21 日，全市平均雨量为 1641. 6 毫米，比常年同期偏少 12. 8%。其中，“龙舟水”期间（5 月 18 日至 6 月 8 日）平均雨量达 553. 2 毫米，是 2013 年以来同期的最大值。

台风“海高斯”影响期间，录得风力 9～10 级、阵风 11～12 级，沿岸及海面风力 11～13 级、阵风 14～15 级，其中万山镇东澳岛录得最大阵风 15 级。珠海沿岸出现最大增水为 134 厘米，最高潮位为珠海海洋站 161 厘米（超蓝色警戒潮位 31 厘米）。珠海境内河道白蕉、黄金、横山三个水文站均超蓝色警戒潮位，最高潮位为白蕉水文站 203 厘米（超蓝色警戒潮位 23 厘米）。84 宗水库（山塘）均在汛限水位以下运行。

受台风“海高斯”影响，全市农作物受灾面积约 1800 公顷，汽车受损 780 台，房屋受损 118 间，树木倒伏损毁约 6. 5 万棵，路灯受损 627 套，垃圾桶、果皮箱损毁 500 个，护栏损毁 2627 米，工棚倒塌 223 个，塔吊倒塌 1 台，安全网破损 5. 6 万平方米，水浸 20 处，直接经济损失约 3. 15 亿元。全年未造成人员伤亡。

【汕头市】

2020 年，汕头市平均雨量为 1142. 7 毫米，较常年同期偏少 21. 2%。全市各区（县）降水均偏少，其中南澳县偏少最为显著，偏少 33. 4%。受 8 月的台风“森拉克”“米克拉”“海高斯”和 9 月的台风“红霞”的外围环流影响，全市出现较明显降水过程。8 月至年底，全市平均雨量为 427. 1 毫米，比常年同期偏多 5. 4%，比去年偏多 10%。

汛期共出现 9 次强降水过程，其中，5 月 21—22 日出现年内最强降水过程，全市普降暴雨到大暴雨，具有短时雨强强、大暴雨范围广、累积雨量大的特点；潮南区红场镇录得全市最大过程雨量 301 毫米，最大 1 小时雨量 57. 8 毫米。

全年江河水位基本处于较低水位运行，总体较为平稳。至 9 月 21 日，8 宗中型水库总蓄水量为 6758 万立方米，占中型水库总正常库容（15019 万立方米）的 45%，比常年同期偏少 26%。1—9 月，韩江潮安站平均流量为 467 立方米/秒，比常年同期偏少 30%；榕江东桥园站平均流量为 37. 4 立方米/秒，比常年同期偏少 62%。全年各江河最大水情如下：韩江潮安站最大流量出现在 6 月 9 日 17 时，为 3080 立方米/秒，相应水位为 12. 41 米；榕江东桥园站最大流量出现在 9 月 13 日 3 时，为 481 立方米/秒，相应水位为 1. 76 米；练江铜盂水闸站最高水位出现在 5 月 22 日 14 时 30 分，为 14. 83 米（超警戒水位 0. 03 米）。汕头沿海最高潮位为 1. 12 米，在警戒潮位以下。

【佛山市】

2020 年，佛山市先后受 32 次强降水天气、1 轮洪水和 2 个台风袭击影响。汛期具有“龙舟水”年景偏重、降雨强度大、局地阵风强、初台偏早、旱涝急转的特点。其中，受台风“海高斯”影响，全市出现大到暴雨、局部大暴雨，4宗小型水库略超汛限水位。

降雨时间分布不均匀，全市平均雨量为1484.3毫米，与常年基本持平，但“龙舟水”期间（5月21日至6月20日）降雨量达421.7毫米，较常年同期偏多40%。短历时降雨强烈，6月6日，三水区芦苞镇上塘村自动气象站录得最大1小时雨量126.6毫米，为超50年一遇的雨强；雷雨时普遍出现8级或以上短时大风；8月19日，高明区明城镇出现29.6米/秒（11级）大风。

北江三水、西江马口站水位超过3.0米的明显涨水过程共有3次。其中，受西江、北江Ⅰ号洪水及天文大潮共同影响，西江马口站于6月10日19时25分出现洪峰水位6.66米，洪峰流量达37200立方米/秒（超5年一遇）；北江三水站于6月10日20时出现洪峰水位6.98米，洪峰流量达12100立方米/秒（超10年一遇）。西江、北江Ⅰ号洪水期间，全市共有四个站点出现超警戒水位，分别是澜石站、五斗站、三多站和容奇站。

7月，全市平均雨量仅为55.0毫米，较常年同期偏少70%。高明区出现局部旱情，小型水库蓄水量为1869万立方米，比去年同期偏少20%；有3宗小型水库达到死水位，分别为莳和坑水库、业山水库和大水坑水库，其中莳和坑水库和业山水库有农业灌溉任务。全市受旱农作物面积共2.8万亩，更合镇部分村居民约600人饮用水受影响，采取分时段供水缓解用水困难。

受暴雨洪涝和台风等灾害影响，全市共转移人口2173人，累计水浸63处，树木倒伏或折断1397棵，房屋、商铺、厂房受浸165间，受损车辆25台，农作物受灾面积1.3万亩，直接经济损失3127.05万元。全年未造成人员伤亡。

【韶关市】

2020年，韶关市经历了9轮强降雨过程。至8月31日，全市平均雨量为1418.7毫米，比上年同期偏少12.9%，比常年同期偏多13.95%。“龙舟水”期间，全市平均雨量为389.8毫米，较常年同期（161.7毫米）偏多140%。其中，6月5—9日第四次“龙舟水”，有持续时间长、影响范围广、降雨强度大、雨量破纪录的特点，全市平均雨量为170.2毫米；在曲江区樟市镇南约村委会站录得最大累计雨量660.0毫米，该站最大24小时（8日16时—9日16时）雨量为549.9毫米，破历史纪录。

年内，全市主要河流出现2次较明显涨水过程。4月2—3日，武江上游乐昌峡出现最大入库流量3120立方米/秒（接近10年一遇）；乐昌市乐昌站最高水位为88.32米（超警戒水位1.12米）；北江韶关站最高水位为53.07米（超警戒水位0.07米）。6月6—9日，滃江水文站出现5年一遇洪水，武江干流中上游乐昌峡枢纽9日11时洪峰流量为1420立方米/秒（接近2年一遇），北江韶关站洪峰水位为52.72米（警戒水位53.00米）。

受暴雨洪涝和台风等灾害影响，全市共有10个县（市、区）、66个乡镇、5.53万人受灾，转移人口7166人，死亡3人，倒塌房屋221间，农作物受灾面积4615公顷，直接经济损失1.67亿元。

【河源市】

2020年，河源市气温显著偏高，高温日数明显偏多；降水偏少，前汛期降水前少后多，“龙舟水”偏重且强降水过程多，后汛期降水偏少，台风影响较小。共经历18轮较强降水过程。其中，入汛后强降水过程有11次（“龙舟水”期间有4次），启动防汛Ⅳ级应急响应4次、Ⅲ级应急响应1次。

至9月15日，全市平均雨量1275.2毫米，较常年同期偏少20%。其中，紫金县雨量最少，较常年同期偏少32.8%。除2月和3月降水偏多外，其余各月均偏少。“龙舟水”期间（5月21日至6月20日）平均降雨日数24.8天，平均雨量406.4毫米，较常年同期偏多24%，占前汛期总雨量的61.6%。7月1日至9月15日，全市平均雨量为331.4毫米，较常年同期（501.0毫米）偏少34%。其中，7月全市平均雨量为56毫米，较常年同期偏少72.8%，出现较明显气象干旱。平均气温29.5℃，较常年同期偏高1.5℃，居历史第一位。受干旱影响，全市32个乡镇一度出现农业微旱，农作物受影响面积12.1万亩，未发生因旱导致人畜饮水困难情况。

年内水情呈现来水偏少、时空分布不均、部分中小河流超警等特点。至9月15日，东江河源水文站径流量84.85亿立方米，较去年同期偏少约40%，较多年同期偏少近30%。江河来水较大时段为“龙舟水”期间的6月上旬，河源站年最大流量达2200立方米/秒（6月9日，近5年一遇）。“龙舟水”期间，大湖水、古竹水等中小河流出现超警洪水，其中，6月8日20时，古竹水平渡站洪峰水位达32.06米（超警戒1.06米）；6月9日10时，大湖水大湖站洪峰水位达127.94米（超警戒0.94米），其余各站均未出现超警洪水。

受暴雨洪涝等灾害影响，全市共有6个县（市、区）、88个乡镇、4.53万人受灾，转移人口8923人，死亡5人，倒塌房屋78间，损坏房屋229间，农作物受灾面积2328公顷，直接经济损失1.20亿元。

【梅州市】

2020年，梅州市气候年景总体平稳，但阶段性、局地性气象灾害突出，受台风“米克拉”“海高斯”外围环流及切变线影响，部分地区不同程度受灾。

全年平均雨量为1181毫米，比常年同期偏少24.4%。除5月和9月降水偏多外，其余月份降水偏少，特别是7月偏少70%以上。其中，4月全市平均雨量104.9毫米，比常年偏少40%；5月全市平均雨量276.8毫米，比常年偏多30%；6月全市平均雨量160毫米，比常年偏少近40%；7月全市平均雨量47.8毫米，比常年偏少70%以上；8月全市平均雨量173.9毫米，比常年偏少10%以上；9月全市平均雨量167.8毫米，比常年偏多20%；10月全市平均雨量13.9毫米，比常年偏少60%。

年内，梅江、汀江、韩江等主要河流干流均未发生超警戒洪水；中小河流水文站点受局部暴雨影响，出现多场涨幅明显的洪水过程，发生超警洪水共7站次。其中，暴雨洪水量级较大的有：大信河瑶兴站出现约50年一遇洪水，东石河东石水文站出现超20年一遇洪水，柚树河部分河段出现超50年一遇洪水，三坑水文站出现超10年一遇洪水（超警戒2.26米）。8月后，河道径流和水库蓄水量与历史同期相比明显偏少，旱情有所抬头，但总体可控。至年底，全市714座水库蓄水量为5.28亿立方米，比多年同期偏少21.21%，其中大型水库比多年同期偏少25.46%，中型水库比多年同期偏少20.21%。全市有16宗小型水库蓄水位在死水位以下。

全年主要受强降水和强对流等天气影响，造成兴宁、平远、大埔等县（市、区）受灾较为严重。全市共有21个乡镇、1.49万人受灾，紧急转移安置695人，倒塌房屋84间，直接经济损失5095万元。

【惠州市】

2020 年，惠州市降雨总体偏少，降雨时空分布极不均，“龙舟水”影响偏重，台风影响偏弱。于 3 月 31 日入汛，平均雨量为 1611. 3 毫米，较常年偏少 9. 2%。各地年降雨量介于 1110. 0 毫米（惠东县）～2194. 7 毫米（龙门县），除龙门县较常年同期偏多 10. 28% 外，其余站点均偏少，惠东县偏少 35. 5%（偏少最多）。

“龙舟水”期间（5 月 21 日至 6 月 20 日），全市平均雨量为 723. 5 毫米，较常年偏多 85%。全市多条河流出现超警洪水，特别是 6 月 5—9 日期间，受极端持续强降水影响，博罗县的小金河、公庄河和龙门县的永汉河、增江等 8 条河流 9 个站点发生不同程度超警洪水。其中，博罗县罗阳镇小金村、龙门县永汉镇等地出现不同程度的洪涝灾害。

受暴雨洪涝等灾害影响，全市共有 5 个县（市、区）、53 个乡镇、12. 78 万人受灾，转移人口 1. 82 万人，倒塌房屋 72 间，农作物受灾面积 1. 70 万公顷，直接经济损失 19. 65 亿元。全年未造成人员伤亡。

【汕尾市】

2020 年，汕尾市先后经历了 15 轮强降雨或强对流天气过程，其中，“6 · 8” 暴雨致局地城镇内涝严重。至 9 月 22 日，全市平均雨量为 1800 毫米，较常年同期偏少 14%。于 3 月 31 日入汛，汛期雨量较集中，占年内总雨量的 93%。影响汕尾市的台风主要有“鹦鹉”“海高斯”“红霞”，台风强度总体偏弱。

1—5 月高温少雨，雨量较常年同期减少 51%。全市 20 宗大中型水库蓄水量最低时（5 月 19 日）为 1. 44 亿立方米，仅占总库容的 20. 7%。多个水库出现蓄水不足，特别是海丰县红花地水库水位最低时低于死库容水位 2 米，导致海丰县城东、海城、陶河等 6 个镇（场）5. 1 万人供水受影响；全市农作物受旱面积达 38. 52 万亩，其中轻旱 18. 40 万亩、重旱 19. 96 万亩、干枯 1511 亩。另外，水田受旱面积达 18. 10 万亩。此次旱灾和“6 · 8”暴雨共造成直接经济损失 1. 51 亿元。

6 月 7 日 20 时至 6 月 8 日 20 时，雨量超过 250 毫米的站点有 7 个，超过 100 毫米的站点有 35 个，其中，最大雨量为 375 毫米（红海湾遮浪站），最大 1 小时雨量为 114. 9 毫米（城区捷胜镇站）。此次特大暴雨来势猛，雨量大且集中，为市城区、红海湾近 10 年间最大强降雨，导致汕尾市城区、陆丰市等地严重内涝，积水最深的路段水深接近 1. 5 米，部分村庄房屋、车辆受浸。此次强降水造成直接经济损失 4269. 7 万元。

【东莞市】

2020 年，东莞市于 3 月 31 日入汛，“龙舟水”年景明显偏重。至 9 月 24 日，共遭受 14 轮强降雨（“龙舟水”4 轮）袭击，其中“5 · 22”暴雨受灾严重。汛期（3 月 31 日至 9 月 20 日），全市平均雨量为 1667. 0 毫米，比常年同期偏多 13. 8%；“龙舟水”期间（5 月 21 日至 6 月 20 日），全市平均雨量为 722 毫米，比常年同期偏多 119. 1%，位居历史第三位（第一为 2008 年 933. 6 毫米，第二为 2006 年 784. 4 毫米）。

6 月 8 日天文大潮，受洪潮共同影响，沿海、沿江水位大幅上涨。“龙舟水”期间，全市有

3 个河段共 4 个站点超警戒水位，分别是：泗盛围站 1.95 米（超 0.15 米）、樟村站 3.31 米（超 1.11 米）、高埗泵站 1.28 米（超 0.28 米）、石碣泵站 1.44 米（超 0.44 米）。全年有 2 个台风对东莞市有影响，总体影响较轻，其中“鹦鹉”带来 6～7 级阵风，“海高斯”带来大雨到暴雨、局部大暴雨，并伴有 7～8 级、局部 9 级阵风。

受暴雨洪涝等灾害影响，全市共有 1.23 万人受灾，转移人口 1646 人，死亡 1 人，农作物受灾面积 1031.6 公顷；莞城、南城等 7 个镇（街）共 38 个地下车库被浸，全市共出现 113 个内涝积水点和 8 处小型地质滑坡，直接经济损失 8313.6 万元。

【中山市】

2020 年，中山市平均气温偏高，累积降水偏少 20%～30%，其中 6—7 月降水明显偏少，气温偏高 1.4℃。全年共有 2 个台风影响中山市，分别是 6 月的“森拉克”和 8 月的“海高斯”。全市平均雨量为 1243.9 毫米，比常年同期偏少 24.7%。其中，6 月和 7 月月降雨量均同比偏少 60%～90%，3 月和 8 月月降雨量偏多 20%～30%。“龙舟水”期间（5 月 21 日至 6 月 20 日）全市平均雨量为 235.6 毫米，比历年同期偏少 26%。较明显降水过程出现在 3 月 27 日、5 月 22 日、5 月 25—26 日、5 月 30 日。台风“森拉克”“海高斯”也给中山市带来明显降水过程，导致部分地区受灾严重。

受暴雨洪涝和台风等灾害影响，全市共转移人口 3.41 万人，直接经济损失 3092.65 万元。其中台风“海高斯”造成街道树木倒伏、农作物倾倒、局部低洼地区短时受浸、部分镇区供电线路受损等情况发生。其中折断或倒伏树木约 5600 多株，种植业受灾面积约 9060.5 亩、水产养殖受灾面积达 3010 亩，全市道路积水路段数十处，台风对坦洲、三乡、神湾、南朗等镇区 2.01 万户用电造成影响。全年未造成人员伤亡。

【江门市】

2020 年，江门市总体天气气候特征是：气温高、开汛早，降水偏少但时空分布不均，强对流早发多发，台风影响总体较小。7 月出现首次“空台”和罕见气象干旱（6 月 21 日至 7 月 29 日），降雨量为历史同期最少；全市平均雨量为 49.9 毫米，较常年同期偏少 87%，导致全市出现重等级别以上气象干旱，其中开平市和台山市上川岛达到气象特旱级别，其余为重旱，为历年同期罕见。全市共出现 12 次强降水天气过程、8 次强对流天气（其中有 3 次冰雹、2 次龙卷风）。

全市平均气温为 24.3℃，较常年偏高 1.2℃，为历史同期最高值。全市平均雨量为 1446.4 毫米，较常年同期偏少 21%。各地雨量除上川岛站外，均偏少 20%～30%。汛期以后（至 9 月 20 日）平均雨量为 1227.6 毫米，较常年同期偏少 25%。全市 33 宗大中型水库水位低于防限 0.24～10.73 米。全市水库蓄水量为 9.8 亿立方米，比常年同期偏少 20.2%，比去年偏少 29.4%；其中 33 宗大中型水库总库容为 7.12 亿立方米，比常年同期偏少 23.9%，比去年偏少 32.7%。

年内有 4 个台风影响江门市，分别是“鹦鹉”“森拉克”“海高斯”“红霞”。其中台风“海高斯”给江门市带来狂风骤雨，其他 3 个台风影响总体较小。受“海高斯”影响，18 日夜间至 19 日白天普降暴雨到大暴雨，东部地区普遍出现 10～11 级大风，沿海及高地出现 11～13 级大风。

受台风“海高斯”影响，全市共有 1.38 万人受灾，转移人口 9709 人，农作物受灾面积 7998.13 公顷，水产养殖受灾面积 866.67 公顷，损坏公路 6.11 千米、水利工程 9 宗，通信基站故障 42 个，直接经济损失 9811.96 万元。

【阳江市】

2020 年，阳江市共出现 13 次降雨天气过程，其中 5 月 28 日至 6 月 3 日累积雨量最大，导致江城区、阳东区、阳春市、阳西县部分地区出现不同程度灾情；7 月 30 日至 8 月 5 日也给阳江市带来一定的洪涝灾害影响。全市平均雨量为 1602 毫米，比上年同期偏少 29.9%，比常年同期偏少 19.7%。其中，汛期（4—9 月）全市平均雨量为 1375.9 毫米，比上年同期偏少 31.7%，比常年同期偏少 24%；“龙舟水”期间，全市平均雨量为 388.7 毫米，比上年同期偏少 43.7%，比常年同期偏少 26.2%。全市各主要江河水位均未超警戒。

5 月 28 日 8 时至 6 月 3 日 8 时，阳江市中南部地区出现特大暴雨、其他地区大暴雨天气过程，此次降水具有短时雨强大、覆盖范围广、雨区由西北移向东南等特点。全市平均雨量为 185.2 毫米，录得 50 毫米以上站点有 142 个，100 毫米以上站点有 104 个（占比 70%），累积雨量排前 3 位站点：江城区白沙镇交警教练场站 537.5 毫米，石河水库站 537 毫米，阳东区红丰镇麻汕圩旧镇府麻汕站 476 毫米。其中，阳东区麻汕站、东城镇站 6 小时雨量分别是 329 毫米、289.1 毫米（均超 20 年一遇），江城区教练场站 6 小时雨量为 295.2 毫米（超 20 年一遇）。

全年主要受“6·2”暴雨影响，江城区、阳东区、阳春市、阳西县部分地区受灾严重，共有 6893 人受灾，转移人口 443 人，倒塌房屋 26 间，农作物受灾面积 1962.04 公顷，直接经济损失 6879.7 万元。

【湛江市】

2020 年，湛江市共经历了 3 次热带气旋和 15 次降水天气过程，总体影响平稳，未发生险情灾情。至 9 月 21 日，全市平均雨量为 998.4 毫米，较多年同期偏少 24.7%，较上年同期偏少 25.3%。全市各地降雨空间分布不均匀，中北部地区相对较多，南部地区较少。其中，遂溪县降雨较多为 1220.8 毫米，比多年同期偏少 11.0%；徐闻县降雨最少为 569.6 毫米，比多年同期偏少 45.4%；其他地区偏少 20%～30%。全市主要江河均在警戒水位以下；大中型水库蓄水总量为 6.903 亿立方米，未出现低于死水位运行情况。

至 6 月，全市降雨持续偏少，平均气温比往年同期升高 1～2℃，导致部分地区出现不同程度干旱。其中，雷州半岛西南部受旱较重，雷州市、徐闻县共有 80 多万亩农作物受旱。

【茂名市】

2020 年，茂名市平均雨量 1249.1 毫米（1 月 1 日至 9 月 21 日），比多年同期偏少 21.9%，比去年同期偏少 28.2%。与多年同期相比，1 月、2 月和 4 月降水量偏多 9.3%～42.8%，3 月和 5—7 月降水量均偏少，其中 5 月和 6 月偏少 40%，7 月偏少 74.3%。全市各江河水位均在警戒水位以下，未出现流域性洪水，仅官桥河、沙田河、金垌河、朱砂河等小流域出现涨幅 3 米左右洪水过程。1—9 月，主要江河平均流量比多年同期偏少 50%～70%。全市大中型水库总蓄水量7.94亿立方米，比多年同期偏少15.3%，比上年同期偏少22.6%。

至7月30日，全市共有11.45万亩农作物受旱，32.93万亩晚造水稻无法办田，农业用水十分紧张；4个镇共10.28万人饮水受影响。受台风“森拉克”外围环流及其带来的风雨影响，造成高州市5户11间房屋倒塌，滨海新区电城海堤海茂段2处堤防发生塌方险情。全年汛情总体平稳，无人员因灾伤亡和未发生重大财产损失。

【肇庆市】

2020年，肇庆市共出现18次强降水和强对流天气过程。至9月22日，全市平均雨量为1275.9毫米，较常年同期偏少24%。辖区共7条河流先后14次出现超警洪水，1宗中型水库超汛限水位；台风“鹦鹉”“海高斯”也给肇庆市带来明显风雨影响。3月31日入汛，天气呈现复杂多变特点，强对流和强降水天气频发。其中，6月6—10日，怀集县出现强降水天气过程，最大3小时雨量为洽水镇黄砂站209.1毫米，最大6小时雨量为白水站230.5毫米（超200年一遇），最大24小时雨量为黄砂站299.5毫米（超百年一遇）；最大48小时雨量为高塘站449毫米，为年内最大过程雨量。

受暴雨洪涝和台风等灾害影响，全市共有6个县（市、区）、38个乡镇、9227人受灾，转移人口310人，倒塌房屋78间，农作物受灾面积1240.8公顷，直接经济损失1.01亿元。

【清远市】

2020年，清远市天气气候特点是：降水略偏多但时空分布不均，强对流出现早；龙舟水异常偏多，极端强降水异常突出，气温较常年略偏高；后汛期无台风影响，降水偏少，7—8月出现气象干旱。至12月21日，全市平均雨量1850毫米，较常年持平。

“龙舟水”期间，共经历了4次强降水天气过程，全市平均雨量485毫米，较去年同期偏多40%；其中佛冈县雨量高达877毫米，偏多近一倍，创历史新高；其余大部分地区在300～500毫米。其中，6月6—9日强降水过程具有强降水持续时间长、雨势极其猛烈、大暴雨点多面广、过程累积雨量极大的特点。1小时雨量达（超）50毫米、达（超）100毫米站数分别有85站、5站。其中，清城区源潭镇迎咀水库站录得最大1小时雨量122毫米（为历史第二强），龙塘镇高新区站最大3小时雨量251毫米（为1983年以后最强）；佛冈县石角镇县城城东站录得最大6小时雨量306毫米（突破佛冈县历史纪录）。全市共有182个站点录得超100毫米雨量（大暴雨量级），占全市总站数的90%，其中68个站点录得超250毫米（特大暴雨），占比33%。全市4天（6—9日）的平均雨量228毫米，其中累积雨量超过400毫米的站点有24个，超过500毫米的站点有12个（占正常年份一年总雨量的四分之一，且主要集中在佛冈县）。

至8月，辖区内河流北江控制站（石角站）平均流量为1308立方米/秒，比多年平均偏少19.8%。其中3月偏大（最多）17.8%，8月偏少（最多）53.1%。4月和6月北江各出现一场较大洪水，其中6月洪水最大。6月7日19时45分，滃江大庙峡站出现52.13米洪峰水位，洪峰流量2040立方米/秒（超50年一遇），为实测最大洪水；6月10日17时，石角站出现洪峰流量14200立方米/秒（10年一遇）。辖区内10条中小河流（有水文监测站点）共超警19次；另有11条中小河流发生5年一遇以上洪水。

受暴雨洪涝等灾害影响，全市共有8个县（市、区）、71个乡镇、24.84万人受灾，转移人口2.99万人，死亡2人，倒塌房屋1047间，农作物受灾面积1.37万公顷，直接经济损失9.19亿元。国道、省道公路有15条线路共24处发生交通中断（20处路基及4座桥梁）；部分供电、供水设施受损。

【潮州市】

2020年，潮州市（至9月20日）平均雨量为1185.3毫米，比历年同期偏少26.9%。其中饶平县平均雨量为835.4毫米，比历年同期偏少39%。日降雨量最大为饶平县海山镇达南站194.7毫米（9月7日8时至8日8时），1小时最大雨量为中社村82.3毫米（9月7日15—16时）。

汛期平均雨量为447.2毫米，比历年同期偏少32.1%；后汛期（至9月20日）平均雨量为517.7毫米，比历年同期偏少26.7%，其中9月降水偏多，4—8月降水均偏少。汛期降水时空分布不均，出现阶段性强降水，发生局部内涝；热带气旋影响数量较少，共有4个热带气旋进入潮州市防区，其中台风“海高斯”“红霞”给潮州市带来明显降水过程。全年韩江水情平稳，潮安站最大流量为3080立方米/秒（6月9日），最小流量为69.3立方米/秒（7月28日）。至9月20日，全市山塘水库蓄水量为1.85亿立方米，较多年同期少47%，较上年同期少37%。其中，汤溪水库（大型）蓄水量为8843万立方米，较多年同期少38%，较上年同期少49%；中型水库蓄水量5385万立方米，较多年同期少49%，较上年同期少22%；小型水库总蓄水量为3728万立方米，约等于多年同期，较上年同期少8%。

7—8月持续高温少雨，造成部分地区出现旱情，全市共有3个县（市、区）、16个乡镇发生不同程度旱情，农作物受旱面积8.25万亩，因旱供水受影响共计24.23万人；5月19日，受短时强对流天气影响，潮安区登塘镇直接经济损失22万元。

【揭阳市】

2020年，揭阳市全市平均雨量为1151毫米，比历年同期偏少40%，其中市区1143.8毫米（偏少34%），揭西县1180.2毫米（偏少42%），普宁市1209.6毫米（偏少42%），惠来县1070.7毫米（偏少40%）。全市469宗水库总蓄水量3.44亿立方米，占正常蓄水量的37.3%，可用总水量3.27亿立方米，占总兴利库容的38.4%，比去年同期减少22.9%，比多年同期减少17.3%。

全年主要江河水量严重偏少，境内4个水文站点全年径流均小于多年平均径流，属枯水年。其中，榕江东桥园站39.2立方米/秒，比常年同期偏少55%；榕江赤坎站12.9立方米/秒，比常年同期偏少50%；龙江磁窑站12.2立方米/秒，比常年同期偏少65%。榕江、龙江、练江等主要江河水位均在警戒水位以下运行，全市水库均在汛限水位以下，运行平稳。全年未造成人员伤亡。

【云浮市】

2020年，云浮市天气气候呈现旱涝急转、开汛偏早、降水集中、气温偏高、台风偏晚偏少的特点。3月31日开汛，较常年开汛日（4月6日）早。至9月22日，全市平均雨量1168.6毫米，较常年同期偏少13.4%。“龙舟水”期间，降水频发且强度大。其中，5月21—27日，全市连续多日出现强降水天气；5 月 30 日至 6 月 9 日，出现大范围强降水天气过程，并伴有 7～9 级短时大风等强对流天气。台风“鹦鹉”“森拉克”“海高斯”“红霞”也给云浮市带来一定的风雨影响。

受西江上游广西区域降雨影响，西江河段出现 1 次洪水过程，郁南县都城站于 6 月 9 日出现 17.27 米洪峰水位（超警戒 0.27 米）。7 月 15 日，罗定江罗定古榄站出现年内最低水位 3.27 米，较去年同期偏低 0.13 米；7 月 27 日，官良站出现年内最低水位 24.51 米，较去年同期低 1.06 米。8 月 20 日，罗定江郁南县河口镇官良站出现 26.78 米的洪峰水位（超警戒 4.22 米）。至 9 月 21 日，全市总蓄水量为 2.77 亿立方米，较去年同期减少 12.6%。

4 月 25 日至 5 月上旬，大部分地区出现轻度到中度干旱。7 月 1—23 日，平均降水仅有 40.2 毫米，偏少 71.7%。云城区、云安区东北部及新兴县出现特旱，中度、重度气象干旱范围较大。至 7 月 29 日，全市农作物受旱面积 11.58 万亩，全市 39 宗小型水库达到死水位，水源基本干涸，全市因旱供水受影响共计 16.13 万人。受暴雨洪涝和台风等灾害影响，全市共有 5 个县（市、区）、46 个乡镇、23.17 万人受灾，转移人口 6576 人；农作物受灾面积 7456.7 公顷，直接经济损失 3215.58 万元。

各地级以上市防灾减灾工作

【广州市】

2020年，在市委、市政府的正确领导下，广州市三防总指挥部及各相关部门坚持人民至上、生命至上，精准指挥、科学防御，成功抵御“5·22”“6·7”两轮特大暴雨和台风“鹦鹉”“海高斯”“红霞”等灾害的袭击，最大程度减少人员伤亡和财产损失。

明确责任，领导率先垂范。“5·22”“6·7”特大暴雨、台风“海高斯”“红霞”防御期间，市委书记张硕辅等市领导亲临一线检查督促和坐镇指挥，确保思想统一，防范有效。全面落实以行政首长负责制为核心的各项防汛责任制，核实刊登公布全市17宗大中型水库、25宗万亩以上堤围的防汛责任人名单；市委、市政府印发《关于切实加强防汛工作的分工方案》，制定26项任务，明确职责分工，压实责任；同时，为进一步夯实镇（街）防灾减灾救灾基础，提升基层防范应对能力，大力推进镇街应急（三防）能力规范化建设，更新录入全市三防责任人6.26万名，实现数字化管理。

提前会商，加强监测预报预警。坚持实行每周与气象、水文、海洋等监测部门定期会商和紧急会商工作制度，并将会商信息以《广州气象水文专报》形式印发给各区和成员单位。市应急管理局会同市预警信息发布中心、三大电信运营商向公众发布防御灾害性天气提示短信共3.6亿条。进一步畅通三防监测预报预警信息获取渠道和发布渠道，尤其是加强在暴雨台风期间将风暴潮预测信息及时传达到珠江沿岸企事业单位。与广州珠江数码加强合作，将珠江数码有线电视平台纳入应急预警信息发布网络，为应急宣传和预警信息发布提供又一平台支撑。

细致排查，安全隐患闭环整改。3月2—6日，市防总派出11个检查组分赴各区进行汛前检查，要求层层落实防汛防台风险隐患排查。对全市排查存三防主要风险隐患点，建立风险隐患台账，并建立隐患整改推进每月更新机制，督促加快对城市内涝安全隐患、水利工程隐患和地质灾害隐患的整改进度。至9月15日，全市共整治核销三防主要风险隐患137宗。全市现有三防主要风险隐患共552宗，分别是水利工程3宗（原53宗，已核销50宗），积水、内涝风险点60处（原有128处，已完成整治68处），地质灾害隐患点489宗（原556宗，已核销69宗，新入册2宗）。年内，排查新增地质灾害隐患点581个，均已落实管控责任与措施。

全力应对，提升协同指挥效能。坚持防疫与防汛两手抓两不误，加强值班值守，及时启动响应。市防总充分发挥牵头抓总作用，提前一步、提高一档，有力有序开展研判、调度、指挥。坚持联合防御，制定《三防应急指挥简明手册》《广州市防汛防旱防风总指挥部联合值守工作制度》等，健全综合会商、联合值守、联合指挥各项机制，提升应急指挥联动效率。全市共启动三防应急响应45次，其中防暴雨内涝37次、防汛6次、防风2次。

提升能力，多方齐抓并举。市委、市政府制定《关于切实加强全市防汛工作的分工方案》。三防指挥部加强统筹协调，督促修复水毁水利工程。市水务局清算片区“水账”，绘制洪水风险图或内涝风险图，加快推进《广州市防洪排涝建设工作方案（2020—2025年）》出台实施。市规划和自然资源局组织编制《广州市城市水浸点、涵洞、隧道内涝治理方案（征求意见稿）》。健全应急抢险救援队伍，组织指导市应急委32个主要成员单位建设246支应急救援队伍1.46万人，扶持建设社会救援队伍17支1436人，督促指导11个区建立各类应急救援队伍133支5498人。逐步构建“军队为突击力量、综合性消防救援队伍为骨干力量、专业队伍和社会救援队伍为补充力量”四位一体应急救援力量体系，不断提升抢险救援综合能力。研究在全市推广建设桥涵防汛自动报警系统，至年底，已完成黄埔区汇星路隧道利用信息化技术开展下穿隧道水浸情况就地显示提醒和自动感应封闭通行试点项目。

【深圳市】

2020年，在省委、省政府和省防总的坚强领导下，深圳市有力有序应对台风暴雨等灾害袭击，确保安全度汛，实现人员零伤亡目标。市三防指挥部启动防汛应急响应共24次，其中“关注级”19次、Ⅳ级5次；启动防台风应急响应共7次，其中“关注级”4次、Ⅳ级2次，Ⅲ级1次。市气象台发布暴雨黄色预警52次，橙色预警17次，红色预警4次；发布台风白色预警4次，蓝色预警2次，黄色预警1次。

*立足防大汛抗大灾，全面部署防汛防台风工作。*一是组织开展汛前大检查。印发《深圳市防汛防旱防风指挥部关于开展2020年汛前防汛防风工作大检查的通知》，组织市三防指挥部各成员单位开展本行业本领域汛前防汛备汛安全大检查，派出工作组对落实情况进行抽查。二是及时公示三防责任人名单。汛前更新完善全市三防责任人名单，并在《深圳特区报》向社会公布；督促各成员单位梳理明确各自行业领域的三防责任人并向社会公布。三是修编防汛防旱防台风预案。完善修编《深圳市防台风应急预案》《深圳市防汛应急预案》《深圳市防旱应急预案》。四是强化值班值守和会商机制。各区各部门严格实行24小时值班制度，全面应对各类突发情况。汛前与气象、水文、海洋、自然资源等部门建立会商联络机制，共享灾害监测及预测预警信息，共同研判灾害趋势，指导各区各单位做好灾害防范应对。五是完善三防工作制度。先后制定出台《深圳市主要气象灾害风险提示（2020年版）》《深圳市防御台风工作指引》《深圳市防御暴雨工作指引》《深圳市防汛防旱防风领导干部培训教材（第二版）》《深圳市三防办应急响应方案》和“五停”工作方案等。同时，积极开展《深圳市自然灾害防治条例》立法工作。

*实装实兵拉动演练，全面检验三防应急能力。*全年市三防办组织开展全市三防培训或演练9次，各成员单位共1.9万多人参训。9月17日，市三防指挥部组织开展三防实兵实装拉动演练。市三防指挥部主要成员单位、各区三防指挥部参与本次拉动。围绕“练指挥、练动作、练协同、练保障”目标，模拟深圳市遭受超强台风“风神”影响，拉动全市开展货船走锚、人员转移、地铁内涝、水上救援、道路内涝、边坡滑坡、泥石流及灾民安置等险情灾情处置。拉动共调集救援队伍30多支1000多人，出动工程机械、船只、车辆150多台，调集物资1000多件，严格检验全市防灾减灾救灾应急能力。

*建立督导检查机制，加强督导检查。*按照《广东省防汛防旱防风条例》相关要求，建立督导检查工作机制，印发《2020年深圳市防汛防旱防风指挥部督导检查工作方案》。实行组长负责制，组成6个督导检查组分赴全市11个区和部分成员单位，多次进行检查督促指导，并将督查意见及时通报至相关部门，责令限期改正。及时开展防汛防台风督导检查工作：一是汛前督导检查。在各区自查的基础上，对防汛备汛防台风工作进行抽查；对责任片区的水毁风毁工程、防风重点部位进行检查。提出整改意见和建议，并督促落实整改。二是应急督导检查。当市气

象台发布暴雨橙色及以上预警信号、台风黄色及以上预警信号时，密切关注天气变化，加强与各区联系，了解相关情况，做好督导检查准备。

积极谋划三防能力信息化建设。一是建设市三防指挥部指挥大厅。至年底，指挥大厅整合完成气象、水务、海洋、公安、交通、水务等三防相关信息化资源，分别建立台风、暴雨大屏展示模式。启动应急响应后，信息化系统根据指令要求，快速进入战备状态，基本保障市三防指挥部精准高效运行。二是建立智慧三防信息化平台。推进智慧三防应用系统建设，进一步发挥从前端预报预测预警到会商研判、精准分析到指令推送、指挥调度到救援评估一体化的三防防御部署指挥平台效用，为科学指挥提供决策支撑。三是开展责任人信息化管理。委托第三方机构开发“深圳应急一键通”应用程序，向全市各级三防责任人提供风雨水情、灾害预警、防御部署、报灾统灾和三防培训等信息模块，进一步提升三防工作传达效率和责任人业务能力。至9月23日，全市共有5.31万名三防责任人已激活“深圳应急一键通”。

【珠海市】

2020年，珠海市不断强化防灾减灾救灾体系建设，全力推进三防风险隐患排查治理，密集会商部署，有效应对强降雨“龙舟水”和台风“海高斯”等灾害的袭击，最大限度减少灾害损失，确保人民群众生命财产安全。市委常委会、市政府常务会议先后8次专题研究部署三防工作。市委书记郭永航等市领导先后11次对三防工作做出批示。市三防指挥部充分发挥牵头抓总作用，提早会商部署，加强指挥调度，有序有效开展防汛备汛工作。全年共启动防暴雨应急响应38次、防风应急响应9次。累计出动救援人员5万多人次、巡查车辆3.8万多台次，投入移动排水泵车300多台次，转移安置临险人员6.2万多人，排除水浸点156处，预警信息受众达1037万多人。

持续推进风险隐患排查治理。一是督促水务、自然资源、住建等部门推进对水浸黑点、地质灾害隐患点、削坡建房风险点等的排查治理。全市共有水浸易涝点98处，已完成治理62处；地质灾害隐患点35处，其中列入市政府重点工作任务治理32处；农村削坡建房风险点34处，按三年治理目标年内已完成22处。对未完成的隐患点按“一点一案”落实度汛措施。二是制定《珠海市水上交通和渔业船舶安全专项整治三年行动实施方案》，全力抓好渔业船舶安全生产，共收缴“三无”渔船140艘。三是全面开展居住在山边、水边、海边、低洼地、危房、在建工地等危险区域人员和在建工地的排查摸底，登记造册临险人员12.8万人。其中，在建工地929个、涉水在建工地标段36个，对临险人员建立预警信息发布、转移避险、安置等对接工作。

强化三防法制机制建设。一是根据特殊地理位置和气象灾害特点，出台《珠海经济特区防台风条例》，于2020年2月1日起施行。这是全省首部地方三防法规，细化了各级各部门和社会组织的三防职责，为三防工作有效开展提供法律依据。二是制定《港珠澳大桥台风、暴雨期间实施封桥封关及信息发布联动工作机制》，构建适应粤港澳大湾区发展的联防联控应急工作机制。三是制定《珠海市镇（街道）三防标准化建设操作规程》，持续推进基层三防能力建设。四是根据机构改革和职能划转，修订印发《珠海市防汛防旱防风防寒应急预案》和《珠海市防汛（防内江洪水）防风应急响应工作责任手册》，推进三防工作有序衔接。

强化三防宣传培训演练。组织各级党政领导干部、各类责任人进行线上、线下防灾减灾培训29次，有2805人参训；举办三防演练56次，有2975人参演。加强日常防灾减灾救灾宣传，推送防灾减灾科普知识类文章180多篇，总阅读量达41.4万次。“珠海应急管理”今日头条政务号每月点击阅读量在全国应急管理榜单中排前三名，总点击阅读量达1500多万人次。

【汕头市】

2020年，在市委、市政府的正确领导下，汕头市秉持“安全第一、常备不懈、以防为主、防抗结合、全力抢险”的工作方针，严格执行以行政首长负责制为核心的三防工作责任制，狠抓落实三防各项工作，全力保障人民群众生命财产安全，最大限度地降低灾害损失。

领导重视，积极部署防御。市委、市政府先后6次召开会议，研究部署三防相关工作。5月12日，市委书记马文田率市直相关部门主要负责人到潮阳区河溪水库、金平区鮀江街道红树湾片区易涝点工地、龙湖区上蓬围海堤调研检查三防工作。6月18日，市长郑剑戈带队检查调研潮阳区三防工作开展和海门湾桥闸重建工程进展情况。市三防指挥部多次召集市气象局、水文局、水务局、自然资源、农业农村、城管等单位召开会商会议，分析研判汕头天气情况，部署落实防御暴雨各项工作措施。

落实三防责任人，强化责任体系。采取逐级、逐部门、逐单位、逐项目落实三防责任人：一是落实防汛行政责任人台账。重新核报2020年度防汛抗旱防台风行政责任人、韩江南北堤及汕头大围防汛行政责任人。二是完善各级三防责任人台账。调整更新全市区（县）、镇（街道）、村（居）三级5529位防汛责任人。三是落实水利工程责任人台账。全市8宗中型水库、197宗小型水库、42宗大中型水闸已全部落实防汛责任人并在《汕头日报》公示。四是落实“三个联系”制度和“四个一”工作机制，完善危险区域人员转移安置共3178户8483人及特殊群体1053人临灾转移台账。

加强三防工作检查，落实隐患排查和整改。市三防指挥部组织市水务、自然资源、住建、气象、水文等成员单位召开汛前防汛防风督导检查协调会议，部署相关工作，并组成7个检查组深入7个区（县）开展汛前防汛督查，督导跟进、专项检查落实。市应急管理局联合市水务局检查组，开展专项领域检查，重点抽查检查在建水利工程及水库涵闸等人员值班值守情况、工程安全运行管理情况、度汛预案台账等，切实落实防汛度汛相关措施。全年水利工程安全隐患共107宗，其中已完成整治98宗，列入建设项目7宗，山塘已空库运行1宗（暂不再启用），1宗正在落实修复措施；地质灾害隐患点共38处，其中已完成整改14处，采取措施整改中的有24处。

持续推进自然灾害防御体系建设，强化应急准备。一是强化值班值守，确保信息畅通。严格执行全年24小时值班值守和领导在岗带班制度。应急、气象、水文、水务、自然资源等部门加强会商研判，适时组织成员单位联合值守。及时抽查检查或视频连线了解各单位各部门值班值守情况，确保信息上下畅通。二是修订完善应急预案并组织开展应急演练。市三防指挥部及时修订并印发《汕头市防汛防旱防风防冻应急预案》，全市1089个行政村均已制定“一页纸”操作预案。全年共开展三防应急演练8场次。三是建设应急指挥信息化体系，实现信息通联。已完成市应急指挥平台一期建设，实现与各区（县）、各镇（街道）三防信息接收应急保障系统联调联试，确保视频会议到镇顺利联通；将市公安局、水务局、气象局等监控信息接入市应急指挥平台，实现三防信息统一调度。易积水的低洼处安装设置电子标尺和监控摄像头共78处，实现全市易涝（积水）点的可视可测可预警监控。全市配备卫星电话166部（其中省配69部、市配97部），确保在特殊天气条件下的信息通联。四是及时发布预警信息和启动应急响应，为防御工作提供指引。全年共启动防汛应急响应12次，其中Ⅳ级11次、Ⅲ级1次，防台风应急响应1次。印发《汕头市气象灾害预警信息发布工作指引》。五是进一步落实抢险救灾队伍和物资。全市共落实疏散避难所522个、避风渔港7个；安排应急救援队伍118支，其中社会救援组织6支，常备人数达4200人；共储备冲锋舟7艘、橡皮舟33只、救生艇（带动力）11艘、发电机2台、帐篷840顶等一批应急救灾物资。

【佛山市】

2020年，佛山市三防指挥部按照市委、市政府和省防总的统一部署，认真落实各项三防责任制，组织各级三防部门和成员单位及时开展防汛防风检查和防灾风险隐患排查治理，有序有力有效应对强降雨、洪水、台风和阶段性局部干旱等极端天气，确保汛旱风防御工作组织到位、责任到位和措施到位。全市三防形势总体平稳可控。

抓早落实各项三防工作责任。汛前，市三防指挥部及时组织调整全市各级三防指挥机构、北江大堤前线抗洪指挥分部领导成员。全市落实三防责任人1.2万名，签订责任书821宗，重点工程防汛责任人名单于4月12日在《佛山日报》公示。4月14日和7月31日，先后组织两场市、区、镇三级综合应急演练和防汛行政责任人培训，促进协同指挥、指令传达、抢险处置各环节的有机融合，提升各级防汛行政责任人三防指挥决策能力和整体应急处置实战水平。

抓实开展灾害风险隐患排查。市、区、镇共派出406个工作组，逐项开展隐患排查并落实整改措施。3月18—20日，市三防指挥部派出由水利、交通、住建、农业、教育等部门牵头的五个督导组，赴各区开展防汛备汛工作督导检查。市三防指挥部成员单位全面开展本系统防汛检查工作，深入排查山洪和地质灾害、削坡建房、沿河低洼区、内涝点、危房、铁皮屋、泥砖房及建筑工地等重点领域，23181处排查点均建立台账，共同抓好灾害风险管控工作。4月1日，省第二检查组实地检查风险隐患排查和治理情况，并对防汛备汛工作给予高度评价。4月29日，常务副市长蔡家华实地调研北江流域防御体系。副市长赵海、副市长葛承书分别作为佛山大堤、樵桑联围的防汛行政责任人，先后率队检查佛山大堤、樵桑联围的防汛工作情况。

抓牢抢险救援保障体系建设。市三防指挥部建立市级三防专家库，落实水利、气象、水文、地质灾害、交通运输等13个专家组共71名专家，为抢险救灾提供决策支持和技术保障。全市各级169座防汛物资仓库均清点造册，主要储备86个品种价值8193.25万元的防汛抗旱物资，确保物资齐备、管养到位。全市共落实149支防汛抢险队伍5627人，各级积极开展抢险队伍技术培训和实战演练，提高防汛抢险应急水平。

龙舟水及台风影响期间，先后开展联合会商25次，累计启动防汛Ⅳ级应急响应2次、Ⅲ级1次，防台风Ⅳ级应急响应2次，会同15个重点部门5次开展联合值守。气象部门滚动发布暴雨、雷雨大风等强对流天气预警信息181次。水文部门发布内涝、洪水等预警信息1万多条。水利部门派出防洪工作组506组，出动9162人次巡查水利工程5219处次，开启排涝泵站659座次、1841台次，及时处置1起险情。自然资源部门出动地质灾害巡查人员1809人次，巡查地质灾害隐患点（风险点）1167处次。

【韶关市】

2020年，韶关市认真落实三防责任人，及时开展隐患排查整治，强化预报预警和会商研判，各成员单位密切配合，全力做好各项灾害防御工作并取得明显成效。成功抵御9次强降水灾害的袭击，启动防汛Ⅳ级应急响应2次。市领导主持召开强降水防御部署会议8次，组织三防成员单位联合会商研判共13次。

落实三防责任人，完善三防预案。明确各级防汛责任人，包括市、县（市、区）、镇、村、组主要领导和分管领导，落实以行政首长负责制为核心的各项责任制，确保汛期各级三防行政责任人靠前指挥、履职到位；完成大中小型水库等水利工程防汛行政责任人名单核报；及时做好三防责任人调整更新。印发《韶关市防汛防旱防风防冻应急预案》《韶关市区防御特大洪水预案》，并对其他各类防灾减灾应急预案进行完善修订，包括水库防御特大洪水预案、抗旱预案、防冰冻预案、县镇村组山洪灾害应急预案和防洪救灾应急台账等。

开展隐患排查整治。汛前共排查出存在隐患的中型水库3宗、小型水库61宗、万方以上病险山塘679宗；排查出山洪灾害隐患点69处、沿河低洼区隐患点153处；对全市在册地质灾害隐患点362处、削坡建房隐患点443处、危房120处、铁皮屋52处、泥砖房710处、内涝黑点21处、灾害易发区工地10处等进行排查检查，排查出的隐患均已落实工程和非工程整治措施。

落实防汛抢险队伍和救援物资。要求各县（市、区）、镇落实工程抢险队伍，理顺应急出动机制，加强应急救援演练。补充冲锋舟、橡皮艇、救生衣、对讲机等紧缺防汛救援设备和物资。强化预报预警和会商研判。组织气象、水文等部门开展精细化滚动预报预警服务，及时会商研判、发出预警信息，在台风、强降水防御过程中发挥决策支撑作用。同时，做好值班值守和信息报送。严格执行汛期24小时值班和领导带班制度，强化应急值守，密切监视灾害动态，及时响应处置。严格执行信息报送有关规定，规范灾情、险情等突发情况报送工作，突发情况及时处置和上报，不迟报、漏报、瞒报。

【河源市】

2020年，河源市坚持人民至上、生命至上理念，贯彻落实中央和省关于防汛救灾各项决策部署，积极推进三防应急能力建设，主动应对、快速反应，把灾害损失降到最低，避免了重大人员伤亡，防范应对和抢险救灾工作取得积极成效。

建立三防应急指挥体系。先后印发《河源市建立健全应急管理体系工作方案》《2020年防汛工作方案》，构建起全域型三防指挥体系。一是理顺市县应急管理职能，划转市、县（区）三防指挥部工作职能，两级三防办实行“双副主任”制，分别由应急管理和水务部门1名分管领导担任；二是建立“四级联系人”责任制度，推动落实市、县（区）、乡镇、村居的“四级联系人”责任联系机制，及时检查指导落实防汛工作和各项措施；三是建立三防责任人对接机制，所有行政村（社区）建立灾害信息员队伍1930人，成立镇村应急转移工作组1406个，对全市4931名独居老人、伤残人士等特殊群体登记造册，严格落实临灾转移每户一对接、每村一台账、每镇一张网、每灾一行动的“四个一”工作机制。

建立三防应急预案体系。不断健全完善由三防应急预案和城市防御洪水方案、洪水调度方案、水利工程抗洪抢险预案、防御山洪地质灾害预案、村小组“一页纸”预案等分级分部门预案组成的预案体系。《河源市防汛防旱防风防冻应急预案》于5月31日修订印发，各县、镇预案也相应衔接修编完成，构建了一套行之有效的预案制度体系。入汛后，市三防办会同各县区组织开展防汛应急演练6次，其中，4月29日由省三防办指挥部和市三防指挥部联合主办的五级联动防汛桌面推演和实战演练，是近年广东参演层次最高，演练地点、演练场景和环节最多，协同处置情形最复杂，投入科技手段最先进的一次防汛应急处置和救援综合性演练，为全省各级开展防汛减灾救灾工作起了示范作用。

建立应急救援力量体系。制定出台《河源市生产安全事故和自然灾害应急救援联动机制》，推动市、县（区）应急救援队伍、应急抢险队伍和行业技术专家队伍建立应急救援保障、应急救援联络和应急联合响应机制。全市建立交通、公路、水务、供电、通信等行业领域应急抢险队伍 54 支 1989 人；全市统筹建立森林消防队伍 9 支 611 人，其中消防救援队伍 7 支 143 人。完善专家参与会商预警、指挥救援、灾后服务等应急决策机制，建立 270 多名专家学者组成的突发事件应急专家库。

建立三防应急响应机制。制定内部应急机制，市、县（区）两级应急管理部门制定《汛旱风冻应急处置工作方案》，规范突发事件应对处置；规范汛期“应急值班领班 + 三防专业值班领班”模式，规范值班处置流程，将手机应急一键通安装推广到市、县（区）、镇、村四级；定期组织对雨情、水情、风情等风险隐患的会商研判，确定风险等级，研究对策和措施，及时发布预报预警信息；实现自然村报警设备全覆盖，年内共启动应急响应 5 次，累计发布预报预警信息 215 条、51.68 万人次；建立气象灾害预警信号与应急响应挂钩机制，遇强降雨时提前排查存在安全隐患危险区域人员，发布橙色预警信号时立即提前转移危险区域特殊群体，发布红色预警信号时立即转移危险区域所有人员；建立现场救援督导机制，启动防汛Ⅲ级及以上应急响应时，赶赴现场先期组织、协调、开展应急救援处置工作。

建立基层防灾减灾体系。市应急管理局与市发改局联合印发《关于建立市级救灾物资应急保障联动机制（试行）的通知》，建立市、县（区）两级应急装备物资储备、动用及市场化运作机制；推动全市 94 个镇街独立设置应急管理办公室，推进应急（三防）体系规范化建设；建成应急避难场所 1440 个，配备卫星电话共 114 部、手摇报警器 3297 个、铜锣 1.05 万个，积极推进农村防灾减灾“十有”建设。

建立“七个举措”防御工作法。在防范应对强降雨过程中，通过实战探索建立“七个举措”防御工作法：一是加强领导，市、县（区）两级党政主要领导对防御工作亲自研究、亲自部署、亲自推动；二是以防为主，各级各部门克服麻痹思想，排查风险隐患 16248 处，落实应急处置措施 5305 处；三是落实责任，严格落实“三个联系”责任对接有关规定，视情提前转移群众并加强安置管理；四是准确研判，指导受影响乡镇开展防御工作，并及时启动群众转移预案；五是协调联动，在市、县（区）三防指挥部的统一指挥下，相关乡镇立即构建起“调度指挥长—现场指挥官——线指挥员”三级网格应急指挥体系并开展救援行动；六是预置力量，各级救援队伍保持备勤状态，启动响应后进入战时状态，预置到可能成灾的乡镇一线，第一时间开展抢险救援；七是强化保障，各有关部门按照职能分工做好后勤保障工作，形成“分工合作、上下联动、及时高效”的应急保障工作格局。

【梅州市】

2020 年，在市委、市政府的坚强领导下，梅州市各级各有关部门始终坚持以人民为中心的发展思想，狠抓水旱风冻灾害防御各项工作，从最不利情况出发，做最充分的准备，落细落小落实落具体做好三防各项工作。在抗击平远县“6·8”暴雨洪水等灾害中取得明显成效。

强化组织协调，工作稳步推进。强化统筹临灾时的测、报、防、抗、救环节，组织值班值守、会商研判、防御部署、灾情监测、抢险救援和灾后救助等工作。形成“政府统一领导、部门分工负责”的三防应急管理组织体系。各级三防指挥部成员单位均做到各司其职、各负其责，积极配合，加强会商研判，建立统一指挥、分级负责、部门协作、运转高效的三防指挥协同机制，全市各级三防指挥部工作稳步有序推进。

*领导高度重视，指挥有力有序。*市委书记陈敏、市长张爱军多次在市委常委会会议、市政府常务会议上研究三防工作，并多次做出批示（指示），部署台风、强降雨等自然灾害防御工作。在灾害防御的关键节点，市委、市政府主要领导和其他党政领导分赴一线检查、指导、部署防御工作，市政府分管领导坐镇市三防指挥部，指挥部署防御措施，统筹协调灾害防御。市委、市政府领导多次视频连线各县（市、区）和重点乡镇，实施点对点指挥。

*层层落实责任，提高履职能力。*严格按照"属地管理、分级分部门负责"的原则，不断推进以行政首长负责制为核心的防汛工作责任制全面落实。全市水库、堤围、万方以上山塘、有防汛任务的水电站等防洪工程全面落实防汛行政责任人、技术责任人和巡查责任人，并逐宗修订防洪应急预案。在市主流媒体公布大中型水库、重点堤围防汛责任人员名单，接受社会监督。落实镇、村山洪灾害责任人共3.19万人，其中预警员7711人，切实落实山边、河边等薄弱环节的防汛防风责任。

*科学精准防御，做足应急准备。*市三防指挥部提前组织全市自下而上开展汛前防汛防风工作大检查，结合本地区实际制订检查工作方案，突出重点，统筹安排，扎实开展山洪地质灾害、削坡建房隐患点、内涝黑点、危房、学校、旅游景区、水利水电工程、交通工程、市政工程及各类在建工地等风险点的隐患排查及各项防控工作，特别是中小河流洪水、山洪和地质灾害的隐患排查和防控是检查工作的重中之重。在各地各有关单位进行全面自查的基础上，市政府派出8个督查组对各县（市、区）和市有关单位的防汛备汛工作进行督查，部署整改检查发现的安全隐患，有效推动各项防汛防台风准备工作的落实，为确保安全度汛打下了坚实基础。

*加密会商研判，强化应急措施。*汛前，市委、市政府和市三防指挥部先后召开会商会议，分析研判防汛抗灾形势，研究部署应对措施；汛中，各级三防等有关部门加强会商研判，加密监测精准预报，全市共召开136场（次）防御形势会商会议，牢牢把握防御工作主动权。全年共发送预警短信127.5万条，向危险区域群众发送避险通知书2.93万份。

*妥善安置群众，恢复生产生活。*全市共转移安置危险区域人员695人；累计发放救灾物资帐篷578顶、棉大衣317件、棉被737床、折叠床481张、毛毯275床、毛巾被286床、冬衣100套及其他生活物资一批，用于疫情防控点和临时安置点；因灾全倒户2户，严损户6户，已完成重建工作任务；共发放冬春生活救助资金12.26万元，受灾困难群众需救助对象496人全部得到冬春生活救助，受灾群众生产生活得到有效保障。

【惠州市】

2020年，在省委、省政府和省防总的坚强领导下，惠州市坚决把人民的生命安全放在首位，全市各级各部门众志成城，全力以赴开展汛期各项防御工作。全年实现人员"零伤亡"，高效应对"6·5"暴雨和台风"海高斯"等灾害影响，防灾减灾取得显著成效。

*迅速行动，强化汛前检查。*严格落实行政首长负责制，市领导汛前带队认真检查对应联系工程的防汛备汛情况；市三防指挥部认真组织汛前防汛防风检查，督促各级各部门及时做好物资采购补库和应急抢险队伍建设工作，加强防汛应急演练，全面进入防汛状态；全市各级各部门组织力量深入一线开展汛前大检查，严密巡查监控和治理各类风险隐患，注重加强对强降雨导致的城乡积涝、山洪和泥石流、山体滑坡等自然灾害的防御，全面落实各项风险防范措施，做到风险管控到位。

及时响应，加密会商研判。市、县（区）三防指挥部及时启动防汛防风应急响应，期间多次组织气象、水文、应急管理、水利、住房和城乡建设、自然资源等部门召开会商会，及早研判天气形势，精准部署落实各项风险防范措施，并通过视频调度指挥，督导各相关部门采取有力措施积极应对。

密切监测，加强预报预警。气象、水文等监测预警部门加强天气监测、分析、预报、预警，加密发布信息频次，实时精准滚动预报预警；全市各级各部门密切关注天气变化，采取有效措施将预报预警信息传递到基层和受威胁群众，真正打通信息发布"最后一公里"。

加强对接，坚决及早转移。各级各有关部门按照"三个联系"制度和"四个一"临灾转移机制要求，建立联系对接清单，做到"底数清、情况明"；及早对接受威胁群众，做好群众转移思想工作，争取群众充分理解，坚决及早转移受威胁群众；严格落实综合减灾能力"十个有"建设，完善组织体系、应急预案和各项应急防灾措施，各村组有铜锣、有避难场所、有逃生路线、有应急救援物资等，做到"手中有粮、心中不慌"。

积极应对，全力开展救援。6 月 5—9 日，龙门县永汉河发生决堤险情，博罗县公庄河和惠城区小金河水位超警戒水位，发生漫堤危险。市三防指挥部紧急指令东江水利枢纽等工程拉闸泄洪，加大泄洪流量，缓解上游和支流防洪压力；立即派出由应急、水利、水文和气象等部门分管领导组成的工作组，分赴惠城区、博罗县、龙门县等地指导协助当地组织抢险救援；惠城区、博罗县、龙门县等地党委、政府主要负责人靠前指挥，深入抢险救灾前线，紧急组织人员开展转移安置、加固堤坝等应急处置工作，实现无人员伤亡目标。

【汕尾市】

2020 年，汕尾市坚持做好汛前准备、监测预报预警，把保障人民群众生命安全放在首位。共启动防汛应急响应Ⅳ级 3 次、Ⅲ级 1 次。全市实现人员"零伤亡"，有效应对台风暴雨洪水影响，防灾减灾取得显著成效。

完善三防减灾工作体制。汛前，全面完成市、县两级三防指挥机构成员调整，在防汛防风工作中充分发挥统筹协调指挥功能，有效防御多次台风和强降水。同时，高度重视基层防灾减灾体制建设，以镇街机构改革为契机，积极完善镇街应急管理体制。全市 51 个镇街成立应急管理委员会，作为统一指挥、协调应急管理工作的领导机构，承担三防、安全生产、森林防火、地震地灾救援等职能；应急管理委员明确由镇党委、政府主要领导担任主任的"双主任制"，下设应急管理办公室，承担应急管理委员会日常工作。并按照"构建一个健全的应急管理组织体系、一个应急指挥平台、一支综合应急救援队伍、一个应急物资仓库"的要求，全面夯实基层应急管理基础，全面提升基层防灾减灾救灾能力和水平。

严格执行行政首长负责制。坚持以行政首长责任制为核心的三防责任制，市委、市政府主要领导率先垂范，靠前指挥，带头执行行政首长负责制，亲自部署落实防御工作，压实市县镇村和政务信息部门责任。落实市领导班子成员包县、县领导班子成员包镇、镇领导班子成员包村、村"两委"干部及部门抽调干部包户的三防工作责任制。严格落实县联系镇、镇联系村、村联系户的责任对接机制。至年底，重新登记 2.4 万名三防责任人，并录入系统，实现数字化管理。重新调整市大型堤围、大中型水库和重点小型水库、大型水闸、重点渔港和重点旅游景区共 101 名防汛抗旱防台风行政责任人名单，并在《汕尾日报》公布，接受社会监督。

全面做好汛前准备。全市共检查水库 366 座、堤防 41 座、水闸 150 座，水电站 140 座，泵站51座、山塘97座。排查山洪灾害隐患点77处、危房165间、削坡建房65处，沿河、临海、低洼区29处，内涝黑点34处。其中，有16座水库、5条堤防、19座水闸、13座山塘检查出存在不同程度的隐患，7124名居住危旧房和削坡建房人员受到不同程度的安全威胁。针对发现的隐患，立即下发整改通知书，确保所有隐患落实整改措施或安全度汛措施。汛前，完成全市救援队伍和施工企业救援设备调查，建立联络机制。对全市229支各类防汛防风抢险队伍共10297人登记造册，并加强集训和演练；加强全市39处救灾物资储备仓库管理，充实物资，储备防汛物资209种。应急、自然资源、水务、消防救援等部门陆续开展基层防汛、地质灾害救援、特大洪水防御等应急演练；部署每个乡镇（街道）至少组织一次针对汛期常见灾害的应急演练。全市各级组织三防（应急）业务培训21次，开展应急演练12次。全面提升提高三防应急处置能力和水平。

强化灾害天气监测预报预警。遭遇突发天气时，各监测预报单位根据本部门职责，加强气象灾害监测，加密预报预警信息发布，提醒三防责任人员做好防御，提醒群众注意防灾避险。在防御8月上旬强降雨期间，三防办通过“应急值班值守系统”第一时间将预警信息以手机短信的方式发送给全市2万多名三防责任人；气象部门向全市群众发送预警信息250万条，向党政领导、防汛责任人和应急信息员发布台风预报预警信息64万条；水文部门通过信息快报等方式，及时发布全市水库、中小河流水情信息。在防御台风“海高斯”期间，气象部门先后28次发出预警短信，受众达83万人次；渔政部门先后10次向船主（船东）和渔业安全责任人员发出预警短信5.8万多条，确保相关人员及时收到最新的台风预警信息；气象部门与自然资源部门联合发布地质灾害预警信息9次；气象、水文、海洋部门坚持每天发出2期信息快报，及时向各级三防指挥部门报送监测预警信息，为防御工作提供决策参考。

强化灾害天气应急处置。先后组织有关成员单位召开三防会商会议19次，指导协调各地和有关部门开展临灾查险20次，积极消除安全隐患。严格落实临灾避险“四个一”工作机制，及时组织危险区域人员转移。在防御“6·8”强降雨期间，转移安置群众1385人。防御台风“鹦鹉”及其带来强降雨期间，转移安置1958人，并组织全市200艘免休渔船回港或在外港就近避风。防御台风“海高斯”期间，组织3404艘渔船回港避风，302名渔排人员上岸避险。防御台风“红霞”期间，市三防办坚持每小时与市渔政部门联系一次，跟踪督促受台风影响海域的21艘渔船靠港避风，确保人员安全。另外，各地自然资源部门在防御强降雨期间，出动地质灾害隐患监测巡查人员1515人次，转移受威胁群众72人。

积极防抗上半年干旱。市委、市政府高度重视抗旱工作，主要领导多次做出批示（指示），要求落实好各项防抗措施，全力保障人民群众的生活生产用水。各地各部门按照省防总和市委、市政府的部署要求，加强协调和配合，加大抗旱人力、物力、财力投入，通过科学调度水源，严格控制非生活生产用水，增辟可利用新水源，开展“送水上门”服务，强化农业农村抗旱指导服务，实施人工增雨作业、强化节水宣传等措施，积极缓解旱情影响。其间，全市投入抗旱资金5129万元，投入应急抽水泵6360台、抗旱用油358万吨以及其他抗旱物资设备一批，全力抗击干旱。共打机井1136眼、启用运水车送水1136辆次，解决缺水地区14.48万人的饮水困难和21.46万亩受旱农田的灌溉用水问题，有效缓解旱情影响。全市共开展人工增雨作业21次，发射火箭弹88枚。另外，粤东地区飞机增雨作业12次，取得了较为明显的降雨效果。

【东莞市】

2020年，东莞市坚持以人民为中心的发展思想，对三防各项工作进行周密部署，对防御措施开展督导检查，压实以行政首长负责制为核心的各项三防责任，最大限度降低人员伤亡和财产损失，在抗击“5·22”暴雨等灾害中取得明显成效。

健全防汛防风体制机制。认真贯彻落实以行政首长负责制为核心的各级三防责任制，按照分级负责和属地管理的原则，做到横向到边、纵向到底。市镇两级已更新调整三防指挥机构，其中市三防指挥部于4月中旬已完成调整，共由32个成员单位组成。印发《东莞市防汛防旱防风指挥部成员单位联合值守工作制度》《东莞市防汛防旱防风指挥部汛期值班工作规定》。细化应急响应期间联合值守的工作要求，规范汛期值班工作，发挥各级防汛抗旱指挥部门牵头抓总和协调作用。加强应急管理与水务、气象、自然资源等部门的协同配合，及时将准确信息提供给各级各部门，为部署落实防汛工作提供技术指导，进一步提高三防指挥效能，有针对性做好防汛防风工作。

夯实防汛各项基础。一是印发《关于2020年市委常委、副市长联系镇（街道）三防工作安排的通知》《关于健全特殊群体人员临灾转移工作机制的通知》《关于做好汛期三防信息报送工作的通知》《关于明确防汛（防风、防暴雨）应急值守有关要求的通知》等文件，为做好防汛工作提供有力的制度保障。二是开展三防业务培训，7月中旬，举办为期三天的三防专题培训班，各镇街（园区）应急分局局长、分管副局长、应急救援股股长，市应急管理局、市水务局相关领导和业务骨干共135人参训，全面提升三防专业知识水平。三是开展应急演练，9月23日，市三防指挥部、市应急管理局和万江街道联合组织开展“东莞市（万江）2020年防汛防风应急救援演练”，有力提升防汛防风应急综合处置能力。同时，指导各镇街（园区）开展综合性应对三防灾害演练1次。

全面督导隐患排查整改。汛前，市三防指挥部组织1个总督导组和11个督导组，对各镇街（园区）防汛防风工作进行综合督导和专项督导，通过赴现场、听汇报、查资料等方式了解镇街（园区）在防汛备汛工作存在的问题和困难，并提出整改意见。汛前，全市共巡查、排查隐患6200处，并针对性进行整改；汛中，为做好前汛期发现的各种风险隐患排查整治工作，特别是5月22日暴露出部分排涝应急抢险机制不完善、排涝应急设备不完善等问题，扎实推进后汛期防汛防风各项准备，市三防指挥部派出11个工作组分赴各镇街（园区）开展汛中防汛防风督导，针对发现的问题及时整改。

科学开展江河洪涝灾害及抗旱工作。汛期期间，坚持每日会商，并分别于3月30日、5月15日、7月29日召开“年度三防形势会商会”“龙舟水专题会商会”“后汛期专题会商会”。强降水、强台风期间组织相关成员单位联合会商，提早发出通知安排部署洪水防御工作，有效应对5月22日强降水、6月9日东江洪水灾害影响。积极协调市三防指挥部成员单位各司其职，齐心协力开展三防各项防御。至9月24日，共抵御14轮强降雨，全年共启动防暴雨应急响应9次，防汛Ⅳ级应急响应4次、Ⅲ级1次，防风Ⅳ级应急响应2次、Ⅲ级1次。印发《关于报送旱情资料的通知》，更好地研判旱情发展综合态势，及时部署防旱工作。

全力防御台风影响。市三防办组织相关部门会商研判，及时发布预警信息，指导各镇街（园区）做好台风防御。在应对台风“海高斯”过程中，市委书记梁维东、市长肖亚非分别做出批示，喻丽君常务副市长坐镇应急指挥中心召开防御工作视频会议，指挥调度全市防台风应急工作。市三防指挥部先后启动防风Ⅳ级、Ⅲ级应急响应。全市共转移人口146人，其中地质灾害转移137人，内涝低洼转移7人，危房转移2人。镇街（园区）领导联系村（居）569人次，村（居）干部联系户4180人次。市三防指挥部还组织成员单位对沿海片、水乡片多镇进行专项督

导检查。

*加强宣传，提高群众防灾意识。*认真谋划做好“防灾减灾日”和“防灾减灾宣传周”宣传，深入大岭山镇开展防灾减灾日宣传活动，向群众派发《城乡居民防汛防台风手册》《东莞市三防应急卡》等宣传资料，营造防灾减灾良好氛围。通过广播电视、各大网络媒体广泛宣传暴雨洪水可能带来的灾害影响和防灾避险提示，多次在全市全网发送预报预警短信，提升公众防灾避险意识和自救互救技能。

【中山市】

2020 年，中山市切实压实三防工作责任，健全三防管理体系，推进防灾抢险救灾能力建设，立足最不利、最复杂情况和“防大汛、抗大灾、抢大险”，落细落小落实各项防御措施，有效应对强对流、龙舟水、台风等灾害影响，全力保障人民群众生命财产安全。全市水利工程运行正常，山塘水库均在汛限水位以下运行，江河水情平稳。在防御西江第 1 号洪水期间，全市组织 1.13 万人参与防洪，出动巡查人员 4245 人，转移受威胁群众 537 人；在防御台风“鹦鹉”期间，转移暴潮巨浪、小流域洪水、山区地质灾害高危区和滨海旅游景区等区域人员 34 人，转移危房旧屋、低洼地、临时公棚、简易厂房、铁皮屋、户外施工作业人员 395 人，督促 534 艘渔船回港避风，关闭海滨景区 19 个。

*加强组织领导，落实责任制度。*汛前，召开市委常委会会议、市政府常务会议听取三防工作汇报，市领导多次对三防工作做出批示（指示），多次到三乡、坦洲等镇检查指导三防工作和水利建设。积极建立健全三防指挥体系，形成“市政府统一领导、部门分工负责”的三防应急管理组织体系，落实行政首长负责制。坚持以人民为中心的发展思想，以“零死亡”为目标，严格落实值班值守、信息报送制度以及 AB 角、“三个联系”、“三个对接”、特殊群体临灾转移“四个一”等制度，落实防台风“五个百分之百”等工作要求，努力打通责任落实“最后一公里”，千方百计减少人员伤亡和财产损失。重新明确各级防汛行政首长及水利防洪工程的防汛责任人和技术责任人，落实各镇街及市属防汛工程防汛安全责任人以及全市 35 宗小型水库的政府、主管部门、管理单位三个责任人，并在网站、报纸等媒体公布。根据人员变动及时调整三防指挥部成员，同时抓好责任人“一键通”安装使用。按时完成辖区内水利工程、山洪和地质灾害隐患点、学校、旅游景点等重点部位责任人的更新，录入“广东省应急管理值班值守系统”。完成《中山市防汛防旱防风防冻应急预案》修编，完善防汛（防暴雨）应急响应机制建设，进一步提高预案的实用性与可操作性。制定《中山市人民政府防汛防旱防风指挥部工作规则》，规范市三防指挥部的工作程序；修订《中山市应急管理局非常防汛时期工作方案》，努力提升三防指挥机构应急指挥能力。

*加强督促检查，落实规范化建设。*1 月 21 日，市三防指挥部发出《关于开展 2020 年汛前防汛防风工作大检查的通知》。2 月，派出 7 个工作组分赴 25 个镇区开展节后复产复工安全生产、森林防灭火和汛前防汛防风督查；在特殊天气时期均组织相关工作组到各镇街开展督促检查；9 月下旬，组织 7 个工作组到全市各镇街开展防汛防风、安全生产等检查。市应急、水务等部门组成联合检查组，采取“四不两直”的方式检查抽查 25 个镇区防汛备汛工作，围绕工程安全，落实隐患排查、监测巡查等，对 377 千米外江防洪堤及沿岸水闸、20 多宗水库进行抽查检查，并将检查情况汇总报省三防办。在防汛防风关键时期，利用“金视通”、“值班值守”、微信等系统不定期对 25 个镇区的值班值守、防御措施落实等工作情况进行检查。及时发出《关于加强做

好机构改革期间防汛工作的通知》。积极推动三防体系规范化建设，推动 25 个镇区建立联合应急值班值守机制；完善三防专用值班会商区建设，按标准配置软硬件设备；严格落实三防值班值守制度，健全预案制度，完善所辖村（居）“一页纸”应急预案。推动村居防灾减灾“十个有”建设。

*加强会商研判，落实监测预警。*及时组织应急、气象、水文、水务、自然资源等部门加密会商，及时组织会商分析，为各级各部门做好防御工作提供预警预报信息支持。全年共启动防汛（防暴雨）Ⅲ级应急响应 10 次、防汛（防洪）Ⅳ级 1 次，防风Ⅳ级应急响应 3 次、Ⅲ级 4 次、Ⅱ级 1 次，发送各类防御通知 110 多份、简报 34 份。3 月 24 日，市三防办召集应急、水务、住建、城管和执法、气象、水文、交警等部门召开专题会议，研究重点部门在紧急防汛时期的协调联动机制建设，提前谋划，确保紧急情况下三防责任不缺位、工作不断档。此外，通过短信、电视、网络、广播等渠道发布预警预报信息，着力解决预警信息发布“最后一公里”“在中山人员全覆盖”等问题。

*加强指挥调度，落实抢险救援。*市三防部门发挥牵头抓总作用，统筹做好临灾时测、报、防、抗、救各个环节，组织值班值守、会商研判、防御部署、灾情监测、抢险救援和灾后救助等，充分凝聚各方力量、整合资源，形成合力。做好全市水利工程调度运行计划备案。加快推进风雨雷在线预警系统升级改造，计划通过更加精细的预警及功能，采取增加服务站点、加装硬件报警器等手段，将系统服务延伸至基层村居一级，努力实现风雨雷预警辖区范围全覆盖，达到短临预报、精准预警、夜间提醒的工作要求，着力解决预警信息传播“最后一公里”的难题。台风暴雨防御期间，对三防工作进行再部署、再督促、再落实。严格落实临灾“八个再查一遍”的要求，及时开展防风隐患排查，对发现的隐患果断采取措施，及时排险；同时在重点河流、地质灾害隐患点等区域落实专人盯守，发现情况及时处置、第一时间报告，把灾害风险降到最低限度。

*加强队伍建设，落实物资储备。*构建军队、综合性消防救援队伍、专业队伍和社会救援队伍四位一体应急救援力量体系，强化民兵应急分队、防汛抢险潜水队等专业抢险队伍的作用。各镇街及村（居）均组建应急抢险队伍，按照“一专多能”的要求，建立一支以民兵为主要力量、人数不少于 15 人的应急抢险队伍。落实物资储备，科学确定抢险救援需要的物资种类和数量，并及时补充完善。为 25 个镇区配备卫星电话并开展应用培训，投入 100 多万元增加防汛物资储备。落实 198 个室内应急避护场所，可容纳转移避险人数 33 万多人。充分利用社会资源，实行万亩以上联围与有关运输、储备企业单位挂钩，签订防洪抢险运输船只、车辆和沙石使用协议机制。

*加强应急演练，落实培训制度。*4 月 4—6 日，组织 25 个镇区开展防汛应急抢险救灾演练，由各镇街结合防御自然灾害的重点和实际，通过实战演练，查找防汛抢险救灾工作中的不足和薄弱环节，有针对性地完善三防应急预案，不断提高三防工作应急响应、抢险救灾等综合保障能力。5 月 8 日，举办一期应急管理（三防）知识专题培训班，全市三防责任人等 1200 多人参训。6 月 3 日，市三防指挥部举行 2020 年度防汛防风应急救援演练，分成 7 个演练点分别开展渔船返港、无人机侦察救人、潜水排险、堤围居民疏散转移、城市排涝、道路清障、医疗救援等项目演练，共 250 人参演，有效检验全市防汛防风抢险指挥决策、应急响应、协同配合等实战能力。

【江门市】

2020 年，江门市在省防总和市委、市政府的坚强领导下，牢固树立以人民为中心的发展思想，充分发挥指挥部办公室牵头抓总作用，以提升一级的防御标准，扎实做好防汛防旱防风工作。全市实现人员“零伤亡”，有效应对台风暴雨洪水影响，防灾减灾取得明显成效。

压实三防责任，推动三防工作落细落实。市委书记林应武、市长刘毅多次检查防汛防风重点领域，研究部署三防应急工作。坚决贯彻落实以行政首长制为核心的各项三防工作责任制，及时公布各级各类防汛抗旱防台风行政责任人名单，并在《江门日报》等主流媒体向社会公告，接受社会监督。严格落实特殊群体临灾转移“四个一”和防台风“五个百分百”要求。在“龙舟水”强降雨、台风“鹦鹉”“海高斯”影响期间，全市果断转移、妥善安置群众35249人，无一人伤亡；在防御“5·21”强降雨中，市三防办指导台山市及时转移人员，避免发生人员伤亡事故。

完善工作机制，规范三防工作体系运作。一是出台《江门市防汛防旱防风防冻应急预案》。加强基础工作，理顺管理体制机制，实现防范体系化、决策科学化、指挥智能化、保障统筹化，进一步提高应对水旱风冻灾害的能力。二是出台《江门市人民政府防汛防旱防风指挥部工作规则》。进一步明确组成人员及单位职责，应对汛旱风冻引发的预防、预报、预警、救援和后期处置等阶段的相关工作。三是及时启动应急响应。全年启动防台风Ⅳ级应急响应2次，防风Ⅲ级应急响应1次、Ⅱ级1次，会商研判154次，发布防御性文件202份，发送预警提示短信3600万条。四是制定防汛防旱防风指挥部成员单位联合值守工作制度。进一步提升三防应急指挥决策水平，有效形成防灾减灾救灾合力。

加强队伍建设，提升基层防灾减灾水平。5月15日，市三防指挥部举办三防减灾培训班，全市三级三防指挥机构共2170多人参训。6月8日，市三防办协调各市县党政领导干部参加省防总组织的三防减灾线上专题培训班。同时，加强基层人员业务培训，并组织应急演练，切实提高防灾减灾救灾能力。

夯实防灾基础，推进基层三防规范化建设。市三防办组织工作组到各市区检查指导乡镇三防规范化建设情况，突出抓好村级防灾减灾标准化建设，形成农村防灾减灾“十个有”的工作措施。结合综合减灾示范社区建设和全国综合减灾示范县试点创建活动，着力推进基层综合防灾减灾标准化建设。全市建有救灾物资储备仓库8个，储备生活类救灾物资13万多件，各级建有应急避护场所1802个，建立市、县（市、区）、镇、村联动的应急避护体系和应急疏散通道网。至年底，共有94个村（社区）获得“全国综合减灾示范社区”称号。

筑牢“全市一盘棋”意识，补齐防御短板促发展。协调气象部门探索开展强降雨影响范围精准预报，第一时间发布短时临近强降雨预警，并指导各地临灾前转移危险区域人员。7月底，市三防办协调市气象局，在受干旱影响较大的台山、开平、恩平三市进行两轮人工增雨作业，有效缓解干旱影响。加强与水利部门沟通，抓好三防隐患整改，采取“两不一直”的方式督促整改，加强水库调度沟通机制。与市农业农村局、江门海事局加强探讨台风期间渔船、商船等回港避险问题，细化信息快速报送和落实“五个百分百”要求并交流意见，形成防御共识。市三防办还走访了通信部门、油料保障部门、驻地部队等，沟通完善联动机制，形成防灾减灾救灾强大工作合力。

坚持全民抗灾，加强三防减灾宣传。积极做好防灾避险宣传，营造全社会合力抗灾的良好氛围。一是强化科技支撑。利用预警信息发布平台、预警短信发布平台、微信等多种手段，及时将预报预警信息发送到户到人。二是加强多媒体宣传。通过电视、网站、微信等媒介通报防灾工作动态，指引公众自主防灾避险。三是用好传统渠道。利用大喇叭、铜锣等传统手段，让每一名村民均能第一时间接收到预警信号，提早避险。年内，“江门应急广播”正式开播，进一步打造全媒体应急宣传矩阵。

【阳江市】

2020 年，阳江市始终坚持以人为本，各地各部门全面贯彻落实市委、市政府和市三防指挥部各项工作部署，通力协作，密切配合，立足“防大汛、抗大灾、抢大险”，及时启动应急响应，各级各成员单位行动迅速，落实防御措施得力，最大限度减少灾害损失。取得了防御“鹦鹉”“海高斯”等热带气旋及“4·22”“5·25”“6·2”暴雨洪涝灾害的阶段性成果。

*及早组织开展汛前安全大检查。*3 月 19 日，市三防办发出《关于开展 2020 年全市防汛防风专项检查工作的通知》，派出由市三防指挥部成员单位组成的工作组，分赴 6 个县（市、区）开展汛前安全检查督导。建立地质灾害隐患点、削坡建房认定可能引发灾害点、泥砖房、危房、城市内涝黑点、市区容易受浸的住宅小区地下车库、避护场所等详细工作台账，落实安全隐患点责任人。针对检查督导存在的问题，发出落实整改通知，要求各地各有关部门对排查存在安全隐患的点进行造册登记，逐宗逐项落实整改措施，彻底消除安全隐患。

*切实抓好三防责任制的落实。*按照“责任到人、全面收集、不留死角，分级录入”的原则，完成全市 1.9 万多名三防责任人信息的录入核查更新。各地按照工作部署要求，严格落实防汛责任制，针对再核查一遍“县领导联系镇、镇领导联系村、村干部联系户”的要求，建立了三个联系责任人台账，确保县（市、区）、镇、村三级领导干部联系落实到人。全市 200 名县（市、区）领导干部联系 48 个镇（街道），683 名镇（街道）领导干部联系村委（社区），5337 名村干部联系自然村、街、小区。同时，在《阳江日报》公布全市大中小型水库、江海堤围、大中型水闸等水利工程防汛行政责任人、技术责任人名单，接受社会监督。

*建立特殊群体临灾转移“四个一”机制。*全面开展独居老人、伤残人士、留守儿童等特殊群体情况排查。全面落实“每户一对接”转移责任、“每村（居）一台账”转移清单、“每镇（街）一张网”转移体系、“每灾一行动”转移启动机制。建立特殊群体临灾转移工作台账，明确特殊群体人员和转移对接责任人的详细信息，要求转移责任人定期上门与对接户进行沟通联系。全市 6 个县（市、区）共排查建立特殊群体人员 4209 人，其中独居老人 2551 人、伤残人士 1377 人。

*切实做好防汛防风防御工作。*市三防办多次组织气象、水文、水务、自然资源等部门会商分析，及时做出防御部署安排，多次发出强降雨强对流防御工作通知、天气情况通告。先后启动防台风Ⅳ级应急响应 2 次、Ⅲ级 2 次、Ⅱ级 2 次；启动防汛Ⅳ级应急响应 2 次、Ⅲ级 1 次。各级三防部门严格执行汛期 24 小时值班制度，密切关注暴雨发展动态，认真落实市委、市政府主要领导的指示，加强会商研判和监测预警，按照本部门预案做好防御工作。市领导靠前指挥，亲临一线检查指导防汛工作；相关部门按照新三定方案职能，各司其职，认真做好防御强降雨应急救援。“6·2”暴雨期间，对危险地域人员安全转移 1510 多人，全市出动抢险救援力量 1954 人，其中出动消防指战员 115 人次，接警出动 10 起，出动消防车 19 辆次，抢救被困人员 47 人。

*加强三防和应急管理信息化建设。*一是应急指挥平台接入市本级 11 个部门共 16 个系统的视频监控、视频会商或指挥调度平台，对省上接 5 个系统，对县（市、区）下连 5 个系统；二是全市 48 个乡镇（街道）均已办理卫星通信卡、联通 4G 卡，并配备卫星电话，健全卫星通信网建设；三是全市 48 个乡镇（街道）均已完成广东省值班值守系统安装，41 个乡镇（街道）配

备值班专用一体机，规范了乡镇（街道）应急管理（三防）建设。

【湛江市】

2020 年，湛江市认真落实省防总、省应急管理厅工作部署，坚持人民至上、生命至上，坚持“一盘棋”思想，全面压实各级防汛责任。成功应对台风“鹦鹉”“海高斯”“红霞”和 15 轮强降雨等防御灾害影响，全年实现人员零伤亡和未发生险情灾情。

*提升指挥能力，压实三防责任。*坚决落实以行政首长负责制为核心的防汛防风工作责任制，认真执行“三个联系”、分级督察、责任追究、指挥长 AB 角等各项工作制度。市四套班子领导联系县（市、区）、县（市、区）联系镇、镇联系村的制度落实到位。全市 121 个乡镇（街）均落实三防机构和人员，做到班子成员包片、机关干部包村、村干部包组，切实将行政首长负责制落实到基层。全市三防责任人管理系统信息补充采集和更新工作已完成，共收录市、县（市、区）、镇级三防责任人 3 万多名。

*认真开展防汛安全大检查，及早消除度汛安全隐患。*组织开展防汛防风隐患自查排查和风险防控，建立相关台账，及时采取措施消除隐患。各地各单位上报排查防汛防台风主要风险隐患点 1165 处，其中已落实整治措施 860 处、应急防控措施 305 处。海事部门建立并完善恶劣天气预警预报机制、季节性长效管理机制，采用现有科技手段与传统巡航相结合的方式，强化辖区安全监管。自然资源部门认真落实突发性地质灾害应急预案，积极筹备突发地质灾害应急演练，组织开展地质灾害隐患点排查及“两卡一表”的发放。住建部门加强行业监督管理和检查抽查，加强对在建工地、临时板房、危房等的安全防范。交通部门突出行业重点，落实防范措施，做到早准备、早部署、早检查、早落实。市城市综合管理执法部门周密部署、各司其职、专项检查。市供电、水务投资集团、电信等单位加强应急预案的制定、修订演练。

*及早防范部署，强化会商研判和组织协调。*加强值班值守，组织气象、水文等部门加密会商研判，及时掌握全市风情雨情水情等，并做好预警。启动防风Ⅳ级应急响应 2 次，为指挥部科学决策、准确指挥当好参谋助手。按照市委、市政府的决策部署，第一时间执行或督促各级各部门落实到位，确保防御工作科学高效。

*加强三防信息化建设，提升应急指挥系统能力。*积极推进三防信息化建设，对市应急指挥视频会商系统进行扩容建设，该视频会商系统将覆盖全市 150 个各级各部门各单位，使应急指挥、抢险救灾更加科学有序。加强与市突发事件预警发布中心和三大通信运营商沟通联系，已实现重大台风灾情来临前预警信息发布全覆盖。

*组织开展应急演练，提升应急协调能力。*全市各县（市、区）三防指挥部和成员单位，按实战要求开展湛江市应急演练，通过演练进一步优化指挥调度、积累实战经验，切实提升多层级、多部门联合应对多种灾害的能力。面对每次台风，保持高度关注琼州海峡旅客滞留分流情况，协调督促有关部门做好滞留旅客、司机的妥善安置和社会舆情稳控，同时密切关注气象信息和台风动态，加密信息发布和公众宣传，合理引导旅客出行，确保安全。

*强化基础，做好抢险力量和物资准备。*一是构建四位一体的救援队伍。加强军地联动，与解放军、武警衔接好信息共享、兵力调派等，与南部战区海军参谋部作战处等驻湛部队加强联系。综合性消防、专业队伍、社会救援力量等也在建立协调联动机制，湛江军分区组织全市应急力量 6290 人。二是加强三防物资储备。全市共储备编织袋 101 万条、编织布 1.63 万平方米、照明设备 419 台套、桩木 303 立方米、块石 1.15 万立方米、砂石料 0.9 万立方米、橡皮舟 22

艘、冲锋舟32艘、发电机106台等一批防汛物资。

【茂名市】

2020年，茂名市坚持以人为本，大力提升三防能力，全面压实各级防汛责任，积极开展隐患排查整治，加强应急队伍建设，做好落实物资储备，取得防御“鹦鹉”“森拉克”“海高斯”等热带气旋及多次暴雨洪涝灾害的阶段性成果。

加强组织领导，压实三防工作责任。市委、市政府高度重视三防减灾工作，先后2次召开市委常委会会议，专题研究部署防汛备汛工作，召开3次市政府常务扩大会议，专题听取三防工作情况汇报。台风“海高斯”期间，市委、市政府迅速调整工作部署，将防御台风作为首要任务来抓，市委书记许志晖亲自到市三防指挥部组织召开防御工作视频调度会，分析研判防风防汛形势，并提出具体工作要求。全市各级严格执行“县领导联系镇、镇领导联系村、村干部联系户”制度，县（市、区）、镇两级党政主要领导在防汛防风关键期至少一人留守辖区组织防御工作。录入全市三防责任人4.6万多名，切实将三防责任落实到基层到人。

精心开展汛前准备，动态管控风险隐患。汛前检查出的风险隐患，要求各地全面完善隐患台账，积极采取措施治理隐患，动态管理。同时，与住建、水务、自然资源、城管执法等部门密切配合，紧盯削坡建房点、山洪灾害隐患点、地质灾害隐患点、危房、有人居住泥砖房和城乡易涝点，严格落实强降雨期间各隐患点“雨前排查、雨中巡查、雨后核查”。至年底，全市在册地质灾害隐患点340处，其中威胁100人以上38处；共排查出山洪灾害隐患点337处，受威胁人员1.64万人；削坡建房认定可能引发灾害点738处，受威胁5834人；内涝黑点62处，受威胁1.09万人；危房1266间，受威胁3833人；有人居住泥砖房695间，受威胁2061人。密切跟踪天气动态，及时部署防御救援。市三防办、应急管理局与气象、水文部门建立紧密会商机制，重大天气期间不间断开展研判会商，紧密跟踪强降雨发展态势，及时发布预警预报和部署防御救援。

全面开展抗洪抢险集训和应急演练，完善应急准备。5月7—18日，市应急管理局会同茂名军分区组织全市400名民兵轻舟队员和150名应急救援队员、投入30艘舟艇开展抗洪抢险年度集训，对冲锋舟驾驶、编队航行、水上搜救、转移群众、无人机抛投等科目进行系统训练，进一步提升应对突发事件快速反应能力和救援水平。6月6日，市应急管理局联合高州市政府举办2020年茂名市应急救援队伍技能交流现场活动，开展无人机投放物资、森林灭火战术展示、现场指挥部快速搭建、应急救援直升机巡航等科目演练，交流学习抗洪抢险专业技能；7月2日，联合高州市人民政府举办2020年防汛综合应急演练，对台风暴雨防御救援全链条进行实战推演，展示参演队伍过硬的孤岛救援、无人机抛投、现场通信系统紧急搭建等救援技能。

有力有效应对台风防御和救援。及时组织召开防台风工作会议，对防御救援工作进行全面部署。组织气象、水文部门进行滚动会商，对台风发展态势，降雨强度、落区，水库、河流涨水，风暴潮增水等情况进行再分析再研判，并利用手机短信将最新的会商结论和防御提醒及时发送到相关三防责任人，年内累计发送短信870多万条。不间断对有关镇街的三防值班值守和防御工作开展情况进行抽查，确保各类责任人在岗在位。提前集结应急救援力量，向重点区域预置人员和装备。台风“森拉克”期间，全市应急管理部门集结150人、公安特警100人值班备勤，充分做好应急救援准备。台风“海高斯”期间，全市预备抢险队伍159支4637人，冲锋舟33艘，橡皮艇197艘，编织袋32.3万个，勾机、铲车等抢险机械设备409台；累计转移受威胁群众2.47万人，渔船回港避风5319艘，撤离安置鱼池养殖人员232人。台风“鹦鹉”“海高斯”期间，先后启动防风Ⅳ级、Ⅲ级应急响应，防汛Ⅳ级应急响应。

【肇庆市】

2020年，肇庆市始终坚持以人为本，立足“防大汛、抗大灾、抢大险”，压实防汛责任，全面开展风险隐患排查，全力以赴做好防汛防风救灾各项工作，最大程度降低灾害损失，防灾减灾工作取得较好成效。全年累计发出防御通知近120份，启动防汛Ⅳ级应急响应5次，防风Ⅳ级应急响应1次，防汛、防风Ⅲ级各1次。

*健全防汛备汛工作机制，层层压实防汛责任。*相继召开2020年度三防形势会商会和全市三防暨减灾工作会议，深入分析今年防汛形势，对防汛备汛工作进行全面部署。开展三防应急预案修编，健全市防总工作机制，出台工作规则、联合值守制度、会商制度等，大力提升三防工作组织协调、快速反应与高效运作能力。全市共落实7万多名三防责任人，并实行电子化系统管理，其中，市级落实由分管应急工作市领导为防汛抗旱防台风行政责任人，分管水利工作市领导为广东省十大堤围肇庆景丰联围防汛行政责任人，指导水利部门落实56处险工险段的行政和巡查责任人，全市2691宗水利工程全部落实行政、技术和巡查责任人。

*全面开展风险隐患排查，落实安全度汛措施。*按照省防总、省应急厅的工作部署，1月组织开展防汛防风安全大检查，共排查堤围险工险段56处、主要风险隐患10039处（间），其中削坡建房认定可能引发灾害点5693处、危房1883间、灾害易发区有人居住泥砖房1099间、沿河（临海）低洼区749处、山洪灾害隐患点417处、内涝黑点123处。各类隐患均已登记造册，对检查发现的问题发出“一县一清单”，督促各地落实整改责任人、整改措施，确保主汛期到来前完成整改任务。创新绘制风险隐患“五张图”。指导市水利、资源、住建、交通、公路等市防总成员单位按要求开展专项检查，进一步绘制完善风险隐患“五张图”（即公路地质灾害图、桥梁安全隐患图、堤围险工险段图、水库调度图、削坡建房风险点分布图），全面掌握风险隐患地理分布，及时科学合理制定监测防御措施。

*着力构建三防应急体系，提升灾害应急保障能力。*委托有资质单位修编市应急预案，并出台实施市三防总指挥部工作规则和三防总指挥成员单位职责规定，建立健全统一领导、综合协调、分类管理、分级负责、属地管理为主的应急管理体制。进一步规范三防应急响应工作流程。明确市防总各级应急响应期间的流程和工作内容，完善全市三防（应急、水利）通信网络、视频会商系统和信息系统，确保汛期省、市、县（市、区）、镇四级视频通信畅顺。进一步健全特殊群体临灾转移工作机制。指导各地建立“每灾一行动、每镇（街）一张网、每村（居）一台账、每户一对接”工作机制，建立3300名特殊群体临灾转移台账，并逐一落实对接责任人，确保每次灾害来临前，能及时主动开展工作、及时转移受威胁人员。

*开展乡镇（街道）应急管理规范化建设，解决防汛最后一公里。*按照省三防办、省应急厅关于规范乡镇（街道）应急管理建设要求，积极开展基层应急管理能力建设。召开工作推进会和现场会，全面动员和部署，要求严格按照制定标准开展规范化建设，加强检查督导，确保各项建设内容均保质保量如期完成。

【清远市】

2020年，清远市按照“安全第一、以防为主、常备不懈、全力抢险”防汛工作方针，立足

“防大汛、抗大灾、抢大险”，积极开展防汛防风安全隐患排查整改，全面加强暴雨洪涝台风灾害风险防控，最大程度降低灾害损失。在抗击4月和6月洪水等灾害中取得较好成效。

*提高认识，超前谋划，防汛思想发动到位。*2月3日，马正勇市长在市委常委会（扩大）会议上专题研究部署2020年防汛开局工作。3月24日，市三防指挥部组织召开天气形势会商会，气象水文部门对2020年水雨情进行分析，各部门汇报汛前工作开展情况，副总指挥黄永华对汛期三防工作提出防御重点和要求。提前做好雨水情预测研判、安全隐患排查、防汛应急准备等。始终把防汛减灾工作的每个环节落实落细，确保人民群众生命财产安全。年内，市三防指挥部先后发出14次（防暴雨、台风）紧急通知，其中暴雨防御期间，先后启动防汛Ⅳ级应急响应2次、Ⅲ级1次。

*严格执行防汛责任，确保防汛工作落实。*及早调整三防指挥部领导成员及市政府领导防汛责任区域，确定大中型水库行政责任人、万亩以上堤围行政负责人和城市重点堤防行政责任人，并向社会公布全市水利工程行政责任人名单，接受社会监督。及时更新各级责任人员名单33618人，进一步落实以行政首长负责制为核心的防汛责任制，层层压实责任，确保所有防洪工程、风险隐患、危险区均有责任单位、责任人，做到全覆盖、无盲区。

*过细安排，周密部署，防汛督促检查到位。*1月20日，市三防指挥部下发《关于开展2020年汛前防汛防风工作大检查的通知》，部署全市汛前安全大检查，采取自查、核查、抽查方式，确保不漏一宗一项。至2月底，工程管理单位及相关单位完成自查、各县（市、区）完成核查。3月16—20日，市三防指挥部派出由8个成员单位人员组成的督查组，分赴各地进行抽查。3月31日起，市委书记郭锋、市长马正勇分别带队检查防汛备汛工作，市政府派出由7位副市长为组长的督查组分赴各地督查检查汛期安全防范工作。汛前查出存在风险隐患的水库27宗、堤防3宗、电站4宗、水闸8宗，市三防指挥部“一县一单”发出整改通知书，要求各地落实整改措施；对短时间无法完成整治的，安排专人进行情况跟踪，落实应急措施。

*精心准备，防汛物资、队伍保障到位。*应急救援力量主要以清远军分区、武警清远支队、清远市消防救援支队、清远市矿山救护队和社会救援力量为主。其中，清远军分区有269名民兵预备役人员组成的清远市民兵轻舟大队、矿山救护队有50人的应急救援队伍。各县（市、区）成立三防应急救援队伍，主要以专职消防员、武警官兵、武装民兵、应急分队、森林消防大队等组成应急力量4000多人。加强与发改和水利部门联系，共同制定物资调配流程。加快拨付和执行省下达的504万元中央自然灾害救灾资金和省级特大三防应急救灾资金，严格资金管理，各县（市、区）和有关单位及时购置补充防汛抢险装备和卫星电话，前置到镇村，提高基层自身救援能力。另外，全市各级乡镇均按要求建立健全三防应急仓库。

*加大防灾减灾宣传力度。*通过应急广播、电视台、电梯云屏、公交车电视、气象平台、“清远应急管理”微信公众号等渠道全年不间断地普及防汛减灾知识，建立预警和灾情统一发布机制，及时回应公众关切和正确引导舆情。组织开展“全国防灾减灾日”“安全生产月”“国际减灾日”“防灾知识五进”等主题活动，张贴安全主题海报2000张，并在全市邮政网点LCD显示屏开展为期6个月的安全宣传；通过进乡镇、学校开展安全咨询活动，以提升公众防灾避险意识和自救互救技能。

*加强基层能力建设，夯实防灾减灾基础。*积极推进各县（市、区）应急（三防）系统标准化建设，完善三防指挥体系。各乡镇（街道）应急办（三防办）陆续完成对应急会商室、办公室条件等改造，完善应急值班系统建设，确保应急（三防）指挥高效顺畅。建立完善“四个一”

机制，落实特殊群体临灾转移，对全市特殊群体进行地毯式大排查。经查全市特殊群体临灾转移人数有17014人，明确转移对接责任人及其联系电话、转移路线和转移安置点，各县（市、区）、镇、村均建立临灾转移责任台账。市三防办指导佛冈县创建特殊群体“四个一”机制省级样板点工作并向全市推广。

暴雨洪水防御期间，发布气象灾害预警信号61次、服务短信227条58.4万人次，发布水文预报23份、水情预警短信8000多条，发布山洪灾害预警短信14696条。共投入2.67万人次参与抢险，转移群众2.99万人，紧急安置1.83万人。6月8日，清城区成功避让一起泥石流灾害，及时安全转移群众55人。交通部门投入抢险人员1337人次，机械493台；清远供电局出动巡视抢修人员1422人次，车辆494台次，应急发电机2台；清远电信共投入应急通信保障人员331人，保障车辆69辆，应急油机16台，卫星电话20台。

此外，修编《清远市防汛防旱防风防冰冻应急预案》；制定《清远市防御强降雨工作指引》，并印发到各县（市、区）及三防成员单位。

【潮州市】

2020年，潮州市各级各部门始终坚持人民至上、生命至上，树立“防大汛、抗大风、抢大险、救大灾”思想，立足最不利情况，切实做好防汛防台风各项工作，三防工作成效显著。

责任落实方面。坚持属地管理原则，强化以行政首长责任制为核心的各项三防责任制落实，及时调整三防指挥机构领导成员和更新防汛责任人，认真落实“三个联系”制度和特殊群体临灾转移“四个一”工作机制，建立相关台账，确保责任落实到位。全市共落实13位市领导挂钩4个县（区）和市属水库、重点水利工程，68位县（区）领导挂钩联系53个镇（街道、场），53个镇的（街道、场）565位领导挂钩联系全市1018个村（居）。严格执行特殊群体临灾转移“四个一”机制，全市特殊群体1045户1271人均登记造册，并落实好临灾转移对接工作。

汛前准备方面。1月17日，市三防指挥部发出《关于开展2020年汛前防汛备汛工作大检查的通知》。2月下旬，各县区、各有关单位迅速组织由领导和工程技术人员参加的检查组，按照分级管理、分级负责的原则，围绕三防责任制落实、防汛防台风风险隐患排查整治和风险防控、防御自然灾害能力体系建设、乡镇（街道）应急管理（三防）规范化建设、相关行业防汛防台风准备、工程防汛安全管理和水毁工程修复、山洪灾害防治措施落实等方面，开展全方位、多层次、广覆盖的汛前安全大检查。3月10—13日，市三防指挥部派出4个督查组，通过实地查看、查阅资料、走访调查等方式，分片对县（区）、镇（街道）、村（居委会）及有关行业的防汛准备工作进行督查。汛前查出存安全隐患的水库15宗、堤防8宗、水闸28宗，至年底，已完成整改的水库11宗、堤防4宗、水闸14宗，未能整改的进一步推进中，并落实相应应急度汛措施。

培训演练方面。至9月22日，全市已举办各类针对汛期常见灾害预案演练75场次，其中，6月5日上午，市应急管理局与市水务局联合举办2020年超标洪水防御演练；9月22日上午，市应急管理局举办2020年地质灾害应急救援。演练检验了各类防汛预案的实操性以及信息化技术在防风防汛抢险工作中的应用，进一步提升了三防工作会商研判、联合指挥和应急抢险救援能力与水平。

监测预警方面。各级各有关部门加强灾害性天气监测预报预警服务，通过电视台新闻、民生直播室、广播电台和《潮州日报》等媒体，及时发布灾害性、转折性、关键性天气等重要信

息；将突发性天气、重要天气、雨情及时通过决策服务短信平台向各级政府领导、应急预案成员及应急责任人、应急信息员发布。至 9 月 20 日，共发布天气预警信号 66 次、重大气象信息快报 28 份、天气报告 252 份、地质灾害预警 3 次。灾害性天气影响期间共开展会商分析 31 场次。

防御过程方面。防汛防风期间，各级各部门把确保人民群众生命安全放在第一位。一是严格按照《广东省防御强降雨的工作指引》和《广东省应对台风防御工作指引》要求，落实“县镇村三个联系”“防汛四张表”工作制度和防台风“五个百分百”工作制度，坚持防汛防旱两手抓，全力以赴把防汛防旱各项措施落到实处。二是严格执行汛期 24 小时值班和领导带班制度，主动及时掌握风雨、水旱等各类数据情况，认真做好抢险救灾准备。三是部门各司其职，抢早抢先抢快开展防御，从严从细从实落实措施，及时发现并整改安全隐患。四是提前预置抢险救灾物资和应急救援队伍，做好随时出动救援准备，调拨 5 万条防汛编织袋到各县（区）及下属工程管理处，调拨橡皮艇、救生衣、救生绳等到武警潮州支队，调拨救生衣、橡皮艇、救生绳等到潮州市蓝天救援志愿者协会。同时，将上级下达的各类应急资金迅速下拨到各县区和各市直有关单位，用于购置救援物资和灾害救助，为做好防灾减灾救灾各项工作提供保障。至 9 月 20 日，共启动防汛Ⅳ级应急响应 1 次，防台风Ⅳ级应急响应 1 次。

防灾减灾效益方面。全市共开展防灾减灾救灾知识培训 135 场次，推出宣传报道 414 则，开设宣传栏 1200 个，张贴宣传标语、海报、挂图约 5000 张，发放宣传资料约 2 万份，发送微信推文 100 多条篇，发送线上微信提醒 5000 条次，利用移动通信客户端发送防灾减灾知识信息 10 万多条。同时，通过一系列演练，进一步提高群众防灾意识和避险能力，有效提高了全市各级各单位的应急反应能力和处置水平。年内，潮安区投入抢险救援力量 805 人次，投入机械设备 153 台（套）、土石方量 0.78 万立方米、编织袋 0.06 万条，减淹人数 2 万人、减淹面积 4.5 平方千米。

【揭阳市】

2020 年，揭阳市认真做好防汛抗灾准备，做好风险隐患排查整改，有效组织强降水防御并取得阶段性成果。

防汛部署突出“早”。年初，市三防指挥部对全市防汛备汛工作作出部署，召开三防工作会议，发出《关于开展 2020 年汛前防汛防风工作大检查的通知》《关于抓紧做好汛前准备工作的通知》等。3 月 24—26 日，由应急、水利、住建、自然资源、农业农村、文广旅游、城管综合执法等部门组成 7 个检查组到全市各地开展防汛安全检查。做到早部署、早行动、早检查、早整改，全面加强防汛防风工作。

备汛措施突出“实”。一是落实责任方面，认真落实以行政首长负责制为核心的各种防汛责任制。全市 21 座大中型水库、446 座小型水库、243 座水闸、36 段捍卫面积达 5 千亩以上的堤防和 74 宗水电站均落实防汛责任人且签订责任书，并在《揭阳日报》公布防汛责任人员名单，接受社会监督。二是机制建设方面，修订印发《揭阳市三防减灾工作方案》《揭阳市三防应急响应联合值守机制》《揭阳市防旱抗旱工作方案》《揭阳市突发事件军地应急联动工作方案》等。落实县联系镇、镇联系村、村干部联系户的“三个联系”对接机制，执行独居老人等特殊群体临灾转移“四个一”工作机制。三是宣传方面，结合“安全生产月”等活动，进一步加强防汛防旱防风法律法规宣传。发放《揭阳市城乡居民防汛防台风手册》《三防应急卡》《三防明白卡》《自然灾害救助手册》等宣传资料共 5000 份。四是培训方面，先后 3 次举办全市应急管理

（安全生产）暨防灾减灾知识视频培训班，共3000多人参训，进一步提升各级责任人的责任意识，增强科学决策、指挥调度和快速应急处置能力，提升各级部门防灾减灾救灾水平。同时，积极开展基层防汛、地质灾害救援、洪水防御等演练。六是抢险物资方面，共储备帐篷1060顶、棉被4749床、编织袋69.5万条、粗砂4.7万立方米、块石2.9万立方米、卫星电话162部和钢筋笼、救生衣、叉车、应急发电机、水泵等防汛抗旱抢险救灾物资一批。七是基层能力建设方面，完成94个乡镇应急管理（三防）规范化建设，积极推行行政村防灾减灾“十有”标准，动员54个行政村创建基层防灾减灾示范社区建设。

隐患排查突出“细”。组织各地对削坡建房点、危房、泥砖房、山洪地质隐患点、内涝黑点、水利工程等重点环节逐项排查登记，并落实整改措施，组织对交通沿线地质灾害隐患点进行拉网排查，加强防范。全市排查出水利工程隐患点22处、地质灾害隐患点169处、削坡建房认定可能引发灾害点35处、内涝黑点76处，全部落实整治和风险防控措施。对813艘渔船全部登记造册，实行台账管理。

应急处置突出“紧”。及时发布灾害性天气预警信号，其中台风6次、暴雨117次、雷雨大风40次、寒冷21次，发布地质灾害三级预警21次、四级60次，发送地质灾害气象预警短信6.94万条。先后启动防汛Ⅳ级应急响应3次、防旱Ⅳ级应急响应2次，启动防冻Ⅳ级应急响应1次。各相关部门密切协作，有效形成防灾减灾工作合力。一是抓好防汛防台风工作。有效应对8轮强降雨和台风“米克拉”“海高斯”“红霞”外围环流影响。二是抓好蓄水防旱工作。针对降雨偏少实际，发出《关于进一步做好防汛抗旱两手抓和保障供水安全工作的通知》《关于切实做好今冬明春蓄水防旱工作的通知》，根据全市山塘水库蓄水情况，加强用水管理，积极指导有供水任务的水库管理单位，制订蓄水防旱供水计划，确保城乡居民生活用水和春耕生产用水的需要。投入抗旱资金7565万元，铺设应急供水管道15处，缓解用水紧张状况。全市启用泵站142座、抽水泵1138台，水车40辆、机井1799口，其他机动抗旱设备4.8万台套；飞机增雨12次，实施地面火箭弹增雨42次，发射火箭弹462枚，确保人民群众饮用水安全。三是加强地质灾害排查，全市出动巡排查人员8854人次，累计巡排查地质灾害隐患点（风险点）1418处，全部已落实风险防控措施。

【云浮市】

2020年，云浮市按照省委、省政府关于防汛备汛的决策部署和省防总的工作要求，周密部署，科学应对，全力以赴做好台风暴雨防御，实现人员零伤亡，江河堤防无一决口，水库山塘无一垮坝，灾害损失降至最低程度。在抗击干旱、西江洪水、台风“鹦鹉”“海高斯”和暴雨等灾害中取得明显成效。

领导重视，亲自部署。市委、市政府高度重视汛期安全防御工作，坚持将风险隐患排查治理作为保障三防安全的重要抓手，市领导部署防汛救灾工作并带头开展防汛备汛检查。市委书记黄汉标多次做出批示（指示），多次主持召开会议研究部署三防相关工作，并听取各地开展防御工作情况：6月13日，与市长王胜主持召开全市防汛救灾工作视频会议；7月16日下午，主持召开会议，要求进一步做好防汛救灾工作部署，要求统筹抓好防汛、防旱、防火等工作，进一步完善应急处置机制，做好人员转移避险和抢险救援准备；7月25日上午，率队赴罗定市开展防旱抗旱工作检查，强调按照省、市部署要求，持续深化“一统揽、两作用、三联系、四超前”机制。6月5日，市长王胜赴云安区蓬远大堤、六都泵站，郁南县都城大堤、罗旁水闸实地检查西江防汛工作；6月8日，主持召开全市防汛工作调度会。8月18日，副市长李雄光通宵坐镇市三防指挥部，视频调度全市防台风“海高斯”措施落实情况。

压实责任，无缝对接。一是市三防指挥部、市应急管理局加强组织协调和监督指导，按照“宁可越位、不可缺位”的工作原则，严格落实各级、各相关部门防汛防风责任，强化各成员单位之间协同配合、协调联动，确保机构改革期间不出现责任缺位。二是加强防汛防旱防风责任落实。及时调整落实全市各级三防指挥机构、各成员单位、各水利工程、各风险隐患点防汛相关责任人。全市市本级、县（市、区）、镇（街）、村（居）委相关责任人逐级签订责任书。同时对各级三防责任人按要求录入系统管理，及时更新人员信息。在报刊、网站、微信公众号平台公布全市中小型水库、重点堤围防汛责任人名单，接受社会监督。全市239宗中小型水库、5宗5千亩以上堤防、104座水闸、420宗水电站、1082宗库容1万立方米以上山塘均落实了防汛行政责任人、技术责任人和巡查责任人。

加强排查，治理隐患。切实做好汛前防汛备汛安全工作大检查及后续整治和防控工作。全市共排查出削坡建房认定可能引发灾害点1712处、沿河低洼区404处、灾害易发区建筑工地4处、山洪灾害隐患点292处、危房675间、灾害易发区有人居住泥砖房375间、灾害易发区A级景区3个、自然保护区1处、石油化工企业4处、燃气罐储企业4个、林场5个，均已全部落实责任人、应急抢险救援预案、物资和队伍，并制定灾害风险相关防控措施。全市共有渔船582艘，制定《云浮市渔业系统防汛防台应急预案》《云浮市渔业船舶水上安全事故灾难应急救援预案》等相关应急预案，并配备相关应急救援力量。

摸清底数，规范管理。对全市应急抢险救援体系情况进行全面统计摸底，录入全省三防物资管理调度系统进行规范管理。全市市、县（市、区）两级三防专业抢险队共26支1039人，包括轻舟应急分队、抗洪抢险突击分队、抢险救灾分队等，同时与水利施工企业合作签订协议，共同组建工程应急抢险队伍。全市储备三防抢险物资主要有编织袋80.77万条、编织布5.29万平方米、桩木280立方米、冲锋舟58艘、橡皮舟125艘、救生衣4912件、救生圈593个、水泵93台、汽油发电机组28台；有三防信息应急接收保障系统91套，覆盖市、县（市、区）、镇三防指挥部及重要水利工程；配备卫星电话106台，储备帐篷858顶、折叠床2246张、棉被9011床、毛巾被褥4844床、蚊帐2519顶、衣裤类物资9736件，照明、防雨等物资一批。全市已建成市、县（市、区）、镇三防物资仓库5261平方米。全市镇、村两级配置无线预警广播（大喇叭）887套、手摇报警器2094个、铜锣5167个，有预警员3161人，设有避护场所981处，可容纳人数为108.36万人。

上下联动，形成合力。汛期，及时向市、县（市、区）、镇、村级三防责任人发送预警信息2.31万条，发布各类突发气象预警信号404次。先后启动西江洪水防汛Ⅳ级、抗旱防旱Ⅳ级以及防风Ⅳ级2次、Ⅲ级1次应急响应。应急防御期间，市防总、市应急管理局多次派出督导组督查各地防御工作情况，累计有15个单位参与联合值守。做好群众转移避险，全市累计安全转移6576人，其中，转移危险区域人员3263人，转移危险房屋及施工地人员1568人，上岸渔排人员1164人，回港避风581人。做好抗旱救灾，市水务局加强水利工程调度，做好蓄水保水工作，组织各地制定今冬明春供用水计划，组织水利工程提前科学回蓄水量；市农业农村局实时跟踪指导各地开展晚稻生产；市气象局、市水文局加密监测，及时报送降雨量、水库蓄水量等信息，为防旱抗旱提供科学支撑。累计出动抗旱人员1.98万人，出动抗旱装备抽水泵、抽水机、钩机等设备共2625台，实施地面火箭弹增雨11次、发射火箭弹36枚，投入抗旱资金1631万元。

附　录

文件法规

广东省第十三届人民代表大会常务委员会
公 告

（第五十六号）

《广东省野生动物保护管理条例》已由广东省第十三届人民代表大会常务委员会第十九次会议于2020年3月31日修订通过，现将修订后的《广东省野生动物保护管理条例》公布，自2020年5月1日起施行。

广东省人民代表大会常务委员会
2020年3月31日

广东省野生动物保护管理条例

（2020 年 3 月 31 日广东省第十三届人民代表大会常务委员会第十九次会议修订通过）

第一章 总 则

第一条 为了加强野生动物保护管理，维护生物多样性和生态平衡，防范重大公共卫生风险，保障人民群众生命健康安全，推进生态文明建设，根据《中华人民共和国野生动物保护法》等法律法规，结合本省实际，制定本条例。

第二条 本条例适用于本省行政区域内野生动物及其栖息地保护和管理活动。

本条例规定保护的野生动物，是指国家重点保护野生动物，省重点保护野生动物，有重要生态、科学、社会价值的陆生野生动物（以下简称“三有保护野生动物”）。

前款规定保护的野生动物以外的其他陆生野生动物，按照本条例规定管理。

珍贵、濒危的水生野生动物以外的其他水生野生动物的保护，按照《中华人民共和国渔业法》等有关法律的规定执行。

列入畜禽遗传资源目录的动物，属于家畜家禽，按照《中华人民共和国畜牧法》的规定执行。

第三条 野生动物保护管理应当坚持普遍保护、限制利用、严格监管，全面禁止非法野生动物交易，全面禁止食用陆生野生动物，全面禁止以食用为目的猎捕、交易、运输在野外环境自然生长繁殖的陆生野生动物，培育公民公共卫生安全和生态保护意识，从源头上防控重大公共卫生风险，促进人与自然和谐共生。

第四条 县级以上地方人民政府对本行政区域内野生动物保护管理工作负总责。

县级以上地方人民政府应当加强野生动物及其栖息地保护，制定保护规划，健全保护管理体系和目标责任制，并纳入生态文明建设考核体系，将保护经费纳入同级财政预算。

县级以上林业、农业农村主管部门分别主管本行政区域内陆生、水生野生动物保护工作。

乡镇人民政府、街道办事处协助做好本区域内野生动物保护管理相关工作。

第五条 地方各级人民政府和有关主管部门应当积极开展野生动物及其栖息地保护、公共卫生安全的宣传教育和科学知识普及，加强野生动物保护科学技术研究。

教育主管部门、学校应当对学生进行野生动物及其栖息地保护知识教育。

鼓励和支持基层群众性自治组织、社会组织、企事业单位、志愿者开展野生动物保护、动物防疫等法律法规和保护知识的宣传教育活动。

新闻媒体应当开展野生动物保护法律法规和保护知识的公益宣传，对违法行为进行舆论监督。

每年 11 月为广东省保护野生动物宣传月。每年 3 月 20 日至 26 日为广东省爱鸟周。

第六条 任何组织和个人都有保护野生动物及其栖息地的义务，有权举报或者控告违反本条例的行为。

在野生动物保护、科学研究、举报等方面成绩显著的组织和个人，由县级以上地方人民政府给予奖励。

第二章 野生动物及其栖息地保护

第七条 野生动物实行分类分级保护。

国家重点保护野生动物、三有保护野生动物名录按照国家规定执行。

省重点保护野生动物名录，由省人民政府组织科学评估后制定、调整并公布。

第八条 省人民政府依法划定相关自然保护区域，保护野生动物及其重要栖息地，保护、恢复和改善野生动物生存环境。对不具备划定自然保护区域条件的，县级以上地方人民政府可以根据国家野生动物重要栖息地名录和本地区野生动物及其栖息地情况，采取划定禁猎（渔）区、规定禁猎（渔）期等形式予以保护。

国家野生动物重要栖息地、自然保护地、饮用水水源保护区、郊野公园、植物园、城市公园以及其他野生动物重要栖息地或者生态廊道，列为禁猎区。自然保护地包括国家公园、自然保护区以及森林公园、地质公园、海洋公园、湿地公园、风景名胜区等各类自然公园。

第九条 合法捕获、人工繁育的野生动物及其制品推行专用标识管理。专用标识应当记载野生动物及其制品种类名称、来源、用途等信息，保证可追溯。

专用标识的使用范围和管理办法由省野生动物保护主管部门制定，国家另有规定的从其规定。

第十条 县级以上地方人民政府应当加强对野生动物疫源疫病监测和防疫工作的统一领导，建立健全监测和防疫体系。

县级以上野生动物保护、兽医等主管部门应当按照职责分工对野生动物集中分布区、停歇地、越冬地、迁徙洄游通道、人工繁育场所及其制品集散地等区域疫源疫病进行监测，组织开展预测、预报等工作，并按照规定制定野生动物疫情应急预案。

县级以上野生动物保护、兽医、卫生健康等主管部门，应当按照职责分工加强与人畜共患传染病有关的动物传染病的防治管理。

第十一条 地方各级人民政府应当采取措施，预防、控制野生动物可能造成的危害，保障人畜安全和农业、林业生产；因保护法律法规规定保护的野生动物，造成人员伤亡、农作物或者其他财产损失的，由当地人民政府依法给予补偿。推动将野生动物致害补偿纳入政策性保险。

第十二条 县级以上野生动物保护主管部门应当按照规定组织开展保护野生动物的收容救护工作，明确承担收容救护工作的机构，并向社会公布。收容救护机构应当建立收容救护档案，做好相关工作。

有关部门依法扣押、没收的保护野生动物，应当及时移送收容救护机构收容救护。

第十三条 任何组织和个人将野生动物放生至野外环境，应当遵守野生动物保护主管部门的指引，选择适合放生地野外生存的当地物种，不得随意放生野生动物，避免造成他人人身、财产损害或者生态系统危害。

第三章 人工繁育管理

第十四条 人工繁育保护野生动物应当有利于物种保护及其科学研究，不得破坏野外种群资源。支持有关科学研究机构因物种保护目的人工繁育国家重点保护野生动物。

人工繁育国家重点保护野生动物的，向所在地县级野生动物保护主管部门提出申请，由省野生动物保护主管部门或者其委托的地级以上市野生动物保护主管部门组织评估后批准，国家另有规定的从其规定。

人工繁育非国家重点保护野生动物的，应当持有证明野生动物种源的猎捕、进出口、人工繁育或者专用标识等合法来源证明。

非国家重点保护野生动物，包括省重点保护野生动物和三有保护野生动物。

第十五条　人工繁育保护野生动物应当使用人工繁育子代种源，具备与其繁育目的、种类、发展规模相适应的固定场所、必需设施、技术、人员，符合有关技术标准和防疫要求。

第十六条　人工繁育保护野生动物应当建立繁育档案，公开繁育地址、种类等相关信息，加强疫病防控，履行饲养、管护、救治义务，根据物种生物学特性分类分区饲养，不得混养，不得虐待野生动物。

第十七条　对人工繁育技术成熟稳定的非国家重点保护野生动物，经省野生动物保护主管部门组织评估、广泛征求意见后，纳入人工繁育非国家重点保护野生动物名录，实行与野外种群不同的管理措施。人工繁育非国家重点保护野生动物名录由省野生动物保护主管部门制定、调整，报省人民政府批准公布。

出售和非食用性利用列入前款规定名录的野生动物的，应当提供合法来源证明。

纳入人工繁育国家重点保护野生动物名录的，按照国家规定执行。

第十八条　野外环境自然生长繁殖的陆生脊椎野生动物，或者其他存在危害公共卫生安全、生态安全、公共秩序风险的野生动物，不得作为宠物饲养。

第四章　禁止非法猎捕

第十九条　禁止猎捕、杀害本条例第二条第二款规定保护的野生动物，以及法律法规和国家、省规定禁止猎捕的其他野生动物。

第二十条　因科学研究、种群调控、疫源疫病监测、疫情防控或者其他特殊情况，需要猎捕野生动物进行非食用性利用的，应当符合以下规定：

（一）国家一级保护野生动物按照国家规定申请领取特许猎捕证，国家二级保护野生动物向省野生动物保护主管部门或者其委托的地级以上市野生动物保护主管部门申请领取特许猎捕证；

（二）非国家重点保护野生动物向县级野生动物保护主管部门申请领取狩猎证。

猎捕前款第二项和省规定禁止猎捕的野生动物应当服从猎捕量限额管理。

第二十一条　县级野生动物保护主管部门应当根据野生动物及其栖息地状况的调查、监测和评估结果，提出狩猎动物种类和年度猎捕量限额，报省野生动物保护主管部门或者其委托的地级以上市野生动物保护主管部门批准。

第二十二条　禁止使用毒药、爆炸物、电击、电子诱捕装置以及猎套、猎夹、气枪、地枪、排铳、粘网、地弓、吊杠、钢丝套等工具猎捕野生动物。

任何单位和个人不得擅自制造、出售前款规定的猎捕工具。

第五章　禁止非法交易

第二十三条　禁止出售、购买、利用本条例第二条第二款规定保护的野生动物，以及法律法规和国家、省规定禁止交易的其他野生动物。

禁止出售、购买、利用国家重点保护野生动物制品。

第二十四条 禁止商品交易市场、电子商务平台等交易场所以及运输、仓储、快递等经营者，为违法出售、购买、利用、运输、储存野生动物及其制品或者禁止使用的猎捕工具提供交易服务。

互联网信息服务提供者不得制作、复制、发布、传播非法野生动物交易信息；发现非法交易信息的，应当停止传输，保存记录，报告有关部门。

第二十五条 商品交易市场开办者、市场服务管理机构、电子商务平台经营者应当依法审查、核验入场经营者的经营资格，进行实名登记，加强监督检查；发现有非法野生动物交易行为的，应当立即制止，报告市场监督管理部门。

电子商务平台经营者收到有关部门通知，应当删除、屏蔽、断开链接非法野生动物交易信息，停止提供交易服务。

第二十六条 因科研、药用、展示等特殊情况，需要对野生动物进行非食用性利用的，应当按照国家有关规定实行严格审批和检疫检验。

野生动物及其制品作为药品经营和利用的，还应当遵守有关药品管理的法律法规。

第二十七条 运输、携带、寄递野生动物及其制品的，应当按照规定持有或者附有猎捕、人工繁育、进出口等许可证、批准文件或者专用标识等合法来源证明，以及检疫证明，保证可追溯。

承运人、寄递业务经营者应当查验前款规定的证明；没有相关证明的，不得运输、寄递，并向野生动物保护主管部门或者动物卫生监督机构报告。

第二十八条 突发公共卫生事件发生后，为阻断可能来自于野生动物的传染源和传播途径，县级以上地方人民政府可以依法采取全面禁止野生动物交易的应急处置措施，向社会公告。

禁止出售、购买、利用、运输、携带、寄递病死或者死因不明的野生动物及其制品。发现野生动物异常死亡的，应当立即向野生动物保护主管部门或者动物疫病预防控制机构报告。

第六章 禁止非法食用

第二十九条 禁止食用国家重点保护野生动物和其他陆生野生动物，包括人工繁育、人工饲养的陆生野生动物，以及有关法律禁止食用的其他野生动物。

禁止生产、经营使用国家重点保护野生动物及其制品制作的食品。

第三十条 禁止以家畜家禽名义食用野生动物。列入畜禽遗传资源目录的动物，按照国家规定应当加施畜禽标识而没有加施的，不得屠宰、加工、出售。

第三十一条 酒楼、饭店、餐厅、农庄、会所、食堂等餐饮服务提供者应当诚信自律，承担社会责任，对禁止食用的野生动物及其制品不得购买、储存、加工、出售或者提供来料加工服务，不得用其名称、别称、图案制作招牌或者菜谱。

餐饮服务提供者应当加强食品原料控制，建立进货查验记录制度，并保存相关凭证。

第三十二条 电子商务平台经营者不得为使用禁止食用的野生动物及其制品制作的食品提供推介、点餐、配送或者其他服务。

第三十三条 食品、餐饮、烹饪等行业协会应当加强行业自律，引导和督促会员遵守禁止食用野生动物的规定，承诺不购买、不加工、不出售野生动物及其制品，对违反的成员实施行业惩戒，并报告市场监督管理等主管部门。

第三十四条 县级以上市场监督管理部门应当建立餐饮服务提供者信用档案，依法公示违法经营销售野生动物及其制品的行政处罚信息。

第三十五条 全社会成员应当自觉遵守禁止食用野生动物的规定，移风易俗，养成科学健康文明的生活方式。

第七章 执法监管

第三十六条 县级以上地方人民政府应当加强跨区域、跨部门野生动物保护协作，健全野生动物保护执法管理体制，加强执法队伍建设，明确执法责任主体，落实执法管理责任，强化信息技术支撑，实现信息共享，加强协调配合，组织联合执法，开展防范、打击走私和非法贸易行动，加强监督检查和责任追究，严格查处违法行为。

第三十七条 县级以上林业主管部门负责陆生野生动物保护监督管理工作，依法可以委托自然保护地管理机构查处破坏自然保护地自然资源、野生动物栖息地的行为。

县级以上农业农村主管部门负责水生野生动物保护监督管理工作，依法对人工繁育、合法捕获的野生动物及其制品进行检疫。

县级以上市场监督管理部门依法对商品交易市场、电子商务平台、餐饮等交易、消费场所经营利用野生动物及其制品的行为进行监督管理；对违法经营场所和违法经营者，依法予以取缔或者查封、关闭。

公安机关按照国家和省的规定负责野生动物保护管理相关行政执法。

海关依法对野生动物实施进出境检疫，凭进口批准文件或者允许进出口证明书以及检疫证明按照规定办理通关手续。

交通运输、卫生健康、科技、城市管理、邮政管理、网信、电信管理等部门和机构应当按照职责分工对野生动物及其制品出售、购买、利用、运输、寄递等活动进行监督检查。

铁路、道路、水路、航空以及车站、机场、港口等单位应当协助做好相关工作。

第三十八条 省野生动物保护主管部门对野生动物及其栖息地保护管理工作不力、问题突出、公众反映强烈的地区，可以约谈所在地地级以上市、县级人民政府及其有关主管部门主要负责人，要求其采取措施限期整改。约谈整改情况应当向社会公开。

第三十九条 破坏野生动物及其栖息地造成生态环境损害的，县级以上野生动物保护主管部门可以依法向人民法院提起诉讼，对侵权人提出损害赔偿要求。

野生动物及其制品种类、名称鉴定由执法部门委托专业技术人员、第三方专业机构或者具有相应司法鉴定资质的鉴定机构承担，国家另有规定的从其规定。

第八章 法律责任

第四十条 野生动物保护主管部门或者其他有关部门、机关不依法作出行政许可决定，发现违法行为或者接到对违法行为的举报不予查处或者不依法查处，或者有滥用职权等其他不依法履行职责的行为的，由本级人民政府或者上级人民政府有关部门、机关责令改正，对负有责任的主管人员和其他直接责任人员依法给予处分；构成犯罪的，依法追究刑事责任。

第四十一条 违反本条例第十四条第三款规定，人工繁育非国家重点保护野生动物未持有种源合法来源证明的，由县级以上野生动物保护主管部门没收野生动物及其制品，可以并处野生动物及其制品价值一倍以上三倍以下的罚款。

第四十二条 违反本条例第十九条、第二十条、第二十二条规定，猎捕、杀害野生动物的，由县级以上野生动物保护主管部门或者有关自然保护地管理机构按照职责分工没收猎获物、猎捕工具和违法所得，吊销猎捕许可，并按照以下规定处以罚款；构成犯罪的，依法追究刑事责任：

（一）属于国家重点保护野生动物的，并处猎获物价值二倍以上二十倍以下的罚款；没有猎获物的，并处一万元以上十万元以下的罚款；

（二）属于非国家重点保护野生动物的，并处猎获物价值二倍以上十倍以下的罚款；没有猎获物的，并处一万元以上五万元以下的罚款；

（三）以食用为目的猎捕、杀害其他陆生野生动物的，并处猎获物价值一倍以上五倍以下的罚款；没有猎获物的，并处二千元以上一万元以下的罚款。

第四十三条 违反本条例第二十三条、第二十六条第一款、第二十七条规定，未经批准、未取得或者未按照规定使用专用标识，或者未持有、未附有其他合法来源证明出售、购买、利用、运输、携带、寄递野生动物及其制品的，由县级以上野生动物保护、市场监督管理、邮政管理部门按照职责分工没收野生动物及其制品和违法所得，并按照以下规定处以罚款；情节严重的，吊销相关许可、撤销批准文件、收回专用标识；构成犯罪的，依法追究刑事责任：

（一）属于国家重点保护野生动物的，并处野生动物及其制品价值二倍以上二十倍以下的罚款；

（二）属于非国家重点保护野生动物的，并处野生动物价值二倍以上十倍以下的罚款；

（三）以食用为目的的出售、购买、运输、携带、寄递其他陆生野生动物和省禁止交易的其他野生动物的，并处野生动物价值一倍以上五倍以下的罚款。

第四十四条 违反本条例第二十四条第一款、第三十二条规定，提供交易服务的，由县级以上市场监督管理部门责令停止违法行为，限期改正，没收违法所得，并处违法所得二倍以上五倍以下的罚款；没有违法所得的，处一万元以上五万元以下的罚款；明知行为人以食用或者生产、经营食品为目的的，从重处罚；构成犯罪的，依法追究刑事责任。

第四十五条 违反本条例第二十九条第一款、第三十条规定，食用野生动物的，由县级以上林业、农业农村、市场监督管理等部门按照职责分工责令停止违法行为，按以下规定对食用者进行处罚；对组织食用的，从重处罚：

（一）属于国家重点保护野生动物及其制品的，处野生动物及其制品价值二倍以上二十倍以下的罚款；

（二）属于非国家重点保护野生动物或者其他陆生野生动物的，处野生动物价值一倍以上五倍以下的罚款。

第四十六条 违反本条例第二十九条第二款、第三十一条规定，生产、经营、购买、储存、屠宰、加工、出售禁止食用的野生动物及其制品、食品的，由县级以上林业、农业农村、市场监督管理等部门按照职责分工责令停止违法行为，没收违法所得和野生动物及其制品、食品；野生动物及其制品、食品价值或者货值金额不足一万元的，并处十万元以上十五万元以下的罚款；价值或者货值金额一万元以上的，并处价值或者货值金额十五倍以上三十倍以下的罚款；情节严重的，依法吊销许可证。

违反本条例第三十一条规定，用禁止食用的野生动物及其制品名称、别称、图案制作招牌或者菜谱的，由县级市场监督管理、城市管理综合执法等部门按照职责分工责令限期改正；逾期不改正的，依法强制拆除，并处一万元以上三万元以下的罚款。

第四十七条　违反本条例其他规定的，依照相关法律法规从重处罚。

第九章　附　则

第四十八条　本条例自2020年5月1日起施行。

防灾减灾文摘

英雄就在身边

——见证全国抗击新冠肺炎疫情斗争中的广州力量

世上没有从天而降的英雄，只有挺身而出的凡人。在中国取得抗击新冠肺炎疫情斗争重大战略成果、创造了人类同疾病斗争史上又一个英勇壮举的过程中，一个个普通人挺身而出，或是主动请缨奋斗在抗“疫”最前线，或是坚守岗位成为“大后方”，或是褪去青涩快速成长。

在广州，也有一大批从凡人中走出的英雄，在全国抗击新冠肺炎疫情表彰大会上受到表彰。9月14日，在全国抗击新冠肺炎疫情先进个人媒体见面会上，他们分享了过去8个多月时间里的见闻，展示了让他们坚守、让他们动容的重要瞬间。

病人在哪里，战场就在哪里

危急时刻，又见遍地英雄。

“病人在哪里，我们的战场就在哪里!”广州中医药大学党委常委、副校长张忠德说，这是他的座右铭，也是很多医护工作者的座右铭。

在中山大学附属第一医院重症医学科主任、主任医师管向东看来，作为一个重症医学科医生，疫情中哪里有生命面临危险，他就应该在哪里。这就像航船上要有水手、战场上要有士兵一样，救治病人是他的本职工作。在打赢新冠病毒这场硬仗中，每一位医护工作者都是一名战士。

“荣誉不只是个人的，更是属于集体的。”广州市疾病预防控制中心主任、主任医师杨智聪表示，在他看来，广州疫情防控的经验是尊重科学、果断决策，关口前移、监测灵敏，多方联动、迅速处置，大数据、人工智能成为高能“神器”。疫情防控取得的成果离不开每一个人的努力。

医护工作者的挺身而出离不开家人的默默支持。见面会上，暨南大学附属第一医院科教及学生管理办公室主任、主任医师陈祖辉分享说，他“有召必应，有召必回”的背后是对两位母亲的亏欠，其中一位是他孩子的母亲，妻子在他前往抗疫一线前不舍地拥抱了他很久；一位是他的母亲，疫情期间母亲生病他都没能陪伴在她身边。

舍小家是为大家。“愿这个生机勃勃的文明古国再次迈开大步，车水马龙，国泰民安。人们可以去想去的地方，看想看的风景，去感受繁华市井，去沐浴春意盎然。”管向东奋战一线的动力，是对平凡生活的向往。

战“疫”之后是对美好生活的向往。在广州医科大学附属第一医院重症医学科主任医师桑岭看来，他只是重症病房里一位普通大夫，做着本职工作。驰援武汉期间，他最想干的两件事，于私是希望吃上烧鹅和煲仔饭、能正常上下班，于公是获得荣誉之后一切归零重新开始。

“疫情还未结束，我们要继续努力，有信心、有能力取得最后的胜利。”广东省人民医院、广东省老年医学研究所所长、主任医师覃铁和表示，抗疫取得的成果是大家共同获取的，防控体系的建设很重要，需要及时总结此前的经验，培训好医护人员，补齐短板，再接再厉取得最后的胜利。

在疫情中崛起的“后浪”

“非典的时候我年纪尚幼，你们保护了我们，现在我们只是学着你们的样子做了医生应该干的事情，仅此而已。”桑岭有感而发。

中山大学附属第六医院副院长姚麟分享说，医疗队伍里最大的年龄是59岁，最小的是21岁，“90后”占到了45%。年记最小的医护工作者或许不是生而无畏，但在关键时刻还是选择直面威胁，勇敢地站出来了。

在这次抗疫斗争中，青年一代的突出表现令人欣慰、令人感动。参加抗疫的医务人员中有近一半是“90后”“00后”。见面会现场，与会嘉宾也纷纷为年轻一代点赞。

张忠德表示，作为医疗队的“大家长”，他被“90后”与“00后”专业、担当、大爱和团结协助的精神感动。

“他们本是父母的心头宝、掌中珠，在国家和人民需要的时候，转身就成为一名战场上冲锋的白衣战士。”张忠德说，一封封的请战书，一次次的疫情，一声声“我可以”“我愿意”，凝聚起战胜疫情的磅礴力量。他们是给患者带来阳光和快乐的小太阳，从他们身上我看到了希望。

“危难当头没有人退缩，你说不怕吗？你说能退缩吗？不能！”广州海关所属广州白云机场海关副关长杨杰表示，在空港口岸的“90后”关员再也不是“娇娇娃”，他们聚精会神地为旅客采样，贴心地跟旅客聊天、缓解紧张，逐渐成长为独当一面的精锐。

坚守岗位的“大后方”

英雄不仅来自战“疫”最前线，也来自“大后方”。

“作为基层的防疫人员，虽然我们不站在抗疫的最前线，但我们站在疫情防控的第一线。”广州市白云区黄石街道办事处办公室专职副主任谢达贤表示，面对疫情，他们在短时间内组建了29支党员突击队，发动辖内64个党组织近千名党员积极投身于战“疫”中，还组建了一支来自35个国家和地区共73名外籍志愿者投入疫情防控当中，让基层也发挥出大力量。

世上没有从天而降的英雄，只有挺身而出的凡人。“我身边就有这么一群挺身而出的凡人。”广东省公安厅情报指挥中心人员管控科科长陈刚说，在8个多月的抗疫过程中，他和同事们一起冲锋在前、连续奋战，一个个平凡人物用血肉之躯在疫情和人民群众之间筑起了一道钢铁长城，组成了光荣的广东警队。接下来，他还将和战友们一起大力弘扬伟大抗疫精神，慎终如始、毫不放松地抓好常态化疫情防控工作。

“国门有我，请您放心。”杨杰说，白云国际机场是全国最复杂的口岸之一，新年伊始新冠肺炎疫情防控压力最大的时候，他们在白云口岸筑起了内防扩散、外防输入的坚强防线，为入境人员提供全心全意的服务。

作为粤港水路客运一线抗疫人员，广州番禺莲花山港客运有限公司党总支书记、总经理余权新表示，作为一名抗击疫情的基层干部，只有一个目标，必须保证所有员工、所有旅客的生命安全和身体健康，绝不给国家增加一丝负担。守土有责、确保安全，是他心中坚守的职责。

“我们有强烈的使命，还有义不容辞的责任去记录医护人员不顾一切抢救生命的情景。”南方都市报珠中江新闻部内容总监刘军说，深入一线不退缩的媒体人用新闻作品记录下最美的抗“疫”英雄。

■聚焦

战“疫”最前线　有“无敌中山医”

“这次表彰并不仅仅是针对某一个个人，而是对医务工作者这个职业的认可，是对千千万万面对疫情勇敢逆行的医务工作者的肯定和激励。”中山大学孙逸仙纪念医院党委副书记、副院长许可慰介绍说，疫情当前，中山大学派出了 512 位医护人员，组成多支援鄂医疗队分别驰援武汉及荆州，全部入驻在收治重型、危重型新冠肺炎患者的重症病区。

该校医疗队是最早进驻和最晚撤离武汉的援助医疗队之一，也收获了“无敌中山医”的赞誉。在全国抗击新冠肺炎疫情先进个人媒体见面会上，许可慰回顾了过去 8 个多月的战“疫”历程，分享了“无敌中山医”是如何炼成的。

“一段刻骨铭心的岁月”

“过去 8 个多月时间，是一段刻骨铭心的岁月。”对于许可慰来说，中山大学孙逸仙纪念医院援助医疗队在湖北抗“疫”的日子还历历在目。

万事开头难，但该院医疗队一到武汉，就创下入驻武汉协和西院接管院区 6 天重症患者零死亡率的纪录。作为第二批医疗队的领队，许可慰表示这与他们“前后联动”的战术息息相关。许可慰清晰地记得，2 月 7 日，在前往武汉的飞机上，他们迅速制定出工作思路，在万米高空上“排兵布阵”，迅速进入战时状态。

当时大家对于新冠疫情还不甚了解，医疗队立下军令状，坚决做到应收尽收、应治尽治。他们负责的病区在 48 小时内开区并收满病人，根据病患病情的严重程度，合理分配相匹配的医护团队，多学科专家紧密协作，全力以赴抢救重症患者。

第一批援鄂的队员在接管武汉市汉口医院病区后，针对病区环境较差、人手不足、病区氧源不足的问题，一起改造隔离区、加强物品消毒。氧源供应有问题，他们就自己搬氧气瓶供危重患者进行面罩吸氧、无创呼吸机治疗。一周的时间里，他们就把超负荷、超透支的隔离病房快速重建了秩序，许多患者病情有了好转。

医疗队也敢于“啃”下“硬骨头”，最典型的就是“逸仙 ICU 病房”。许可慰回忆说，医疗队为“集中火力”加强对危重症患者的深度救治，将病区内最大的一间病房改造为具有 4～6 个床位的“逸仙 ICU 病房”，推行“医护一体化”工作模式，医生护士联合组队为病人提供治疗、护理、康复，大大提高了危重症患者的治愈率。

除了对症下药外，病人的心理诉求成为医疗队关注的重点。医疗队员在病房工作过程中发现部分患者进食少、食欲差，不利于身体康复。在临时党总支组织下，队员们将医院寄给医疗队的营养品、食品捐赠给医疗队接管的两个病区，由护理人员安排给患者补充营养。医疗队员还从后方购置趣味乒乓球，鼓励患者适度锻炼来加速康复，力所能及地给予患者生活帮助和人文关怀。

在患者出院后，他们也继续追踪，建立了出院患者微信随访群，方便患者出院后依旧能得到随诊咨询，全流程保证病人的健康。

“这是医者的天职”

支援战“疫”最前线，前提是保护好自己。许可慰介绍，医疗队早早就制定了“四不”防护铁纪，即防护用品不达标准不入病房、防护培训考核不过关不入病房、防护穿戴不合格不入病房、下班后各自隔离不串门。例如，医疗队的防护物资都是“万国牌”，他们使用之前会严格检查是否符合医疗标准。很多队员此前也较少有机会穿戴防护服，为此队员们也两两互相检查确保穿戴合格。未雨绸缪下，医疗队实现了“一个都不能少”的承诺，保持了“零感染”。

中山大学孙逸仙纪念医院的大后方也全力支援着武汉，本着“一切为了前线、前线就是一切”的理念，组建了专家团队与医疗队开展远程会诊，为疑难病例制定个体化康复方案。该院也不断提供智力支持，该院江山平教授在全国率先提出抗疟老药“磷酸氯喹”用于治疗新型冠状病毒肺炎，广东省内128例新冠肺炎患者纳入临床治疗研究，效果良好。副院长林天歆带头开发了新冠肺炎人工智能辅助影像诊断系统，通过序列分析网络对胸部CT图像序列进行分析以鉴别各类肺炎。

驰援武汉的同时，广东疫情防控工作也能感受到了“逸仙力量”。在广州，该院积极组织全院职工群防群控、联防联控，积极投入复工复产工作。该院院长宋尔卫院士带队支援佛山、深圳、珠海、阳江、惠州等地的新冠肺炎危重症患者救治工作。此外，该院还派遣了队员支持北京、香港的疫情检验工作，承担包机接回中国公民的医疗任务。

许可慰感叹，工作一线中，无论白班、夜班，队员们都是点到名字就上，从不喊累。队员们脚磨起了泡，脸上都是被口罩勒出的道道印痕，但他们绝不就此停步，而是持续不断地为新冠肺炎的防治工作贡献青春力量。

“我们是一起熬过来的。”许可慰说，“作为一名医务工作者，投身于与疫魔的战斗，这是医者的天职。”

■对话

中山大学孙逸仙纪念医院党委副书记、副院长许可慰：

表彰是对勇敢逆行的医务工作者的肯定和激励

南方日报：参加上周的全国抗击新冠肺炎疫情表彰大会，您最大的体会是什么？

许可慰：经过这次疫情，我看到，14亿中国人民及广大海内外侨胞紧密团结在一起，谱写了一幕幕守望相助、共战疫情的感人场景。我看到，武汉的人民是英雄的人民，他们在按下“暂停键”的状态中度过了76天，这不仅是市民积极配合的原因，更是中华民族特有的集体行动力与合作精神的体现。我看到，千千万万的医务工作者为了人民健康舍小家为大家、无私奉献，他们坚守岗位、不畏艰险，在春节万家团聚的夜晚喊着“逆行出征、白衣无悔”。这些都是人民至上、生命至上的崇高理念在抗疫斗争中的生动体现，更展现了我们伟大祖国的大国担当和非同寻常的行动力，展示了我们医务工作者救死扶伤、大爱无疆的职业精神。

所以，这次表彰并不仅仅是针对某一个人，而是对医务工作者这个职业的认可，是对千千万万面对疫情勇敢逆行的医务工作者的肯定和激励。因此，这份荣誉也不只代表我个人，更代表我背后的医疗队和医院，代表整个广东医疗界！

南方日报：此次疫情，将给未来的医疗带来哪些改变？

许可慰：战“疫”还没有结束，我们还是要做好长期的准备，特别是秋冬季即将来临，常态化疫情防控是必要的。中山大学孙逸仙纪念医院作为大型医院，在国家有需求和号召的时候挺身而出，做好应急机制、担当其重要角色。接下来，我们需要对应急机制常态化做一个思考，近来呼吸相关的感染性疾病对公众健康构成威胁，需要加强相关的学科建设。

此次疫情极大地提升了医护工作者的美誉度，特别是此次高规格的表彰充分体现了对医务工作者的爱护和尊重，也有助于吸引更多的年轻人从事这一行业。医疗界依旧急需大量的优秀人才，这对于中国医疗业的发展大有裨益。

（作者：傅鹏、钟晓宇，原载于2020年9月15日《南方日报》）

广东省部共建 持续加强气象现代化建设

预报更准确 服务更贴心

日常出行要看天，渔民出海要看天，工程建设也得看天……如今，气象信息已成为人们日常生活的“必需品”。

人口稠密的经济大省广东，时常要经受台风、暴雨、雷电等各种灾害性天气的考验。2012年以来，广东省政府与中国气象局联手，省部共建气象现代化试点省份。广东气象科技创新能力和气象服务水平显著提升，2012 年至 2019 年，广东每年气象灾害损失占 GDP 的比重由0.65%下降为0.23%，每年因气象灾害死亡人数从三位数降为两位数。

科技支撑，提升气象预报精准度

下雨天，广州人最怕“水浸街”。今年以来，广州白云区白云湖街多个易涝点经受住了暴雨考验。“前些天下了一场大雨，但路面没有积水，道路也不拥堵。”市民杨先生说。

“气象局提前预报有暴雨，评估强降水时段内涝风险较高。三防指挥中心及时采取行动，对水浸易涝点提前布防。”白云区三防副总指挥、副区长蔡胜介绍。

及时、精准的预报，是防灾减灾的利器。从2012年开始，广东省政府与中国气象局密切合作，加快推进气象现代化，目标是到2020年，大大提升气象现代化水平，让气象事业整体实力居全国前列，部分领域接近或达到国际先进水平。

瞄准目标，快马加鞭。研发具有国际先进水平的1公里超高分辨率区域数值天气预报业务模式，建成气象大数据科技创新中心，建成专业海洋气象观测平台，完成12部X波段双极化相控阵天气雷达建设……广东气象科技创新能力、综合气象监测能力、区域数值天气预报模式水平大幅提高。

如今，广东气象监测更及时，全省建立气象数据在线监测系统和数据库，实现了主要观测资料1分钟内到达预报员桌面。气象预报更精准，准确预报了“山竹”等多个强台风，台风24小时路径预报平均偏差小于70公里。

对接需求，提供定制式气象服务

“连工人们的汗水都不能滴落在桥面，更别说下雨了。”港珠澳大桥施工进入桥面沥青铺设阶段时，桥梁标段安全责任人程凯表示，沥青铺设过程中一定要保证道路表面干燥，否则沥青会与桥面剥离。

施工队三班倒赶进度时，气象服务团队每天24小时值班。“气象局精耕细作的服务，给我们带来了安全感。”程凯说。

气象信息能够为交通、能源、物流、金融等多个行业提供决策依据，可以产生巨大的经济价值。广东气象部门根据公众及行业需求，提供个性化、定制式气象服务，提升用户体验和服务有效性。

近年来，在巨灾保险领域，广东气象部门发挥了十分重要的作用。资金迅速到位是灾后重建的关键。广东在全国首创巨灾气象指数保险模型，政府、机构和市场协同建立“阈值触发、指数定级、精准快速”的巨灾保险服务机制，出现巨灾，地方财政一天之内就可以获得赔付，救灾资金迅速到位。

从 2016 年 8 月汕尾市财政局获得巨灾指数保险首笔赔款起，阳江、云浮、茂名等地在遭受台风、暴雨灾害后，均获得承保机构的迅速赔付，4 年累计赔付近 8 亿元。

防灾减灾，发挥第一道防线作用

近年来，广东发力加强气象现代化建设，强化了防灾减灾救灾第一道防线的作用。

江门台山气象局的综合防灾减灾救灾指挥中心，是广东省第一个县级综合防灾减灾救灾指挥机构，这里建有全国最先进的“十合一”应急指挥平台。

平台的大屏幕上，接入了水文、气象、公安、城管、交通等十多个部门的业务系统，能够实时呈现船舶定位、公安监控视频、水库实时水位、城区内涝黑点、地质灾害隐患、救援力量等多项涉灾信息，还能与一线人员视频对话，掌握灾情第一手资料。

“决策科学化、指挥扁平化、部门协同化、防灾全民化。”台山市委书记李惠文表示，“抢险救灾就是与时间赛跑。以前部门联动不畅、缺乏统一指挥，在防灾减灾、突发处置、应急救援等方面很被动。平台的建立，打开了信息通路，在抢险救灾中赢得了主动。”

作为省部合作开展气象现代化建设的重要项目和重要民生工程，广东积极探索突发事件预警信息发布体系建设。2015 年广东省突发事件预警信息发布中心正式挂牌，目前已建立省、市、县突发事件预警信息发布中心 102 个，发布自然灾害、事故灾难和公共卫生事件三大类突发事件预警信息。

“未来，按照‘监测精密、预报精准、服务精细’的要求，广东的气象事业将继续改革创新发展，发挥气象防灾减灾第一道防线作用，让气象服务成为公众美好生活的好帮手。”广东省气象局负责人表示。

（作者：贺林平、姜晓丹，原载于 2020 年 5 月 2 日《人民日报》）

赔付资金一天到位有力支撑救灾复产
广东巨灾气象指数保险服务防减救新格局

面对巨灾，救灾资金预算不够用、申请经费周期长往往是各级政府灾后重建面临的难题。在广东，借助全国首个技术原创的巨灾气象指数保险模型，政府、机构和市场协同建立“阈值触发、指数定级、精准快速”巨灾保险服务机制，让难题有了新解法。

政府主导机构市场协同，服务防灾减灾救灾新格局

2018年9月16日，强台风“山竹”正面袭击广东，灾情重、损失大，多地触发巨灾指数赔付条件。在阳江，中国人保财险阳江分公司根据广东省气候中心出具的灾害事件计算报告进行赔付，市财政局在1天内收到了5500万元巨灾指数保险赔款，将资金用于救灾工作。

资金迅速到位是灾后重建的关键。从2016年8月汕尾市财政局获得巨灾指数保险首笔赔款起，阳江、云浮、茂名等17个签约地市在受台风、暴雨灾害后均获得承保机构的迅速赔付，4年赔付累计8.02亿元。这笔资金，一定程度上改变了过去各级政府救灾资金刚性预算造成“无灾小灾花不出，大灾巨灾不够用”的缺陷，每年财政只需支出固定的巨灾保险费用，即可在巨灾发生后获得资金支持。

落实党的十八届三中全会提出的“完善保险经济补偿机制，建立巨灾保险制度”要求，广东省委、省政府将巨灾保险试点作为深化改革的重要举措和重点工作。2014年，省政府印发《广东省人民政府关于加快发展现代保险服务业的实施意见》，明确建立具有广东特色的巨灾保险制度；2015年，经省政府批准，省财政厅制发《广东省巨灾保险试点工作实施方案》，广东省巨灾保险正式进入实施阶段。2016年和2017年，省政府均将巨灾保险工作列入广东“十件民生实事”。

在省委、省政府高度重视下，广东省财政厅、省民政厅、省水利厅和保监会广东监管局确定以指数保险作为广东巨灾保险制度的初级保险模式。省气象局作为巨灾指数计算和报告单位，“集群智、聚群力”积极推动试点工作，因地制宜设计保险方案，助力政府运用现代金融手段分散和转移巨灾风险，应对重大自然灾害。

目前，广东已建立“财政+巨灾+指数+保险”的巨灾保险制度，丰富了财政支持下的多层次巨灾风险分散机制，这种巨灾保险制度成为广东新时代防灾减灾救灾体制机制改革的重要组成部分。

中国银保监会认为，广东大力推动巨灾指数保险扩面提质增效，取得了初步成效。

原创核心技术，研发全国首个巨灾气象指数保险模型

以气象指数作为巨灾指数保险模式的核心，关键中的关键，就在指数模型上。

广东省气象局副局长曾琮介绍，气象巨灾指数保险涉及气象学、统计学、地理学、水文学、

水利学、灾害学、工程学、金融学等多个学科知识。省气象局联合水利、应急、水文、保险等多部门，聚焦人才、数据、机制、验证四大瓶颈，经过多学科交叉、多源数据融合、多部门协作、模型多重验证等途径，气象巨灾指数保险模型（台风、暴雨）建立并逐渐成熟。

这个模型，也是国内首创的巨灾气象指数模型，突破以往只有国外少数几家保险公司掌握的巨灾指数保险的核心技术壁垒，把核心技术掌握在自己手中。

气象指数技术团队负责人、广东省气候中心唐力生介绍，模型涉及灾害数据集构建、承灾体易损性评估、金融精算三大核心技术，共有 13 个子模型，是巨灾指数保险技术方案编制的核心，也是灾害保险赔付的依据。“团队从时间、空间、灾害、灾损和赔付五个维度出发，采用观测迭代预测的方法，设计不同维度参量幅值，构建了具有科学性、合理性、稳健性和可操作性的气象巨灾指数保险模型。”

在这个巨灾指数保险模型基础上，广东实现了保险从现场定损到阈值触发、指数定级的转变；弹性赔付克服了财政刚性预算的缺陷，发挥了财政资金“四两拨千斤”的作用；救灾资金 1 日内快速到位，有力支撑了救灾复产。

创新不止步，探索可持续指数保险机制模式

探索创新从未止步。在巨灾指数保险工作的试点过程中，多方协同配合，形成合力，推动综合防灾减灾救灾工作不断创新发展。

目前，越来越多的地市主体加入巨灾保险行列，并结合当地灾害特点因地制宜。广东省气候中心量身定做了符合各地市特点的保险方案，气象部门持续为巨灾保险工作提供了基础资料、技术支持和论证意见，指导保险方案调整优化。省财政拨付专款，建成融合灾害监测、灾害事件、成灾指数计算和赔付查询的广东省巨灾保险平台。

中国人民财产保险股份有限公司广东省分公司副总经理沈宁认为，参与巨灾指数保险对保险公司有诸多益处。首先是积极落实中央政策，产生了很广泛的社会效应，体现企业的社会价值；其次是激活了创新动力，参与攻关掌握核心技术。随着大家对产品形成越来越多的共识，企业的经济效益也能有所体现。

未来，广东将进一步优化制度设计，提高保险服务水平，争取尽快实现巨灾保险全省覆盖，推动完善多层次灾害救助体系，逐步向洪灾指数保险、政策性农业指数保险和商业指数保险等领域拓展，更好地服务广东经济社会发展。

（作者：李一鹏、杨群娜、丁继武，原载于 2020 年 1 月 22 日《中国气象报》）

编 后 记

《广东省防灾减灾年鉴》（以下简称《年鉴》）是根据1994年12月省政府的批示组织编写的，从1995年起，每年出版一卷，本卷是第二十七卷。这是由近二十个省直和中央驻穗单位、广东省军区、广东省消防救援总队及各地级以上市等通力合作，编写人员努力工作，为广东防灾减灾事业所做出的一份贡献。

广东由于自然地理环境特殊，经济社会相对比较发达，防灾减灾工作特别重要，且任务繁重。因此，对《年鉴》的编纂要求也越来越高。希望全社会都来关心，共同培育，让它枝繁叶茂，果实累累。我们将继续以高昂的热情，尽最大的努力，不忘初心、牢记使命，不断努力提高《年鉴》编纂质量，推动全省防灾减灾工作扎实开展，以新的更大作为奋力为实现“四个走在全国前列”的新时代广东发展的总任务，为广东率先基本实现现代化，为实现全省人民的富裕安康做出新的应有的贡献。

本卷编辑工作从2021年3月开始。主要组织工作由省政府地方志办公室、省气象局负责。各有关编纂单位的主管领导给予了极大的关心和支持，编写人员为此付出了艰辛的劳动。在此，谨对各有关单位领导和编写人员的支持和参与，对所有关心和协助本《年鉴》编写、出版、发行、推介工作的单位和人员致以衷心的感谢！

对本《年鉴》不足之处，敬请读者提出宝贵意见。

《广东省防灾减灾年鉴》编辑部

2021年10月